JIDIAN YITIHUA
JINENGXING RENCAI
YONGSHU

机电一体化技能型人才用书

数控加工实训

一体化教程

周晓宏 主编

中国电力出版社
CHINA ELECTRIC POWER PRESS

内 容 提 要

　　本书根据数控机床操作工岗位的技术和技能要求，介绍了数控铣削、数控车削和电火花加工的技术和技能。本书按"项目"编写，在"项目"下又分解为若干个"任务"，是一种理论和实操一体化的教材。本书按照学生的学习规律，从易到难，精选了十八个"项目"，每一个"项目"下又设计了若干个"任务"，在任务引领下介绍完成该任务（编程、加工工件等）所需的理论知识和实操技能。全书分为"数控铣削模块"、"数控车削模块"和"电火花加工模块"。

　　"数控铣削模块"内容包括认识数控铣削加工工艺系统，铣削简单零件，铣削中等复杂零件，铣削曲面零件，铣削复杂零件，分析典型零件的数控铣削工艺，数控铣削技能综合训练。"数控车削模块"内容包括认识数控车削加工工艺系统，加工简单轴类零件，加工中等复杂轴类零件，加工内孔零件，加工内型腔、内螺纹零件，分析典型零件的数控车削工艺，数控车床技能综合训练。"电火花加工模块"内容包括认识电火花加工工艺系统，线切割加工样板零件，线切割加工凸模零件，电火花成形加工注塑模镶块。

　　本书的读者对象为各高等职业技术学院、技校、中等职业学校数控专业、模具专业、数控维修专业、机电一体化专业的学生，以及相关工种的社会培训学员。

图书在版编目（CIP）数据

数控加工实训一体化教程/周晓宏主编 . —北京：中国电力出版社，2015.1

机电一体化技能型人才用书

ISBN 978-7-5123-6769-2

Ⅰ.①数… Ⅱ.①周… Ⅲ.①数控机床-加工 Ⅳ.①TG659

中国版本图书馆 CIP 数据核字（2014）第 268526 号

中国电力出版社出版、发行

（北京市东城区北京站西街 19 号　100005　http://www.cepp.sgcc.com.cn）

北京丰源印刷厂印刷

各地新华书店经售

*

2015 年 1 月第一版　2015 年 1 月北京第一次印刷

787 毫米×1092 毫米　16 开本　20.25 印张　455 千字

印数 0001—3000 册　定价 **49.00** 元

敬 告 读 者

本书封底贴有防伪标签，刮开涂层可查询真伪

本书如有印装质量问题，我社发行部负责退换

◎ 前 言

目前，企业中数控机床的使用数量在大幅度增加，因此急需大批数控编程与加工方面的技能型人才。然而，目前国内掌握数控编程与加工的技能型人才较短缺，这使得数控技术应用技能型人才的培养显得十分迫切。为适应培养数控技术应用技能型人才的需要，我们总结了在生产一线和教学岗位上多年的心得体会，同时结合学校的教学要求和企业要求，组织编写了本书。

本书按"项目"编写，在"项目"下又分解为若干个"任务"，是一种理论和实操一体化的教材。教材按照学生的学习规律，从易到难，精选了十八个"项目"，每一个"项目"下又设计了若干个"任务"，在任务引领下介绍完成该任务（编程、加工工件等）所需理论知识和实操技能，符合目前我国职业教育界正在大力提倡的"工作过程导向的项目课程"教学特点。全书分为"数控铣削模块"、"数控车削模块"和"电火花加工模块"。各模块根据相应数控机床操作工的岗位技术和技能要求，介绍相应数控加工的技术和技能。

本书的可操作性很强，读者按照本书的思路，通过这些项目的学习和训练，可很快掌握各种数控加工技术和技能。本书可大大提高学生学习数控加工技术和技能的兴趣和学习效率。在编写本书过程中，突出体现"知识新、技术新、技能新"的编写思想，以所介绍知识和技能"实用、可操作性强"为基本原则，不追求理论知识的系统性和完整性。

本书由深圳技师学院周晓宏副教授、高级技师主编。本书的读者对象为各高等职业技术学院、技校、中等职业学校数控专业、模具专业、数控维修专业、机电一体化专业的学生，以及相关工种的社会培训学员。

由于编者水平有限，书中难免存在疏漏之处，恳请读者批评指正。

编 者

前言

模块一　数控铣削模块

- **项目一　认识数控铣削加工工艺系统** ……………………………………… 2
  - 任务一　认识数控铣床 …………………………………………………… 2
  - 任务二　认识数控铣削加工刀具 ………………………………………… 4
  - 任务三　数控铣削工件的装夹 …………………………………………… 9
  - 任务四　数控铣削加工工艺的制定 ……………………………………… 14
  - 思考与训练 ………………………………………………………………… 22
- **项目二　铣削简单零件** ……………………………………………………… 24
  - 任务一　铣削回形槽零件 ………………………………………………… 24
  - 任务二　铣削凸台 ………………………………………………………… 30
  - 任务三　铣削凸轮 ………………………………………………………… 35
  - 思考与训练 ………………………………………………………………… 42
- **项目三　铣削中等复杂零件** ………………………………………………… 45
  - 任务一　铣削平底偏心圆弧槽 …………………………………………… 45
  - 任务二　加工孔系零件 …………………………………………………… 48
  - 任务三　铣削双半圆凸台 ………………………………………………… 54
  - 任务四　铣削半圆球凸模 ………………………………………………… 58
  - 思考与训练 ………………………………………………………………… 65
- **项目四　铣削曲面零件** ……………………………………………………… 67
  - 任务一　铣削柱面 ………………………………………………………… 67
  - 任务二　铣削曲面槽 ……………………………………………………… 71
  - 任务三　铣削肥皂盒凹模 ………………………………………………… 72
  - 思考与训练 ………………………………………………………………… 76
- **项目五　铣削复杂零件** ……………………………………………………… 79
  - 任务一　铣削复杂零件一 ………………………………………………… 79
  - 任务二　铣削复杂零件二 ………………………………………………… 85
  - 任务三　铣削复杂零件三 ………………………………………………… 87

　思考与训练 ⋯⋯⋯⋯⋯⋯⋯⋯⋯⋯⋯⋯⋯⋯⋯⋯⋯⋯⋯⋯⋯⋯⋯⋯⋯ 91

● **项目六　分析典型零件的数控铣削工艺** ⋯⋯⋯⋯⋯⋯⋯⋯⋯⋯ 93

　　任务一　分析平面凸轮的数控铣削工艺 ⋯⋯⋯⋯⋯⋯⋯⋯⋯⋯ 93

　　任务二　分析箱盖类零件的数控铣削工艺 ⋯⋯⋯⋯⋯⋯⋯⋯ 96

　　任务三　分析支架零件的数控铣削工艺 ⋯⋯⋯⋯⋯⋯⋯⋯⋯ 99

　　思考与训练 ⋯⋯⋯⋯⋯⋯⋯⋯⋯⋯⋯⋯⋯⋯⋯⋯⋯⋯⋯⋯⋯ 104

● **项目七　数控铣削技能综合训练** ⋯⋯⋯⋯⋯⋯⋯⋯⋯⋯⋯⋯ 107

　　任务一　数控铣床中级工技能综合训练一 ⋯⋯⋯⋯⋯⋯⋯⋯ 107

　　任务二　数控铣床中级工技能综合训练二 ⋯⋯⋯⋯⋯⋯⋯⋯ 110

　　任务三　数控铣床高级工技能综合训练三 ⋯⋯⋯⋯⋯⋯⋯⋯ 113

　　思考与训练 ⋯⋯⋯⋯⋯⋯⋯⋯⋯⋯⋯⋯⋯⋯⋯⋯⋯⋯⋯⋯⋯ 118

模块二　数控车削模块

● **项目八　认识数控车削加工工艺系统** ⋯⋯⋯⋯⋯⋯⋯⋯⋯⋯ 124

　　任务一　认识数控车床 ⋯⋯⋯⋯⋯⋯⋯⋯⋯⋯⋯⋯⋯⋯⋯⋯ 124

　　任务二　认识数控车削加工刀具 ⋯⋯⋯⋯⋯⋯⋯⋯⋯⋯⋯⋯ 128

　　任务三　数控车削加工工艺的制定 ⋯⋯⋯⋯⋯⋯⋯⋯⋯⋯⋯ 137

　　思考与训练 ⋯⋯⋯⋯⋯⋯⋯⋯⋯⋯⋯⋯⋯⋯⋯⋯⋯⋯⋯⋯⋯ 145

● **项目九　加工简单轴类零件** ⋯⋯⋯⋯⋯⋯⋯⋯⋯⋯⋯⋯⋯⋯ 147

　　任务一　学习数控车床编程基础 ⋯⋯⋯⋯⋯⋯⋯⋯⋯⋯⋯⋯ 147

　　任务二　加工阶梯轴 ⋯⋯⋯⋯⋯⋯⋯⋯⋯⋯⋯⋯⋯⋯⋯⋯⋯ 152

　　任务三　加工圆锥轴 ⋯⋯⋯⋯⋯⋯⋯⋯⋯⋯⋯⋯⋯⋯⋯⋯⋯ 158

　　任务四　加工带圆弧面的轴类零件 ⋯⋯⋯⋯⋯⋯⋯⋯⋯⋯⋯ 164

　　思考与训练 ⋯⋯⋯⋯⋯⋯⋯⋯⋯⋯⋯⋯⋯⋯⋯⋯⋯⋯⋯⋯⋯ 169

● **项目十　加工中等复杂轴类零件** ⋯⋯⋯⋯⋯⋯⋯⋯⋯⋯⋯⋯ 171

　　任务一　加工中等复杂轴类零件一 ⋯⋯⋯⋯⋯⋯⋯⋯⋯⋯⋯ 171

　　任务二　加工中等复杂轴类零件二 ⋯⋯⋯⋯⋯⋯⋯⋯⋯⋯⋯ 179

　　任务三　加工中等复杂轴类零件三 ⋯⋯⋯⋯⋯⋯⋯⋯⋯⋯⋯ 183

　　任务四　加工中等复杂轴类零件四 ⋯⋯⋯⋯⋯⋯⋯⋯⋯⋯⋯ 189

　　思考与训练 ⋯⋯⋯⋯⋯⋯⋯⋯⋯⋯⋯⋯⋯⋯⋯⋯⋯⋯⋯⋯⋯ 200

● **项目十一　加工内孔零件** ⋯⋯⋯⋯⋯⋯⋯⋯⋯⋯⋯⋯⋯⋯⋯ 203

　　任务一　学习孔加工基础知识 ⋯⋯⋯⋯⋯⋯⋯⋯⋯⋯⋯⋯⋯ 203

　　任务二　加工盲孔 ⋯⋯⋯⋯⋯⋯⋯⋯⋯⋯⋯⋯⋯⋯⋯⋯⋯⋯ 209

　　任务三　加工通孔 ⋯⋯⋯⋯⋯⋯⋯⋯⋯⋯⋯⋯⋯⋯⋯⋯⋯⋯ 211

　　任务四　加工薄壁孔 …………………………………………………… 213

　　思考与训练 …………………………………………………………… 216

● 项目十二　加工内型腔、内螺纹零件 ………………………………… 218

　　任务一　加工内圆锥零件 ………………………………………………… 218

　　任务二　加工内球 ……………………………………………………… 219

　　任务三　加工内螺纹零件 ……………………………………………… 221

　　任务四　加工内型腔 …………………………………………………… 223

　　思考与训练 …………………………………………………………… 225

● 项目十三　分析典型零件的数控车削工艺 …………………………… 227

　　任务一　分析轴类零件的数控车削工艺 ………………………………… 227

　　任务二　分析套类零件的数控车削工艺 ………………………………… 229

　　任务三　分析盘类零件的数控车削工艺 ………………………………… 233

　　思考与训练 …………………………………………………………… 235

● 项目十四　数控车床技能综合训练 …………………………………… 237

　　任务一　数控车床中级工技能综合训练一 ……………………………… 237

　　任务二　数控车床中级工技能综合训练二 ……………………………… 240

　　任务三　数控车床高级工技能综合训练一 ……………………………… 244

　　任务四　数控车床高级工技能综合训练二 ……………………………… 249

　　思考与训练 …………………………………………………………… 254

模块三　电火花加工模块

● 项目十五　认识电火花加工工艺系统 ………………………………… 258

　　任务一　认识电火花加工机床 …………………………………………… 258

　　任务二　认识电火花加工的工艺参数和工艺指标 ……………………… 264

　　任务三　掌握线切割加工的工艺规律 …………………………………… 267

　　任务四　掌握电火花成形加工的工艺规律 ……………………………… 274

　　思考与训练 …………………………………………………………… 285

● 项目十六　线切割加工样板零件 ……………………………………… 287

　　任务一　学习3B代码编程知识 ………………………………………… 287

　　任务二　项目实施 ……………………………………………………… 292

　　思考与训练 …………………………………………………………… 294

● 项目十七　线切割加工凸模零件 ……………………………………… 296

　　任务一　学习ISO代码编程知识 ……………………………………… 296

　　任务二　项目实施 ……………………………………………………… 301

　　思考与训练 …………………………………………………………… 302

● 项目十八　电火花成形加工注塑模镶块 ···················· 304

　　任务一　学习电规准和电极设计知识 ···················· 304

　　任务二　项目实施 ······························· 311

　　思考与训练 ································· 313

● 参考文献 ·· 314

模块一

数控铣削模块

项目一

认识数控铣削加工工艺系统

任务一　认识数控铣床

如图1-1所示分别为笔筒盖、模具和镶块，它们都是用数控铣床加工出来的。如图1-2所示为一台数控铣床，它是机械加工企业大量使用的一类数控机床。

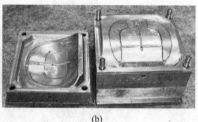
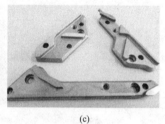

(a)　　　　　　　　　(b)　　　　　　　　　(c)

图1-1　数控铣削加工的零件

（a）笔筒盖；（b）模具；（c）镶块

一、数控铣床的分类及组成

（1）按机床主轴的布置形式及机床的布局特点分类，数控铣床可分为数控立式铣床、数控卧式铣床和数控龙门铣床等。

1）数控立式铣床。如图1-2所示，数控立式铣床主轴与机床工作台面垂直，工件装夹方便，加工时便于观察，但不便于排屑。一般采用固定式立柱结构，工作台不升降。主轴箱做上下运动，并通过立柱内的重锤平衡主轴箱的质量。为保证机床的刚性，

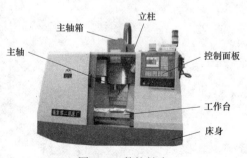

图1-2　数控铣床

2

主轴中心线到立柱导轨面的距离不能太大，因此这种结构主要用于中小尺寸的数控铣床。

2）数控卧式铣床。如图1-3所示，数控卧式铣床的主轴与机床工作台面平行，加工时不便观察，但排屑顺畅。一般配有数控回转工作台，便于加工零件的不同侧面。单纯的数控卧式铣床现在已比较少，而多是在配备自动换刀装置（ATC）后成为卧式加工中心。

3）数控龙门铣床。对于大尺寸的数控铣床，一般采用对称的双立柱结构，以保证机床的整体刚性和强度，这种铣床即为数控龙门铣床，其有工作台移动和龙门架移动两种形式。它适用于加工飞机整体结构体零件、大型箱体零件和大型模具等，如图1-4所示。

图1-3 数控卧式铣床

图1-4 数控龙门铣床

（2）按数控系统的功能分类，数控铣床可分为经济型数控铣床、全功能数控铣床和高速铣削数控铣床等。

1）经济型数控铣床。一般采用经济型数控系统，如SIEMENS 802S等，采用开环控制，可以实现三坐标联动。这种数控铣床成本较低，功能简单，加工精度不高，适用于一般复杂零件的加工。一般有工作台升降式和床身式两种类型。

2）全功能数控铣床。采用半闭环控制或闭环控制，数控系统功能丰富，一般可以实现四坐标以上联动，加工适应性强，应用最广泛。

3）高速铣削数控铣床。高速铣削是数控加工的一个发展方向，技术比较成熟，已逐渐得到广泛的应用。这种数控铣床采用全新的机床结构、功能部件和功能强大的数控系统，并配以加工性能优越的刀具系统，加工时主轴转速一般在8000~40 000r/min，切削进给速度可达10~30m/min，可以对大面积的曲面进行高效率、高质量的加工。但目前这种机床价格昂贵，使用成本比较高。

二、数控铣床的工艺范围

数控铣削是机械加工中最常用的加工方法之一，主要包括平面铣削和轮廓铣削，也可以对零件进行钻、扩、铰、锪和镗孔加工与攻螺纹等。在数控铣床加工中，特别适用于加工下列几类零件。

1. 平面类零件

这类零件的加工面与定位面成固定的角度，且各个加工面是平面或可以展开为平面，

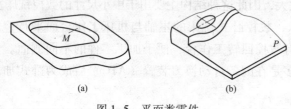

图 1-5 平面类零件

如各种盖板、凸轮以及飞机整体结构件中的框、肋等，如图 1-5 所示。加工部位包括平面、沟槽、外形、腔槽、台阶、倒角和倒圆等。这类零件一般只需用两坐标联动就可以加工出来。

2. 变斜角类零件

加工面与水平面的夹角呈连续变化的零件称为变斜角类零件。如图 1-6 所示是飞机上的一种变斜角梁缘条，该零件在第 2 肋至第 5 肋的斜角 α 从 3°10′ 均匀变化成 2°32′，从第 5 肋至第 9 肋再均匀变化为 1°20′，从第 9 肋至第 12 肋又均匀变化至 0°。变斜角类零件的变斜角加工面不能展开为平面，但在加工中，加工面与铣刀圆周接触的瞬间为一条直线。

3. 曲面类（立体类）零件

加工面为空间曲面的零件称为曲面类零件。曲面类零件的加工面不仅不能展开为平面，而且它的加工面与铣刀始终为点接触。加工曲面类零件一般采用三坐标数控铣床。常用的加工方法主要有下列两种。

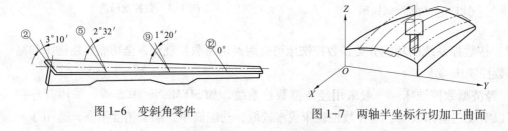

图 1-6 变斜角零件 　　　　　图 1-7 两轴半坐标行切加工曲面

（1）采用三坐标数控铣床进行两轴半坐标控制加工，加工时只有两个坐标联动，另一个坐标按一定行距周期性进给。这种方法常用于不太复杂的空间曲面的加工，如图 1-7 所示是对曲面进行两轴半坐标行切加工的示意图。

（2）采用三坐标数控铣床的三坐标联动加工空间曲面。所用铣床必须能进行 X、Y、Z 三坐标联动加工，进行空间直线插补。这种方法常用于发动机及模具等复杂空间曲面的加工。

加工曲面类零件一般使用球头刀具，因为使用其他刀具加工曲面时容易产生干涉而铣伤邻近表面。

任务二　认识数控铣削加工刀具

一、铣削要素

如图 1-8 所示，铣削要素有铣削速度、进给量、铣削深度与铣削宽度。

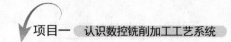

1. 铣削速度 V_c

铣刀旋转时的切削速度

$$V_C = \frac{\pi d_0 n}{1000} \quad (\text{m/min})$$

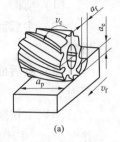
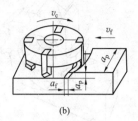

式中　d_0——铣刀直径，mm；

　　　n——铣刀转速，r/min。

2. 进给量

（1）进给量 f。进给量表示铣刀每转一转时，它与工件的相对位移，单位为 mm。

图 1-8　铣削要素

(a) 圆周铣；(b) 端铣

（2）每齿进给量 a_f。每齿进给量表示铣刀每转过一个刀齿时，它与工件的相对位移

$$a_f = f/z$$

式中　z——铣刀齿数。

（3）每秒进给量即进给速度 v_f。进给速度表示铣刀与工件每秒的相对位移

$$v_f = fn/60 = a_f zn/60 \quad (\text{mm/s})$$

3. 背吃刀量

背吃刀量（又称铣削深度）a_p 是指平行于铣刀轴线方向的切削层尺寸。

4. 侧吃刀量

侧吃刀量 a_e（又称铣削宽度）是指垂直于铣刀轴线方向的切削层尺寸。

二、认识铣刀

如图 1-9 所示为数控铣床常用的铣刀。

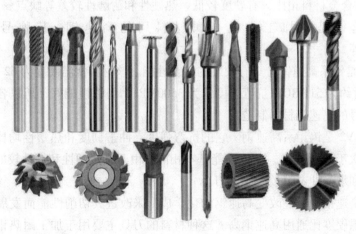

图 1-9　常用铣刀

1. 铣刀各部分的名称和作用

铣刀的几何形状如图 1-10 所示，其各部分的名称和定义如下。

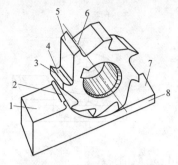

图 1-10 铣刀的组成部分

1—待加工表面；2—切屑；3—主切削刃；

4—前面；5—主后面；6—铣刀棱；

7—已加工表面；8—工件

（1）前面。刀具上切屑流过的表面。

（2）主后面。刀具上同前面相交形成主切削刃的后面。

（3）副后面。刀具上同前面相交形成副切削刃的后面。

（4）主切削刃。起始于切削刃上主偏角为零的点，并至少有一段切削刃拟用来在工件上切出过渡表面的那个整段切削刃。

（5）副切削刃。切削刃上除主切削刃以外的刃，亦起始于主偏角为零的点，但它向背离主切削刃的方向延伸。

（6）刀尖。指主切削刃与副切削刃的连接处相当少的一部分切削刃。

2. 铣刀切削部分的常用材料

常用的铣刀材料有高速工具钢和硬质合金两种。

（1）高速工具钢（简称高速钢、锋钢等）。有通用高速钢和特殊用途高速钢两种。高速钢具有以下特点。

1）合金元素如 W（钨）、Cr（铬）、Mo（钼）、V（钒）等的含量较高，淬火硬度可达到 62~70HRC，在 600℃高温下，仍能保持较高的硬度。

2）刃口强度和韧性好，抗振性强，能用于制造切削速度较低的刀具，即使刚性较差的机床，采用高速钢铣刀，仍能顺利切削。

3）工艺性能好，锻造、焊接、切削加工和刃磨都比较容易，还可以制造形状较复杂的刀具。

4）与硬质合金材料相比，有硬度较低、热硬性和耐磨性较差等缺点。

通用高速钢是指加工一般金属材料用的高速钢，其牌号有 W18Cr4V、W6Mo5Cr4V2 等。

W18Cr4V 是钨系高速钢，具有较好的综合性能。该材料常温硬度为 62~65HRC，高温硬度在 600℃时约为 51HRC，抗弯强度约为 3500MPa，磨锐性能好，所以各种通用铣刀大都采用这种牌号的高速钢材料制造。

W6Mo5Cr4V2 是钨钼系高速钢。它的抗弯强度、冲击韧度和热塑性均比 W18Cr4V 好，而磨削性能稍次于 W18Cr4V，其他性能基本相同。由于其热塑性和韧性较好，故常用于制造热成形刀具和承受冲击力较大的铣刀。

特殊用途高速钢是通过改变高速钢的化学成分来改进其切削性能而发展起来的。它的常温硬度和高温硬度比通用高速钢高。这种材料的刀具主要用于加工耐热钢、不锈钢、高温合金、超高强度材料等难加工材料。

（2）硬质合金。硬质合金是以金属碳化物 WC（碳化钨）、TiC（碳化钛）和以 Co（钴）为主的金属粘结剂经粉末冶金工艺制造而成，其主要特点如下。

1）耐高温，在 800~1000℃仍能保持良好的切削性能。切削时可选用比高速钢高 4~8

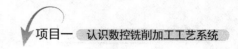

倍的切削速度。

2）常温硬度高，耐磨性好。

3）抗弯强度低，冲击韧度差，切削刃不易刃磨得很锋利。

3. 常用铣刀及其用途

铣刀是一种多刃刀具，其几何形状较复杂，种类较多。铣刀切削部分的材料一般由高速钢或硬质合金制成。

（1）面铣刀（见图1-11）。主要用于铣平面，应用较多的为硬质合金面铣刀。

（2）立铣刀（见图1-12）。主要用于铣台阶面、小平面和相互垂直的平面。它的圆柱刀刀刃起主要切削作用，端面刀刃起修光作用，故不能做轴向进给。刀齿分为细齿与粗齿两种。用于安装的柄部有圆柱柄与莫氏锥柄两种，通常小直径为圆柱柄，大直径为锥柄。

图1-11　硬质合金可转位面铣刀
1—刀盘；2—刀片

图1-12　立铣刀

（3）球头铣刀（见图1-13）。用于铣削曲面。

（4）键槽铣刀（见图1-14）。用于铣键槽，其外形与立铣刀相似，与立铣刀的主要区别在于其只有两个螺旋刀齿，且端面刀刃延伸至中心，故可做轴向进给，直接切入工件。

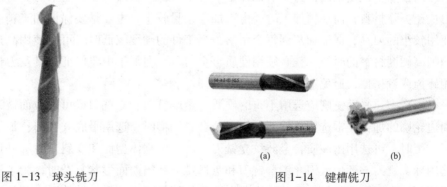

图1-13　球头铣刀

图1-14　键槽铣刀
（a）直柄键槽铣刀；（b）半圆键槽铣刀

4. 铣刀的规格

为便于识别与使用各种类别的铣刀，铣刀刀体上均刻有标记，包括铣刀的规格、材料、制造厂家等。铣刀的规格与尺寸已标准化，使用时可查阅有关手册。其规格与尺寸的分类如下：圆柱铣刀、三面刃铣刀、锯片铣刀等，用外圆直径×宽度（厚度）（$d×L$）表示；立铣刀、端铣刀和键槽铣刀，只标注外圆直径（d）。

三、选择数控铣床刀具

应根据数控铣床的加工能力、工件材料的性能、加工工序、切削用量以及其他相关因素进行综合考虑来选用刀具及刀柄。

1. 铣刀刀柄的选择

铣刀刀具通过刀柄与数控铣床或加工中心主轴连接，数控铣床或加工中心刀柄一般采用7：24锥面与主轴锥孔配合定位，通过拉钉使刀柄与其尾部的拉刀机构固定连接，常用的刀柄规格有BT30、BT40、BT50等，在高速加工中心则使用HSK刀柄。目前，常用的刀柄按其夹持形式及用途可分为钻夹头刀柄、侧固式刀柄、面铣刀刀柄、莫氏锥度刀柄、弹簧夹刀柄、强力夹刀柄、特殊刀柄等，各种刀柄的形状如图1-15所示。

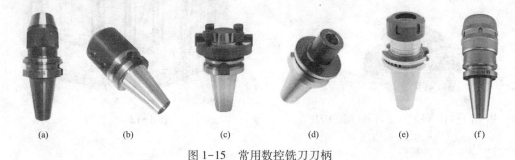

图1-15　常用数控铣刀刀柄

（a）钻夹头刀柄；（b）侧固式刀柄；（c）面铣刀刀柄；（d）莫氏锥度刀柄；（e）弹簧夹刀柄；（f）强力夹刀柄

2. 铣刀刀具的选择

由于加工性质不同，刀具的选择重点也不一样。粗加工时，要求刀具有足够的切削能力快速去除材料；而在精加工时，由于加工余量较小，主要是要保证加工精度和形状，要使用较小的刀具，保证加工到每个角落。当工件的硬度较低时，可以使用高速钢刀具；而切削高硬度材料的时候，就必须用硬质合金刀具。在加工中要保证刀具及刀柄不会与工件相碰撞或者挤擦，避免造成刀具或工件的损坏。

生产中，平面铣削应选用不重磨硬质合金端铣刀、立铣刀或可转位面铣刀；平面零件周边轮廓的加工，常选用立铣刀；加工凸台、凹槽时，选用平底立铣刀；加工毛坯表面或粗加工时，可选用镶硬质合金波纹立铣刀；对一些立体型面和变斜角轮廓外形的加工，常选用球头铣刀、环形铣刀、锥形铣刀和盘形铣刀；当曲面形状复杂时，为了避免干涉，建议使用球头刀，调整好加工参数也可以达到较好的加工效果；钻孔时，要先用中心钻或球头刀打中心孔，以引导钻头。可分两次钻削，先用小一点型号的钻头钻孔至所需深度，再用所需的钻头进行加工，以保证孔的精度。

在进行较深的孔加工时，要特别注意钻头的冷却和排屑问题，一般利用深孔钻削循环指令进行编程，可以工进一段后，钻头快速退出工件，进行排屑和冷却后再工进，再进行冷却和排屑，直至孔深钻削完成。

四、数控铣床刀具的装夹

数控铣床刀柄及配件如图 1-16 所示，组装数控铣床工具系统时要先将拉钉旋入刀柄上端的螺纹孔中，然后将刀具装入对应规格的夹头中，最后再装入刀柄中。拉钉有几种规格，所选拉钉的规格要和数控铣床配套。

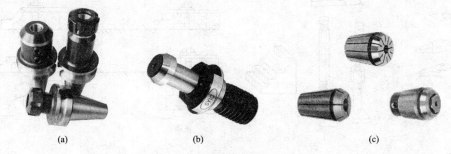

(a)　　　　　　　　(b)　　　　　　　　(c)

图 1-16　数控铣床刀柄及配件

(a) 刀柄；(b) 拉钉；(c) 夹头

装刀时，需把刀柄放在如图 1-17 所示的锁刀座上，锁刀座上的键对准刀柄上的键槽，使刀柄无法转动，然后用如图 1-18 所示的扳手锁紧螺母。

如图 1-19 所示为安装好刀具和拉钉后的刀柄。

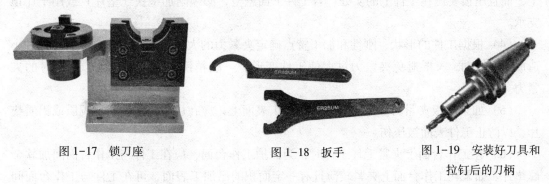

图 1-17　锁刀座　　　　　　图 1-18　扳手　　　　　图 1-19　安装好刀具和
拉钉后的刀柄

任务三　数控铣削工件的装夹

在使用数控铣床上加工零件之前，必须正确将毛坯装夹在数控铣床的工作台上，下面介绍数控铣床上常用的工件装夹方法。

一、使用 T 形槽用螺钉和压板固定工件

用螺钉和压板通过机床工作台 T 形槽，可以把工件、夹具或其他机床附件固定在工作台上。

使用 T 形槽用螺钉和压板固定工件时，应注意以下各点。

（1）压板螺钉应尽量靠近工件而不是靠近垫铁，以获得较大的压紧力，如图 1-20 所示。

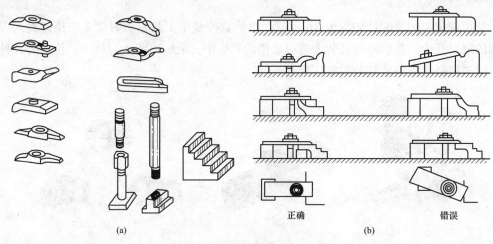

正确　　　　　　　　　　错误

(a)　　　　　　　　　　(b)

图 1-20　压板及其使用

（2）垫铁的高度应与工件的被压点高度相同，并允许垫铁的高度略高一些。用平压板时，垫铁的高度不允许低于工件被压点的高度，以防止压板倾斜削弱夹紧力。

（3）使用压板固定工件时，其压点应尽量靠近切削位置。使用压板的数目不得少于两个，而且压板要压在工件上的实处。若工件下面悬空，必须附加垫铁（垫片）或用千斤顶支承。

（4）根据工件的形状、刚性和加工特点确定夹紧力的大小，既要防止由于夹紧力过小造成工件松动，又要避免夹紧力过大使工件变形。一般精铣时的夹紧力小于粗铣时的夹紧力。

（5）如果压板夹紧力作用点在工件已加工表面上，应在压板与工件间加铜质或铝质垫片，以防止工件表面被压伤。

（6）在工作台面上夹紧毛坯工件时，为保护工作台面，应在工件与工作台面间加软金属垫片。如果在工作台面上夹紧较薄且有一定面积的已加工表面，可在工件与工作台面间加垫纸片增加摩擦，这样做可提高夹紧的可靠性，同时保护了工作台面。

（7）所使用的 T 形槽用螺钉与压板应进行必要的热处理，以提高其强度和刚性，防止工作时发生变形削弱夹紧力。

二、用机用虎钳安装工件

机用虎钳适用于中小尺寸和形状规则的工件装夹（见图 1-21），它是一种通用夹具，一般有非旋转式和旋转式两种。前者刚性较好，后者底座上有一刻度盘，能够把机用虎钳转成任意角度。安装机用虎钳时必须先将底面和工作台面擦干净，利用百分表校正钳口，使钳口与相应的坐标轴平行，以保证铣削的加工精度，如图 1-22 所示。

数控铣床上加工的工件多数为半成品，利用机用平口虎钳装夹的工件尺寸一般不超过钳口的宽度，所加工的部位不得与钳口发生干涉。平口虎钳安装好后，把工件放入钳口内，并在工件的下面垫上比工件窄、厚度适当且加工精度较高的等高垫块，然后把工件夹紧（对于高度方向尺寸较大的工件，不需要加等高垫块而直接装入平口虎钳）。为了使工件紧密地靠在垫块上，应用铜锤或木锤轻轻地敲击工件，直到用手不能轻易推动等高垫块时，最后再将工件夹紧在平口虎钳内。工件应当紧固在钳口比较中间的位置，装夹高度以铣削尺寸高出钳口平面3~5mm为宜用机用平口虎钳装夹表面粗糙度值较大的工件时，应在两钳口与工件表面之间垫一层铜皮，以免损坏钳口，同时能增加接触面。如图1-23所示为使用机用平口虎钳装夹工件的几种情况。

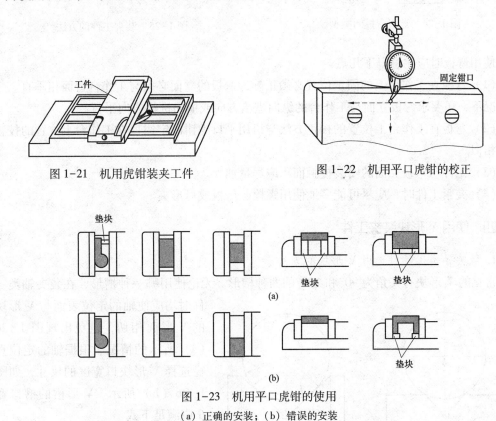

图1-21　机用虎钳装夹工件　　　　图1-22　机用平口虎钳的校正

(a)

(b)

图1-23　机用平口虎钳的使用

（a）正确的安装；（b）错误的安装

不加等高垫块时，可进行高出钳口3~5mm以上部分的外形加工、非贯通的型腔及孔加工；加等高垫块时，可进行高出钳口3~5mm以上部分的外形加工、贯通的型腔及孔加工。

■ 注意

不得加工到等高垫块，如有可能加工到，可考虑更窄的垫块。

三、弯板的使用

弯板（又称角铁）主要用来固定长度、宽度较大，而且厚度较小的工件。如图1-24和图1-25所示分别为常用弯板的类型及装夹工件的方法。

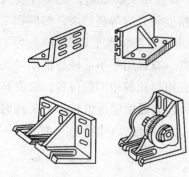

图 1-24 常用弯板的类型

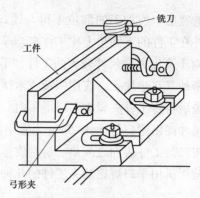

图 1-25 装夹工件的方法

使用弯板时应注意以下几点。

（1）弯板在工作台上的固定位置必须正确，弯板的立面必须与工作台台面相垂直。多数情况下，还要求弯板立面与工作台的纵向进给方向或横向进给方向平行。

（2）弯板在工作台上位置的校正方法与机用平口虎钳固定钳口在工作台上位置的校正方法相似。

（3）工件与弯板立面的安装接触面积应尽量加大。

（4）夹紧工件时，应尽可能多地使用螺栓、压板或弓形夹。

四、使用 V 形块装夹工件

1. 装夹轴类工件时选用 V 形块的方法

常见的 V 形块有夹角为 90°和 120°的两种槽形。无论使用哪一种槽形，在装夹轴类零件时均应使轴的定位表面与 V 形块的 V 形面相切，避免出现图 1-26（a）所示的情况。根据轴的定位直径选择 V 形块口宽度的尺寸，如图 1-26（b）所示。V 形槽的槽口宽 B 应满足下式

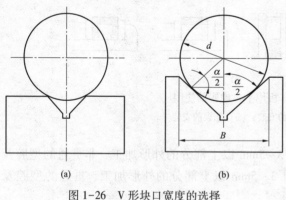

图 1-26 V 形块口宽度的选择

（a）错误；（b）正确

$$B > d \cdot \cos\frac{\alpha}{2}$$

简化公式如下。

当 $\alpha = 90°$时：

$$B > \frac{\sqrt{2}}{2}d \text{ 或 } B > 0.707d$$

当 $\alpha = 120°$时：

$$B > \frac{1}{2}d \text{ 或 } B > 0.5d$$

选用较大的 V 形角有利于提高轴在 V 形块的定位精度。

2. 在机床工作台上找正 V 形块的位置

在机床工作台上正确安装 V 形块，要求 V 形槽的方向与机床工作台纵向或横向进给方向平行。安装 V 形块时可用如下方法找其平行度，如图 1-27 所示：将百分表座及百分表固定在机床主轴或床身某一适当位置，使百分表测头与 V 形块的一个 V 形面接触，纵向或横向移动工作台即可测出 V 形块与（工作台纵向或横向）移动方向的平行度。然后根据所测得的数值调整 V 形块的位置，直至满足要求为止。一般情况下平行度允许值为（0.02/100）mm。

3. 用 V 形块装夹轴类工件时的注意事项

用 V 形块装夹轴类工件时应注意以下几点。

（1）注意保持 V 形块两 V 形面的洁净，无鳞刺，无锈斑，使用前应清除污垢。

（2）装卸工件时防止碰撞，以免影响 V 形块的精度。

（3）使用时，在 V 形块与机床工作台及工件定位表面间，不得有棉丝毛及切屑等杂物。

（4）根据工件的定位直径，合理选择 V 形块。

（5）校正好 V 形块在机床工作台上的位置（以平行度为准）。

（6）尽量使轴的定位表面与 V 形面多接触。

（7）V 形块的位置应尽可能地靠近切削位置，以防止切削振动使 V 形块移位。

（8）使用两个 V 形块装夹较长的轴件时，应注意调整好 V 形块与工作台进给方向的平行度及轴心线与工作台台面的平行度。

五、工件通过托盘装夹在工作台上

如果对工件四周进行加工，因走刀路径的影响，很难安排装夹工件所需的定位和夹紧装置，这时可采用托盘装夹工件的方法，将工件用螺钉紧固在托盘上，找正工件使工件在工作台上定位，在机床工作台上将压板和 T 形槽用螺栓夹紧托盘，或用机用平口虎钳夹紧托盘，如图 1-28 所示。这就避免了走刀时刀具与夹紧装置的干涉。

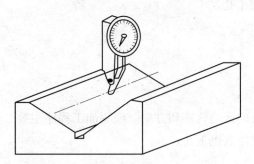

图 1-27 在工作台上找正 V 形块的位置

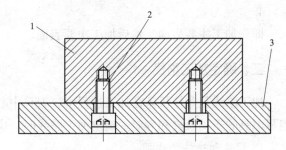

图 1-28 利用托盘装夹工件示例

1—工件；2—内六角螺钉；3—托盘

六、使用组合夹具、专用夹具等

传统组合或专用夹具一般具有工件的定位和夹紧、刀具的导向和对刀四种功能，而在数控机床上由程序控制刀具的运动,不需要利用夹具限制刀具的位置,即不需要夹具的对刀和导向功能,所以数控机床所用夹具只要求具有工件的定位和夹紧功能,其所用夹具的结构一般比较简单。

任务四 数控铣削加工工艺的制定

在进行数控铣削编程之前,必须认真制定数控铣削加工工艺。制定数控铣削加工工艺的主要工作内容有:确定加工顺序和进给路线,选择夹具、刀具及切削用量等。下面分别讨论这些问题。

一、确定加工顺序

加工顺序(又称工序)通常包括切削加工工序、热处理工序和辅助工序等,工序安排得科学与否将直接影响到零件的加工质量、生产效率和加工成本。切削加工工序通常按以下原则安排。

1. 先粗后精

当加工零件精度要求较高时,要经过粗加工、半精加工、精加工阶段,如果精度要求更高,还包括光整加工等几个阶段。

2. 基准面先行原则

用作精基准的表面应先加工。任何零件的加工过程总是先对定位基准进行粗加工和精加工,如轴类零件总是先加工中心孔,再以中心孔为精基准加工外圆和端面;箱体类零件总是先加工定位用的平面及两个定位孔,再以平面和定位孔为精基准加工孔系和其他平面。

3. 先面后孔

对于箱体、支架等零件,平面尺寸轮廓较大,用平面定位比较稳定,而且孔的深度尺寸又是以平面为基准的,故应先加工平面,然后加工孔。

4. 先主后次

即先加工主要表面,然后加工次要表面。

二、确定加工路线

加工路线是数控机床在加工过程中,刀具中心的运动轨迹和方向。编写加工程序主要编写刀具的运动轨迹和方向。确定加工路线时,应注意以下几点。

1. 顺铣和逆铣的选择

铣削有顺铣和逆铣两种方式。当工件表面无硬皮,机床进给机构无间隙时,应选用顺铣,按照顺铣安排进给路线。因为采用顺铣加工零件加工质量好,刀齿磨损小。精铣时,尤其是零件材料为铝镁合金、钛合金或耐热合金时,应尽量采用顺铣。当工件表面有硬皮,机床的进给机构有间隙时,应选用逆铣,按照逆铣安排进给路线。因为逆铣时,刀齿是从已加工表面切入,不会崩刃,机床进给机构的间隙不会引起振动和爬行。

2. 缩短加工路线

在保证加工精度的前提下，应尽量缩短加工路线。例如，对于平行于坐标轴的矩阵孔，可采用单坐标轴方向的加工路线，如图1-29所示。

3. 利用子程序加工

对于多次重复的加工动作，可编写成子程序，由主程序调用。例如，如图1-30所示是加工一系列孔径、孔深和孔距都相同的孔，每一个孔的加工循环动作都一样：快速趋近，工进钻孔，快速退回，然后移到另一待加工孔的位置，重复同样的动作。这时，就可以把加工循环动作编写成子程序，不仅简化了编程，而且使程序长度缩短。

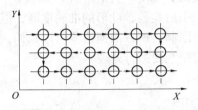

图1-29 平行坐标轴矩阵孔的加工路线

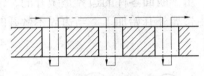

图1-30 钻孔加工路线

4. 合理安排镗孔加工路线

加工位置精度要求较高的孔时，镗孔路线安排不当有可能把某坐标轴上的传动反向间隙带入，直接影响孔的位置精度。如图1-31所示是在一个零件上精镗4个孔的两种加工路线示意图。从图1-31（a）中不难看出，刀具从孔Ⅲ向孔Ⅳ运动的方向与从孔Ⅰ向孔Ⅱ运动的方向相反，X 向的反向间隙会使孔Ⅳ与孔Ⅲ间的定位误差增加，从而影响位置精度。图1-31（b）是在加工完孔Ⅲ后不直接在孔Ⅳ处定位，而是多运动了一段距离，然后折回来在孔Ⅳ处进行定位，这样孔Ⅰ、Ⅱ、Ⅲ和Ⅳ的定位方向是一致的，就可以避免反向间隙误差的引入，从而提高了孔Ⅲ与Ⅳ的孔距精度。

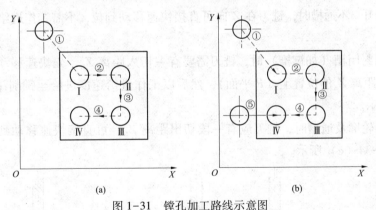

图1-31 镗孔加工路线示意图

（a）不合理的加工路线；（b）合理的加工路线

5. 内槽加工工艺路线

加工平底内槽时，一般使用平底铣刀，刀具半径和端部边缘部分的圆角半径应符合内槽的图样要求。内槽的切削分两步，第一步切出空腔，第二步切轮廓。切轮廓通常又分粗加工和精加工。从内槽轮廓线向里平移铣刀半径 R 并且留出精加工余量，由此得出的多边形是计算粗加工走刀路线的依据，如图 1-32 所示。切削内腔时，环切和行切在生产中都有应用。两种走刀路线都要保证切净内腔中的全部面积，不留死角，不伤轮廓，同时尽量减少重复走刀的搭接量。从走刀路线的长短比较，行切法要略优于环切法。但在加工小面积内槽时，环切的程序量要比行切少。

6. 铣削曲面的进给路线

对于边界敞开的曲面加工，可采用如图 1-33 所示的两种进给路线。对于发动机大叶片，当采用图 1-33（a）所示的加工方案时，每次沿直线加工，刀位点计算简单，程序少，加工过程符合直纹面的形成，可以准确保证母线的直线度。当采用图 1-33（b）所示的加工方案时，符合这类零件数据给出情况，便于加工后检验，叶形的准确度高，但程序较多。由于曲面零件的边界是敞开的，没有其他表面限制，所以曲面边界可以延伸，球头刀应由边界外开始加工。当边界不敞开时，确定进给路线要另行处理。

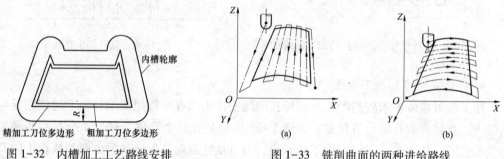

图 1-32　内槽加工工艺路线安排　　　图 1-33　铣削曲面的两种进给路线

（a）沿直线加工；（b）沿曲线加工

7. Z 向快速移动进给路线的确定

Z 向快速移动进给常采用下列进给路线。

（1）铣削开口不通槽时，铣刀在 Z 向可直接快速移动到位，不需工作进给，如图 1-34（a）所示。

（2）铣削封闭槽（如键槽）时，铣刀需要有一切入距离 Z_0，先快速移动到距工件加工表面一切入距离 Z_a 的位置上（R 平面），然后以工作进给速度进给至铣削深度 H，如图 1-34（b）所示。

（3）铣削轮廓及通槽时，铣刀应有一段切出距离 Z_0，可直接快速移动到距工件表面 Z_0 处，如图 1-34（c）所示。

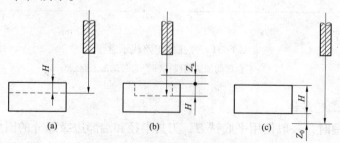

图 1-34　铣削加工时刀具 Z 向进给路线

8. 进刀与退刀

（1）进刀与退刀的走刀路线。铣削平面零件的轮廓时，是用铣刀的侧刃进行切削的，如果进刀切入工件是沿非切线方向或沿-Z方向进刀的，那么就会产生整个轮廓切削不平滑的状况。在图1-35中，切入处没有产生让刀，而其他位置都产生了让刀现象。为保证切削轮廓的完整平滑，应采用进刀切向切入、退刀切向切出的走刀路线，也就是通常所说的走"8"字形轨迹，如图1-36所示。

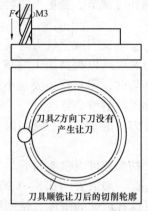

图1-35 非切线方向或-Z方向进刀时的轨迹

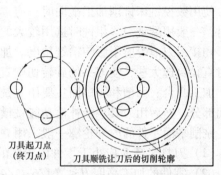

图1-36 刀具切向切入、切向切出

（2）-Z方向的进刀。在-Z方向进刀一般采用直接进刀或斜向进刀的方法。直接进刀主要适用于键槽铣刀的加工；而在不用键槽铣刀，直接用立铣刀的场合（如要加工某一个型腔，没有键槽铣刀，只有立铣刀），就要用斜向进刀的方法。斜向进刀又分直线式与螺旋式两种，具体如图1-37所示。

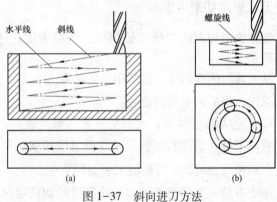

图1-37 斜向进刀方法

（a）直线式斜向进刀；（b）螺旋式斜向进刀

三、选择夹具

1. 定位基准的选择

选择定位基准时，应注意减少装夹次数，尽量做到在一次装夹中能把零件上所有要加工表面都加工出来。多选择工件上不需数控铣削的平面和孔作为定位基准。对于薄板件，选择的定位基准应有利于提高工件的刚性，以减小切削变形。定位基准应尽量与设计基准重合，以减少定位误差对尺寸精度的影响。

2. 确定工件的装夹方法

使用数控铣床加工工件，选择装夹方法时要考虑以下几点。

（1）工件定位、夹紧的部位应不妨碍各部位的加工、刀具更换以及重要部位的测量。尤其要避免刀具与工件、夹具及机床部件相撞。

（2）夹紧力作用点应尽量靠近主要支撑点或在支承点所组成的三角形内。尽量靠近切削部位并在工件刚性较好的地方，不要作用在被加工的孔径上，以减少零件变形。

（3）工件的重复装夹、定位一致性要好，以减少对刀时间，提高零件加工的一致性。

四、选择刀具

数控铣床主轴转速较普通机床的主轴转速高 1~2 倍，某些特殊用途的数控铣床主轴转速高达每分钟数万转，因此数控铣床刀具的强度与耐用度至关重要。一般说来，数控铣床用刀具应具有较高的耐用度和刚度，有良好的断屑性能和可调节、易更换等特点，刀具材料应有足够的韧性。

使用数控铣床铣削加工平面时，应选用不重磨硬质合金端铣刀或立铣刀。铣削较大平面时，一般用端铣刀。粗铣时选用较大的刀盘直径和走刀宽度可以提高加工效率，但铣削变形和接刀刀痕等应不影响精铣精度。加工余量大且不均匀时，刀盘直径要选小些；精加工时直径要选大些，使刀头的旋转切削直径最好能包容加工面的整个宽度。

加工凸台、凹槽和箱口面主要用立铣刀和镶硬质合金刀片的端铣刀。铣削时先铣槽的中间部分，然后用刀具半径补偿功能铣槽的两边。

铣削平面零件的内外轮廓一般采用立铣刀。刀具的结构参数可以参考如下。

（1）刀具半径 R 应小于零件内轮廓的最小曲率半径 ρ。一般取 $R = (0.8 \sim 0.9)\rho$。

（2）零件的加工高度 $H \leqslant (1/6 \sim 1/4) R$，以保证刀具有足够的刚度。铣削型面和变斜角轮廓外形时常用球头刀、环形刀、鼓形刀和锥形刀。

五、确定切削用量

数控铣削加工的切削用量包括：铣削速度、进给速度、背吃刀量和侧吃刀量，如图 1-8 所示。

从刀具耐用度出发，切削用量的选择方法是：先选取背吃刀量或侧吃刀量，其次确定进给速度，最后确定切削速度。

1. 背吃刀量（端铣）或侧吃刀量（圆周铣）

背吃刀量 a_p 为平行于铣刀轴线测量的切削层尺寸，单位为 mm。端铣时，a_p 为切削层深度；而圆周铣时，a_p 为被加工表面的宽度。

侧吃刀量 a_e 为垂直于铣刀轴线测量的切削层尺寸，单位为 mm。端铣时，a_e 为被加工表面宽度；而圆周铣时，a_e 为切削层深度。

背吃刀量或侧吃刀量的选取主要由加工余量和对表面质量的要求决定。

（1）在工件表面粗糙度值要求为 $Ra12.5 \sim 25\mu m$ 时，如果圆周铣的加工余量小于 5mm，端铣的加工余量小于 6mm，粗铣一次进给就可以达到要求。但在余量较大、工艺系统刚性较差或机床动力不足时，可分两次进给完成。

（2）在工件表面粗糙度值要求为 $Ra3.2 \sim 12.5\mu m$ 时，可分粗铣和半精铣两步进行。粗铣时背吃刀量或侧吃刀量选取同前。粗铣后留 0.5~1.0mm 余量，在半精铣时切除。

（3）在工件表面粗糙度值要求为 $Ra0.8 \sim 3.2\mu m$ 时，可分粗铣、半精铣、精铣三步进行。半精铣时背吃刀量或侧吃刀量取 1.5~2mm；精铣时圆周铣侧吃刀量取 0.3~0.5mm，面铣背吃刀量取 0.5~1mm。

2. 进给速度

进给速度 v_f 是单位时间内工件与铣刀沿进给方向的相对位移，单位为 mm/min。它与铣刀转速 n、铣刀齿数 z 及每齿进给量 f_z（单位为 mm/z）的关系为

$$v_f = f_z z n$$

每齿进给量 f_z 的选取主要取决于工件材料的力学性能、刀具材料、工件表面粗糙度等因素。工件材料的强度和硬度越高，f_z 越小；反之则越大。硬质合金铣刀的每齿进给量高于同类高速钢铣刀。工件表面粗糙度要求越高，f_z 就越小。每齿进给量的确定可参考表 1-1 选取。工件刚性差或刀具强度低时，应取小值。

表 1-1　　　　　　　　　　　　　铣刀每齿进给量 f_z

工件材料	每齿进给量 f_z（mm/z）			
	粗　铣		精　铣	
	高速钢铣刀	硬质合金铣刀	高速钢铣刀	硬质合金铣刀
钢	0.1~0.15	0.10~0.25	0.02~0.05	0.10~0.15
铸铁	0.12~0.20	0.15~0.30		

3. 铣削速度

在确定铣削速度之前，首先应确定铣刀的寿命。但是影响铣刀寿命的因素太多，如铣刀的类型、结构、几何参数，工件材料的性能，毛坯状态，加工要求，铣削方式甚至机床状态等，因此表 1-2 中的数据仅供参考。

表 1-2　　　　　　　　　　　常见工件材料铣削速度参考值

工件材料	硬度 HBS	铣削速度 v_c（m/min）		工件材料	硬度 HBS	铣削速度 v_c（m/min）	
		硬质合金铣刀	高速钢铣刀			硬质合金铣刀	高速钢铣刀
低、中碳钢	<220	80~150	21~40	工具钢	200~250	45~83	12~23
	225~290	60~115	15~36	灰铸铁	100~140	110~115	24~36
	300~425	40~75	9~20		150~225	60~110	15~21
高碳钢	<220	60~130	18~36		230~290	45~90	9~18
	225~325	53~105	14~24		300~320	21~30	5~10
	325~375	36~48	9~12	可锻铸铁	110~160	100~200	42~50
	375~425	35~45	6~10		160~200	83~120	24~36
合金钢	<220	55~120	15~35		200~240	72~110	15~24
	225~325	40~80	10~24		240~280	40~60	9~21
	325~425	30~60	5~9	铝镁合金	95~100	360~600	180~300

注　1. 粗铣时切削负荷大，v_c 应取小值；精铣时，为减小表面粗糙度值，v_c 取大值。

　　2. 采用可转位硬质合金铣刀时，v_c 可取较大值。

　　3. 铣刀结构及几何参数等改进后，v_c 可超过表列之值。

　　4. 实际铣削后，如发现铣刀寿命太短，应适当降低 v_c。

　　5. v_c 的单位如为 m/s，表列值除以 60 即可。

当背吃刀量 a_p 和进给量确定后，应根据铣刀寿命和机床刚度，选取尽可能大的切削速度，表 1-2 中的数据可供参考。但是如前所述，由于影响因素太多，所确定的切削速度 v_c 只能作为实用中的初值。操作者应在具体生产条件下，细心体察、分析、试验，找到切削用量的最佳组合数值。

六、制定数控铣削加工工艺实例

如图 1-38 所示为槽形凸轮零件，在铣削加工前，该零件是一个经过加工的圆盘，圆盘直径为 $\phi280mm$，带有两个基准孔 $\phi35mm$ 及 $\phi12mm$。$\phi35mm$ 及 $\phi12mm$ 为两个定位孔，X 面已在前面加工完毕，本工序是在铣床上加工槽。该零件的材料为 HT'200，试分析其数控铣削加工工艺。

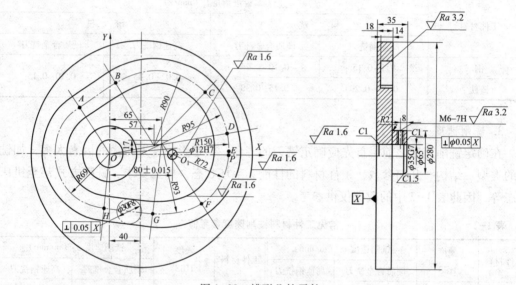

图 1-38 槽形凸轮零件

1. 零件图工艺分析

该零件凸轮轮廓由 HA、BC、DE、FG 和直线 AB、HG 以及过渡圆弧 CD、EF 所组成。组成轮廓的各几何元素关系清楚，条件充分，所需要的基点坐标容易求得。凸轮内外轮廓面对 X 面有垂直度要求。材料为铸铁，切削工艺性较好。

根据分析，采取以下措施：凸轮内外轮廓面对 X 面有垂直度要求，只要提高装夹精度，使 X 面与铣刀轴线垂直，即可保证。

2. 选择设备

平面凸轮的数控铣削，一般采用两轴以上联动的数控铣床，因此首先要考虑的是零件的外形尺寸和质量，使其在机床的允许范围内；其次考虑数控机床的精度是否能满足凸轮的设计要求；第三，凸轮的最大圆弧半径应在数控系统允许的范围内。根据以上三条即可确定所要使用的数控机床为两轴以上联动的数控铣床。

3. 确定工件的定位基准和装夹方式

（1）定位基准。采用"一面两孔"定位，即用圆盘 X 面和两个基准孔作为定位基准。

（2）根据工件特点，用一块320mm×320mm×40mm的垫块，在垫块上分别精镗 ϕ35mm 及 ϕ12mm两个定位孔（要配定位销），孔距离（80±0.015）mm，垫块平面度为0.05mm，在该工件加工前，先固定夹具的平面，使两定位销孔的中心连线与机床 X 轴平行，夹具平面要保证与工作台面平行，并用百分表检查，如图 1-39 所示。

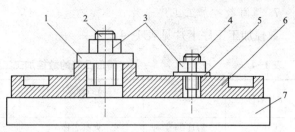

图 1-39　凸轮加工装夹示意图

1—开口垫圈；2—带螺纹圆柱销；3—压紧螺母；
4—带螺纹削边销；5—垫圈；6—工件；7—垫块

4. 确定加工顺序及进给路线

整个零件加工顺序的拟订按照基面先行、先粗后精的原则确定。因此，应先加工用作定位基准的 ϕ35mm 及 ϕ12mm 两个定位孔、X 面，然后再加工凸轮槽内外轮廓表面。由于该零件的 ϕ35mm 及 ϕ12mm 两个定位孔、X 面已在前面工序加工完毕，这里只分析加工凸轮槽的进给路线，进给路线包括平面内进给和深度进给。平面内的进给，对外轮廓是从切线方向切入；对内轮廓是从过渡圆弧切入。在数控铣床上加工时，对铣削平面槽形凸轮，深度进给有两种方法：一种是在 XZ（或 YZ）平面内来回铣削逐渐进刀到既定深度；另一种是先打一个穿丝孔，然后从穿丝孔进刀至既定深度。

进刀点选在 P（150，0）点，刀具往返铣削，逐渐加深背吃刀量，当达到要求深度后，刀具在 XY 平面内运动，铣削凸轮轮廓。为了保证凸轮的轮廓表面有较高的表面质量，采用顺铣方式，即从 P 点开始，对外轮廓按顺时针方向铣削，对内轮廓按逆时针方向铣削。

5. 刀具的选择

根据零件的结构特点，铣削凸轮槽内、外轮廓（即凸轮槽两侧面）时，铣刀直径受槽宽限制，同时考虑铸铁属于一般材料，加工性能较好，选用 ϕ18mm 硬质合金立铣刀，见表 1-3。

表 1-3　　　　　　　　　　数控加工刀具卡片

产品名称或代号	×××		零件名称	槽形凸轮	零件图号	×××
序号	刀具号	刀具规格名称（mm）	数量	加工表面		备注
1	T01	ϕ18 硬质合金立铣刀	1	粗铣凸轮槽内外轮廓		
2	T02	ϕ18 硬质合金立铣刀	2	精铣凸轮槽内外轮廓		
编制	×××	审核	×××	批准	×××	共　页　第　页

6. 切削量的选择

凸轮槽内、外轮廓精加工时留 0.2mm 铣削量，确定主轴转速与进给速度时，先查阅切削用量手册，确定切削速度与每齿进给量，然后利用公式 $v_c = \pi dn/1000$ 计算主轴转速 n，利用 $v_f = nZf_z$ 计算进给速度。

7. 填写数控加工工序卡片

数控加工工序卡片见表1-4。

表1-4　　　　　　　　　　　　　　槽形凸轮的数控加工工艺卡片

单位名称	×××		产品名称或代号		零件名称		零件图号	
			×××		槽形凸轮		×××	
工序号	程序编号		夹具名称		使用设备		车间	
×××	×××		螺旋压板		XK5025		数控中心	
工步号	工步内容		刀具号	刀具规格（mm）	主轴转速（r/min）	进给速度（mm/min）	背吃刀量（mm）	备注
1	来回铣削，逐渐加深铣削深度		T01	φ18	800	60		分两层铣削
2	粗铣凸轮槽内轮廓		T01	φ18	700	60		
3	粗铣凸轮槽外轮廓		T01	φ18	700	60		
4	精铣凸轮槽内轮廓		T02	φ18	1000	100		
5	精铣凸轮槽外轮廓		T02	φ18	1000	100		
编制	×××	审核	×××	批准	×××	×年×月×日	共　页	第　页

思 考 与 训 练

一、单项选择题

1. 下列关于数控铣床的刀柄的说法，正确的有（　　）。

　　A. 是数控铣床可有可无的辅具　　　　　B. 与主机的主轴孔没有对应要求

　　C. 其锥柄部分已有相应的国际和国家标准　D. A、B、C 都对

2. 加工工件时，将其尺寸一般控制到（　　）较为合理。

　　A. 平均尺寸　　　B. 最大极限尺寸　　　C. 最小极限尺寸　　　D. 基本尺寸

3. 用面铣刀精铣工件表面时，铣削用量选择应首先尽可能取较大的（　　）。

　　A. 切削速度　　　　　　　　　　　　　B. 背吃刀量和侧吃刀量

　　C. 每刀齿进给量　　　　　　　　　　　D. 每转进给量

4. 铣削加工时，切削速度由（　　）决定。

　　A. 进给量　　　　　　　　　　　　　　B. 刀具直径

　　C. 刀具直径和主轴转速　　　　　　　　D. 背吃刀量

5. 在选用了刀具半径补偿的条件下，进行整圆切削应采取（　　）。

　　A. 法向切入法　　　B. 圆弧切入法　　　C. A、B 都可以　　　D. 无正确答案

6. 下列（　　）会产生过切削现象。

　　A. 加工半径小于刀具半径的内圆弧　　　B. 被铣削槽底宽小于刀具直径

　　C. 加工比刀具半径小的台阶　　　　　　D. 以上均正确

7. 通常用球刀加工比较平缓的曲面时，表面粗糙度的质量不会很高。这是因为（　　）。

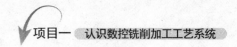

A. 行距不够密 　　　　　　　　　B. 步距太小

C. 球刀刀刃不太锋利 　　　　　　D. 球刀尖部的切削速度几乎为零

8. 在用立铣刀加工曲线外形时，立铣刀半径必须（　　）工件的凹圆弧半径。

A. ≤ 　　　　　B. = 　　　　　C. ≥ 　　　　　D. 不等于

二、判断题（正确的打"√"，错误的打"×"）

1. 在铣床上可以加工 T 形槽、键槽，但是不能加工燕尾槽。　　　　　（　　）

2. 在铣床上只能加工各种平面，不能加工各种曲面。　　　　　　　　（　　）

3. 对工件进行切断可以在车床上进行，也可以在铣床上进行。　　　　（　　）

4. 在安装机用平口虎钳时，必须使固定钳口与工作台纵向进给方向保持垂直或水平，必要时可用百分表进行校正。　　　　　　　　　　　　　　　　　（　　）

5. 背吃刀量就是工件已加工表面和待加工表面间的垂直距离。　　　　（　　）

6. 用端面铣刀可以在卧式铣床上铣削平面，也可以在立式铣床上铣削平面。（　　）

7. 由于立铣刀只有圆柱面刀刃承担切削工作，其端面刀刃只起修光作用，所以用立铣刀铣削封闭槽时，应预钻落刀孔。　　　　　　　　　　　　　（　　）

8. 铣削时，切削过程是连续的，但是每个刀齿的切削是断续的，因此切削过程中存在对工件的冲击。　　　　　　　　　　　　　　　　　　　　　　　（　　）

9. 机用平口虎钳主要用于以平面定位和夹紧的中、小型工件。　　　　（　　）

10. 铣削时，工件加工表面应尽可能一次铣出，以避免接刀痕迹，所以铣削宽度应等于工件加工宽度。　　　　　　　　　　　　　　　　　　　　　　（　　）

三、编程题

编制如图 1-40 所示零件的数控铣削加工工艺，材料为 45 钢。

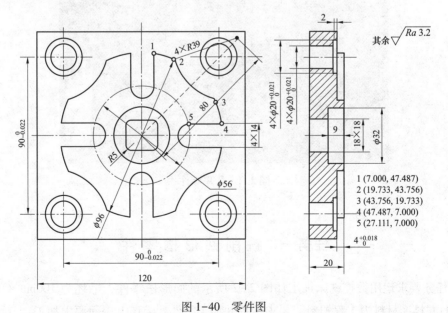

图 1-40　零件图

项目二

铣削简单零件

📖 **学习目标**

（1）掌握数控铣床编程基础知识。

（2）学会下列指令的用法：G54、G00、G01、G02/G03、M03、M04、M05、M02、M30。

（3）掌握刀具补偿指令的用法和子程序的用法。

（4）能编程并加工回形槽、凸台和凸轮零件。

如图 2-1 所示为模具中一些形状比较简单的零件，这些零件都是用数控铣床加工出来的。如何编程并操作数控铣床加工这些零件呢？在本项目中，我们将学习铣削加工简单零件的方法。首先我们将学习数控铣床编程基础知识，然后将进行回形槽、凸台和凸轮零件的编程与加工训练。

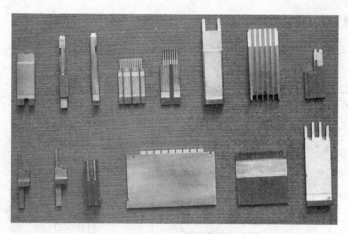

图 2-1　简单零件

任务一　铣削回形槽零件

本任务要求运用数控铣床加工如图 2-2 所示的回形槽零件，毛坯为 100mm×100mm×15mm 的方料，材料为工程塑料，要求编程并加工零件，毛坯上表面要求加工。

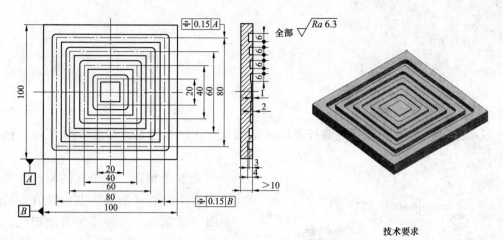

图 2-2 回形槽零件

（a）零件图；（b）实体图

一、基础知识

1. 数控铣床坐标系统

数控铣床坐标系统如图 2-3 所示。数控机床的 Z 轴为机床的主轴方向，刀具远离工件的方向为 Z 轴正方向；X 轴是水平的，平行于工件装夹面，对于立式数控镗铣床，从工件向立柱的方向看，右侧为 X 轴正方向；Y 轴及其方向是根据 X 轴和 Z 轴，按右手法则确定的。X、Y、Z 轴的旋转运动的正方向，按右手螺旋法则确定。

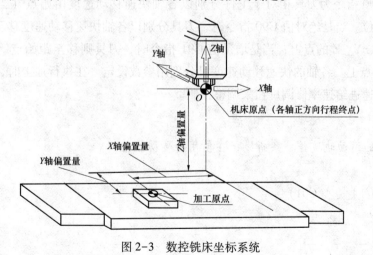

图 2-3 数控铣床坐标系统

2. 工件坐标系选择指令（G54~G59）

格式：

G54
G55
G56
G57
G58
G59

说明：G54～G59用来指定数控系统预定的6个工件坐标系，如图2-4所示，任选其一。

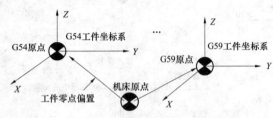

图 2-4　工件坐标系选择（G54～G59）

这6个预定工件坐标的原点在机床坐标系中的值（工件零点偏置值）可用MDI方式输入，数控系统自动记忆。这样建立的工件坐标系在系统断电后并不被破坏，再次开机后仍有效，并与刀具的当前位置无关。G54～G59为模态指令，可相互注销，G54为默认值。

■ **提示**

使用该组指令前，要先用MDI方式输入各坐标系的坐标原点在机床坐标系中的坐标值，设定方法见项目二的任务一。

3. 点定位指令（G00）

格式：

G00　X __ Y __ Z __；

点定位G00指令为刀具相对于工件分别以各轴快速移动速度由始点（当前点）快速移动到终点定位。当是绝对值G90指令时，刀具分别以各轴快速移动速度移至工件坐标系中坐标值为X、Y、Z的点上；当是增量值G91指令时，刀具则移至距始点（当前点）为X、Y、Z值的点上。各轴的快速移动速度可分别用参数设定。在执行加工时，还可以在操作面板上用快速进给速率修调旋钮来调整控制。

■ **提示**

G00指令的运动轨迹是一条折线，在使用时要防止撞刀。

4. 直线插补指令（G01）

格式：

G01　X __ Y __ Z __ F __；

直线插补G01指令为刀具相对于工件以F指令的进给速度从当前点（始点）向终点进行直线插补。F代码是进给速度指令代码，在没有新的F指令以前一直有效，不必在每个程序段中都写入F指令。

26

二、任务实施

（1）工艺分析与工艺设计。

1）图样分析。如图 2-2 所示零件由 4 个回形槽组成，零件的表面粗糙度值为 6.3μm，槽的宽度尺寸未注公差，按 GB/T 1804—2000 标准中的 m 等级确定公差值，查表 2-1 得出其公差值为±0.1mm。

零件的几何公差：该零件只有位置公差要求，即 2 处对称度要求，为 0.1mm。

从前面的分析可知，该零件的槽可以用 φ6mm 的键槽铣刀直接铣出。该零件的上表面需要加工，可以用 φ16mm 的立铣刀铣削。

◐ **知识链接：未注公差线性尺寸的极限偏差数值**

未注公差可根据 GB/T 1804—2000 确定，表 2-1 中列出了未注公差线性尺寸的极限偏差数值。

表 2-1　　　　　　　　　未注公差线性尺寸的极限偏差数值

公差等级	基本尺寸分段（mm）							
	0.5~3	>3~6	>6~30	>30~120	>120~400	>400~1000	>1000~3000	>2000~4000
精密 f	±0.05	±0.05	±0.1	±0.15	±0.2	±0.3	±0.5	—
中等 m	±0.1	±0.1	±0.2	±0.3	±0.5	±0.8	±1.2	±2
粗糙 c	±0.2	±0.3	±0.5	±0.8	±1.2	±2	±3	±4
最粗 v	—	±0.5	±1	±1.5	±2.5	±4	±6	±8

注　本表摘自 GB/T 1804—2000。

2）加工工艺路线设计。工艺路线见表 2-2。

表 2-2　　　　　　　　　数控铣削加工工序卡片

产品名称	零件名称	工序名称	工序号	程序编号	毛坯材料	使用设备	夹具名称
回形槽	数控铣				工程塑料	数控铣床	机用平口虎钳

工步号	工步内容	刀具			主轴转速（r/min）	进给速度（mm/min）	背吃刀量（mm）
		类型	材料	规格（mm）			
1	铣上表面	圆柱立铣刀	高速钢	φ16	400	200	0.5
2	铣 20mm×20mm 回形槽	键槽铣刀（或立铣刀）	高速钢	φ6	600	80	2
3	铣 40mm×40mm 回形槽	键槽铣刀（或立铣刀）	高速钢	φ6	600	80	2
4	铣 60mm×60mm 回形槽	键槽铣刀（或立铣刀）	高速钢	φ6	600	80	2
5	铣 80mm×80mm 回形槽	键槽铣刀（或立铣刀）	高速钢	φ6	600	80	2

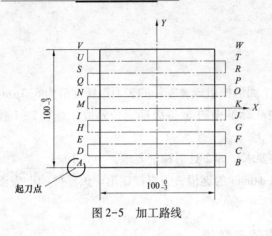

图 2-5 加工路线

3）刀具选择：① ϕ16mm 立铣刀；② ϕ6mm 键槽铣刀或立铣刀。

（2）程序编制。

1）编制铣削上表面的程序。采用 ϕ16mm 的圆柱立铣刀，主轴选择 400r/min，进给速度为 200mm/min，背吃刀量 0.5mm。加工路线如图 2-5 所示。

a）计算关键点坐标。首先确定如图 2-5 所示的坐标系，在此坐标系下计算各个关键点的坐标：

起刀点 A (-70, -50)；B (60, -50)；C (60, -40)；D (-60, -40)；E (-60, -30)；F (60, -30)；G (60, -20)；H (-60, -20)；I (-60, -10)；J (60, -10)；K (60, 0)；M (-60, 0)；N (-60, 10)；O (60, 10)；P (60, 20)；Q (-60, 20)；R (60, 30)；S (-60, 30)；T (60, 40)；U (-60, 40)；V (-60, 50)；W (60, 50)

b）编制加工程序：

程序	注释
O0001;	//程序名(程序号)
N10 G54;	//定义坐标系
N20 G00 X0. Y0. Z100.;	//定位在(0,0,100)点
N30 S400 M03;	//起动主轴正转400r/min
N40 G00 X-70. Y-50. Z100.;	//定位在(-70,-50,100)点
N50 G00 Z10.;	//定位在(-70,-50,10)点
N60 G01 Z-0.5 F200;	//Z 方向下刀 0.5mm,进给速度 200mm/min
N70 G01 X60. Y-50. F200;	//切削进给到B 点
N80 G01 X60. Y-40. F200;	//切削进给到C 点
N90 G01 X-60. Y-40. F200;	//切削进给到D 点
N100 G01 X-60. Y-30. F200;	//切削进给到E 点
N110 G01 X60. Y-30. F200;	//切削进给到F 点
N120 G01 X60. Y-20. F200;	//切削进给到G 点
N130 G01 X-60. Y-20. F200;	//切削进给到H 点
N140 G01 X-60. Y-10. F200;	//切削进给到I 点
N150 G01 X60. Y-10. F200;	//切削进给到J 点
N160 G01 X60. Y0. F200;	//切削进给到K 点
N170 G01 X-60. Y0. F200;	//切削进给到M 点
N180 G01 X-60. Y10. F200;	//切削进给到N 点
N190 G01 X60. Y10. F200;	//切削进给到O 点
N200 G01 X60. Y20. F200;	//切削进给到P 点
N210 G01 X-60. Y20. F200;	//切削进给到Q 点
N220 G01 X-60. Y30. F200;	//切削进给到R 点
N230 G01 X60. Y30. F200;	//切削进给到S 点

```
N240  G01  X60.  Y40.  F200;          //切削进给到 T 点
N250  G01  X-60.  Y40.  F200;         //切削进给到 U 点
N260  G01  X-60.  Y50.  F200;         //切削进给到 V 点
N270  G01  X60.  Y50.  F200;          //切削进给到 W 点
N280  G00  Z100.;                     //抬刀到 (60,50,100) 点
N290  M05;                            //关闭主轴
N300  M30;                            //程序结束
```

2) 编制铣削 4 个回形槽的程序。选取毛坯上表面中心为工件坐标原点，加工此工件不需用刀补，只需用 ϕ6mm 键槽铣刀（或立铣刀）沿中心线走一次即可完成。设定工件的上表面中心为工件坐标原点，程序如下：

```
O1000
N10   G54;                            //定义工件坐标系
N20   G00  X10.0  Y-10.0  M03  S600;
N30   G00  Z2.0  M08;
N40   G01  Z-1.0  F20;
N50   G01  X10.0  Y10.0  F80;
N60   G01  X-10.0  Y10.0;
N70   G01  X-10  Y-10;
N80   G01  X10  Y-10;
N90   G01  Z2.0;
N100  G00  X20  Y-20  Z2.0;
N110  G01  Z-2.0  F20;
N120  G01  X20  Y20  F80;
N130  G01  X-20  Y20;
N140  G01  X-20  Y-20;
N150  G01  X20  Y-20;
N160  G01  Z2.0;
N170  G00  X30  Y-30;
N180  G01  Z-3.0  F20;
N190  G01  X30  Y30  F80;
N200  G01  X-30  Y30;
N205  G01  X-30  Y-30;
N210  G01  X30  Y-30;
N220  G01  Z2.0;
N230  G00  X40  Y-40;
N240  G01  Z-2.0  F20;
N250  G01  X40  Y40  F80;
N260  G01  X-40  Y40;
N270  G01  X-40  Y-40;
N280  G01  X40  Y-40;
```

```
N290  G01  Z2.0;
N300  G00  X40  Y-40;
N310  G01  Z-4.0  F20;
N320  G01  X40  Y40  F50;
N330  G01  X-40  Y40;
N340  G01  X40  Y-40;
N350  G01  Z50  F200;
N360  G00  X60  Y-40;
N370  M05  M09;
N380  M30;
```

（3）安装刀具。

（4）装夹工件。使用机用平口虎钳装夹工件，注意要将工件装平、夹紧。

（5）输入程序。

（6）对刀。

（7）启动自动运行，加工零件，机内检测工件。程序执行后，不要立即拆下工件，应该在机床上对工件进行检测。如果尺寸不符合图样要求，应进行修正加工，直到尺寸满足要求为止。对于不能修正的加工误差，应对出现的问题进行分析，找出问题的原因，确保在下次加工时避免出现同样的问题。

（8）测量零件。

任务二 铣 削 凸 台

本任务要求运用数控铣床加工如图 2-6 所示的凸台零件，毛坯为 120mm×120mm×20mm 的方料，材料为 45 钢，要求编程并加工零件。

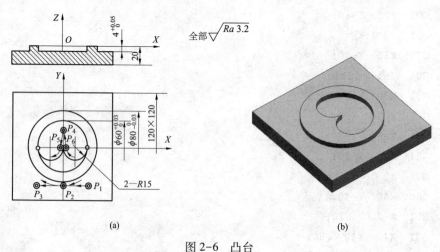

图 2-6 凸台

（a）零件图；（b）实体图

一、基础知识

1. 圆弧插补指令（G02、G03）

功能：使刀具从圆弧起点，沿圆弧移动到圆弧终点。G02 为顺时针圆弧（CW）插补，G03 为逆时针圆弧（CCW）插补。

圆弧方向的判断方法：以 *XY* 平面为例，从 *Z* 轴的正方向往负方向看 *XY* 平面，顺时针圆弧用 G02 指令编程，逆时针圆弧用 G03 指令编程。其余平面的判断方法相同，如图 2-7 所示。

如图 2-8 所示为圆弧插补示意图，圆弧插补指令格式如下。

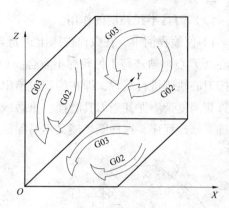

图 2-7 圆弧方向的判断

XY 平面圆弧：

$$G17 \begin{Bmatrix} G02 \\ G03 \end{Bmatrix} X\_\_Y\_\_ \begin{Bmatrix} R \\ I\_\_J\_\_ \end{Bmatrix} F\_\_;$$

XZ 平面圆弧：

$$G18 \begin{Bmatrix} G02 \\ G03 \end{Bmatrix} X\_\_Z\_\_ \begin{Bmatrix} R \\ I\_\_K\_\_ \end{Bmatrix} F\_\_;$$

YZ 平面圆弧：

$$G19 \begin{Bmatrix} G02 \\ G03 \end{Bmatrix} Y\_\_Z\_\_ \begin{Bmatrix} R \\ J\_\_K\_\_ \end{Bmatrix} F\_\_;$$

说明：① X、Y、Z 为圆弧终点坐标；② I、J、K 分别为圆弧圆心相对圆弧起点在 X、Y、Z 轴方向的坐标增量；③ 圆弧的圆心角小于或等于 180° 时用"+R"编程，圆弧的圆心角大于 180° 时用"-R"编程，若用半径，则圆心坐标不用；④ 整圆编程时不可以使用 R。

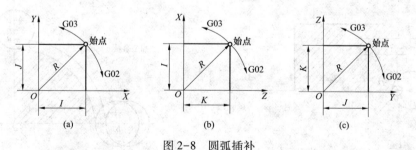

图 2-8 圆弧插补

（a）*XY* 平面的圆弧；（b）*XZ* 平面的圆弧；（c）*YZ* 平面的圆弧

■ 提示

（1）顺时针或逆时针是指从垂直于圆弧所在平面坐标轴的正向看到的回转方向。

（2）整圆编程时不可以使用 R，只能用 I、J、K。

（3）当同时编入 R 和 I、J、K 时，R 有效。

2. 刀具半径补偿

（1）刀具半径补偿的作用。

1）使编程简单。在数控铣床上进行轮廓的铣削加工时，由于刀具半径的存在，刀具中心（刀心）轨迹与工件轮廓不重合。如果数控系统不具备刀具半径自动补偿功能，则只能按刀心轨迹进行编程，即在编程时给出刀具的中心轨迹，如图 2-9 所示的虚线轨迹，其计算相当复杂。尤其当刀具磨损、重磨或换新刀而使刀具半径变化时，必须重新计算刀心轨迹，修改程序，这样既烦琐又不易保证加工精度。

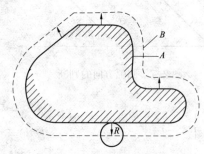

图 2-9　刀具半径补偿示意图

当数控系统具备刀具半径补偿功能时，数控编程只需按工件轮廓编程即可，如图 2-9 中的实线轨迹。此时，数控系统会自动计算刀心轨迹，使刀具偏离工件轮廓一个半径值（补偿量，也称偏置量），即进行刀具半径补偿。

2）刀具因磨损、重磨、换新刀而引起刀具直径改变后，不必修改程序，只需修改刀具半径补偿值即可。即只需在刀具参数设置中输入变化后的刀具直径。

如图 2-10 所示，1 为未磨损的刀具，2 为磨损后的刀具，两者直径不同，只需将刀具参数表中的刀具半径 r_1 改为 r_2，即可适用同一程序。

3）利用刀具半径补偿实现粗、精加工。通过有意识地改变刀具半径补偿量，便可用同一刀具、同一程序和不同的切削余量完成粗加工、半精加工和精加工，如图 2-11 所示。从图 2-11 中可以看出，当设定补偿量为 ac 时，刀具中心按 cc' 运动；当设定补偿量为 ab 时，刀具中心按 bb' 运动完成切削。

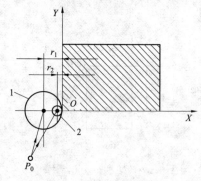

图 2-10　刀具直径变化
1—未磨损的刀具；2—磨损后的刀具

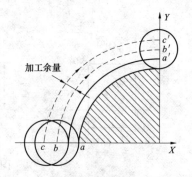

图 2-11　利用刀具半径补偿进行粗、精加工

（2）刀具半径补偿的执行过程。铣削加工刀具半径补偿分为刀具半径左补偿（用 G41 指令定义）和刀具半径右补偿（用 G42 定义），使用非零的 D## 代码选择正确的刀具半径

偏置寄存器号。根据 ISO 标准，当刀具中心轨迹沿前进方向位于零件轮廓右边时称为刀具半径右补偿；反之称为刀具半径左补偿，如图 2-12 所示。当不需要进行刀具半径补偿时，则用 G40 指令取消刀具半径补偿。

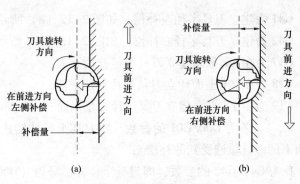

图 2-12 刀具补偿方向
(a) 刀具半径左补偿；(b) 刀具半径右补偿

刀具半径补偿的执行过程一般可分为以下 3 步。

1) 刀具半径补偿建立。刀具由起刀点（位于零件轮廓及零件毛坯之外，距离加工零件轮廓切入点较近）接近工件，刀具半径补偿偏置方向由 G41/G42 指令确定，如图 2-13 所示。

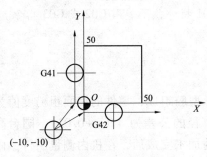

图 2-13 刀具半径补偿建立

在刀具半径补偿建立程序段中，动作指令只能用 G00 或 G01 指令，不能用 G02 或 G03 指令。刀具半径补偿建立过程中不能进行零件加工。

2) 刀具半径补偿进行。在刀具半径补偿进行状态下，G01、G00、G02、G03 指令都可使用。它根据读入的相邻两段编程轨迹，判断转接处工件内侧所形成的角度，自动计算刀具中心的轨迹。

在刀具半径补偿进行状态下，刀具中心轨迹与编程轨迹始终偏离一个刀具半径的距离。

3) 刀具半径补偿撤销。当刀具撤离工件，回到退刀点后，要取消刀具半径补偿。与建立刀具半径补偿过程类似，退刀点也应位于零件轮廓之外。退刀点距离加工零件轮廓较近，可与起刀点相同，也可以不相同。

刀具半径补偿撤销也只能用 G01 或 G00 指令，而不能用 G02 或 G03 指令。同样，在该过程中不能进行零件加工。

■ 提示

判断刀具半径左、右补偿要沿刀具前进的方向去观察。

(3) 刀具半径补偿指令 G40、G41、G42。

格式：

$$\begin{Bmatrix} G17 \\ G18 \\ G19 \end{Bmatrix} \begin{Bmatrix} G40 \\ G41 \\ G42 \end{Bmatrix} G00\,(G01)\ X\_\_\ Y\_\_\ Z\_\_\ D\_\_;$$

说明：该组指令用于建立/取消刀具半径补偿。

其中：

G40 为取消刀具半径补偿；

G41 为建立刀具半径左补偿，如图 2-12（a）所示；

G42 为建立刀具半径右补偿，如图 2-12（b）所示；

G17 为在 *XY* 平面建立刀具半径补偿平面；

G18 为在 *ZX* 平面建立刀具半径补偿平面；

G19 为在 *YZ* 平面建立刀具半径补偿平面；

X、Y、Z 为 G00/G01 的参数，即刀具半径补偿建立或取消的终点（注：投影到补偿平面上的刀具轨迹受到的补偿）；

D 为 G41/G42 的参数，即刀具半径补偿号码（D00～D99），它代表了刀具半径补偿表中对应的半径补偿值。

G40、G41、G42 都是模态代码，可相互注销。

■ 提示

（1）刀具半径补偿平面的切换指令为 G17/G18/G19，必须在补偿取消方式下进行。

（2）刀具半径补偿的建立与取消只能用 G00 或 G01 指令，不能用 G02 或 G03 指令。

二、任务实施

（1）工艺分析与工艺设计。

1）图样分析。图 2-6 所示的零件由圆台和和心形型腔组成，零件的表面粗糙度值为 3.2μm，圆台直径的公差为（-0.03，0），心形型腔直径的公差为（0，+0.03），圆台高度的公差为（0，+0.05）。先按基本尺寸编程加工，精加工完成后，在机内测量工件，修正零件尺寸，直到达到尺寸要求为止。

2）加工工艺路线设计。工艺路线见表 2-3。

表 2-3　　　　　　　　　　数控铣削加工工序卡片

产品名称	零件名称	工序名称	工序号	程序编号	毛坯材料	使用设备	夹具名称
	心形凸台	数控铣		O0010	45 钢	数控铣床	机用平口虎钳

工步号	工步内容	刀 具			主轴转速（r/min）	进给速度（mm/min）	背吃刀量（mm）
		类型	材料	规格（mm）			
1	铣上表面	圆柱立铣刀	高速钢	φ16	600	150	0.5
2	粗铣圆形凸台	圆柱立铣刀	高速钢	φ16	600	150	10mm/刀
3	精铣圆形凸台	圆柱立铣刀	高速钢	φ16	800	75	0.5
4	粗铣心形型腔	圆柱立铣刀	高速钢	φ16	600	150	2mm/刀
5	精铣心形型腔	圆柱立铣刀	高速钢	φ16	800	75	0.5

3）刀具选择。选择 φ16mm 立铣刀。

（2）程序编制。

加工工件上表面程序略。

选取工件表面中心为工件坐标原点，选用 φ16mm 立铣刀，使用同一个程序，修改刀

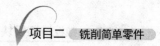

具半径补偿值，圆台分 4 次加工，刀具半径补偿值 D01 依次为 38mm、23mm、8.5mm、8mm，心形型腔分 3 次加工，D02 依次设定为 9mm、8.5mm、8mm。第 4 次加工完成凸台之后，即可按"复位"键将程序停止。粗加工时进给速度倍率为 100%，精加工时进给速度倍率调整为 50%。

外轮廓加工采用刀具半径左补偿，沿圆弧切线方向切入 $P_1 \rightarrow P_2$，切出时也沿切线方向 $P_2 \rightarrow P_3$。内轮廓加工采用刀具半径右补偿，$P_4 \rightarrow P_5$ 为切入段，$P_6 \rightarrow P_4$ 为切出段。外轮廓加工完毕取消刀具半径左补偿，待刀具至 P_4 点，再建立刀具半径右补偿。数控程序如下：

```
O0010;
N0010  G54;                                    //建立工件坐标系
N0020  G17  G21  G90;                          //坐标平面选择，米制输入，绝对编程
N0030  M03  S800;                              //主轴正转
N0040  G00  Z50.0;                             //刀具快速定位
N0050  G00  X100.0  Y100.0;                    //刀具快速定位
N0060  G41  G01  X70.0  Y-40.0  F300  D01;     //建立刀具半径左补偿
N0070  G01  Z-4.0;                             //在毛坯之外下刀
N0080  X0  Y-40.0  F150;                       //直线插补
N0090  G02  X0  Y-40.0  I0  J40.0;             //铣整圆
N0100  G01  X-60.0;                            //切出
N0110  G00  Z50.0;                             //快速抬刀
N0120  G40  G01  X-30.0  Y10.0  F300;          //取消刀具补偿
N0130  G01  X0  Y15.0;                         //刀具定位
N0140  G01  Z2.0  F300;                        //刀具下降到距工件上表面 2mm 处
N0150  G01  Z-4.0  F15;                        //垂直下刀，F 为 15mm/min
N0160  G42  G01  X0  Y0  D02  F150;            //建立刀具半径右补偿
N0170  G02  X-30.0  Y0  I-15.0  J0;            //顺圆插补，铣型腔
N0180  G02  X30.0  Y0  I30.0  J0;              //顺圆插补，铣型腔
N0190  G02  X0  Y0  I-15.0  J0;                //顺圆插补，铣型腔
N0200  G01  G40  X0  Y15.0;                    //取消刀具补偿
N0210  G00  Z100.0  M05;                       //抬刀
N0220  M30;                                    //程序结束
```

（3）安装刀具。

（4）装夹工件。

（5）输入程序。

（6）对刀。

（7）启动自动运行，加工工件，机内检测工件。

（8）测量工件。

任务三　铣　削　凸　轮

本任务要求运用数控铣床加工如图 2-14 所示的凸轮零件。使用圆形毛坯，在普通车

床上已粗车外圆至 $\phi110mm$，两平面（间距6mm）及中心的孔已加工出来。毛坯材料为45钢，要求运用子程序编程并加工零件。

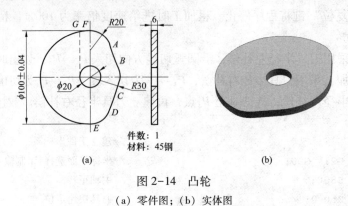

图 2-14 凸轮

（a）零件图；（b）实体图

一、基础知识

1. 子程序知识

（1）子程序的概念。数控铣床的加工程序可以分为主程序和子程序两种。主程序是一个完整的零件加工程序，或是零件加工程序的主体部分。它与被加工零件或加工要求一一对应，不同的零件或不同的加工要求都有唯一的主程序。

在编制加工程序中，有时会遇到一组程序段在一个程序中多次出现，或者在几个程序中都要使用它。这个典型的加工程序可以做成固定程序，并单独加以命名，这组程序段就称为子程序。

子程序一般都不可以作为独立的加工程序使用，它只能通过主程序进行调用，实现加工中的局部动作。子程序执行结束后，能自动返回到调用它的主程序中。

（2）子程序的格式。在大多数数控系统中，子程序和主程序并无本质区别。子程序和主程序在程序号及程序内容方面基本相同，仅结束标记不同。主程序用 M02 或 M30 表示结束，而子程序在 FANUC 系统中用 M99 表示子程序结束，并实现自动返回主程序功能，如下述子程序。

```
O0001；
G01  X-1.0  Y0  F150；
……
G28  X0  Y0；
M99；
```

对于子程序结束指令 M99，不一定要单独书写一行，如上述子程序中最后两段可写成"G28 X0 Y0 M99；"。

（3）子程序的调用。子程序由主程序或子程序调用指令调出执行，调用子程序的指令格式如下：

```
M98  P__ L__；
```

说明：① 地址 P 设定调用的子程序号；② 地址 L 设定子程序调用重复执行的次数。地址 L 的取值范围为 1~999。如果忽略 L 地址，则默认为 1 次。当在程序中再次用 M98 指令调用同一个子程序时，L1 不能省略，否则 M98 程序段调用子程序无效。

例如：

```
M98  P1002  L5;
```

表示号码为 1002 的子程序连续调用 5 次。M98　P __ 也可以与移动指令同时存在于一个程序段中。

例如：

```
G01  X100.0  F100  M98  P1200;
```

此时，X 移动完成后，调用 1200 号子程序。

主程序调用子程序的形式如图 2-15 所示。

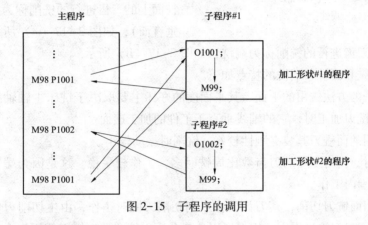

图 2-15　子程序的调用

（4）子程序的嵌套。为了进一步简化加工程序，可以允许其子程序再调用另一个子程序，这一功能称为子程序的嵌套。

当主程序调用子程序时，该子程序被认为是一级子程序，FANUC 0 系统中的子程序允许 4 级嵌套（见图 2-16）。

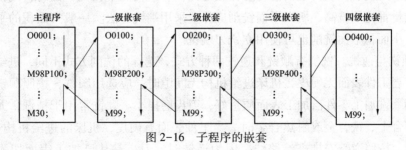

图 2-16　子程序的嵌套

（5）使用子程序的注意事项。

1）编程时应注意子程序与主程序之间的衔接问题。

2）在试切阶段，如果遇到应用子程序指令的加工程序，就应特别注意机床的安全问题。

3）子程序多是增量方式编制，应注意程序是否闭合。

4）使用 G90/G91（绝对/增量）坐标转换的数控系统，要注意确定编程方式。

2. 平面铣削的方法

（1）周铣与端铣。对平面的铣削加工，有用立铣刀周铣和面铣刀端铣两种方式。

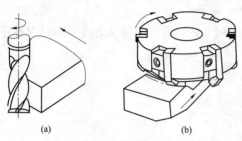

图 2-17　平面铣削方法
（a）周铣；（b）端铣

在各个方向上都成直线的面称为平面。平面是组成机械零件的基本表面之一，其质量是用平面度和表面粗糙度来衡量的。平面大部分是在数控铣床（加工中心）上加工的，在数控铣床（加工中心）上获得平面的方法有两种，即周铣和端铣。以立式数控铣床（加工中心）为例，用分布于铣刀圆柱面上的刀齿进行的铣削称为周铣（即铣削垂直面），如图 2-17（a）所示；用分布于铣刀端面上的刀齿进行的铣削称为端铣，如图 2-17（b）所示。

立铣刀周铣和面铣刀端铣的特点如下。

1）用端铣的方法铣出的平面，其平面度的好坏主要取决于铣床主轴轴线与进给方向的垂直度。面铣刀加工时，它的轴线垂直于工件的加工表面。

2）端铣用的面铣刀其装夹刚性较好，铣削时振动较小。

3）端铣时，同时工作的刀齿数比周铣时多，工作较平稳。这是因为端铣时刀齿在铣削层宽度的范围内工作。

4）端铣用面铣刀切削，其刀齿的主、副切削刃同时工作，由主切削刃切去大部分余量，副切削刃可起到修光作用，铣刀齿刃负荷分配也较合理，铣刀使用寿命较长，且加工表面的表面粗糙度值也比较小。

5）端铣的面铣刀，便于镶装硬质合金刀片进行高速铣削和阶梯铣削，生产效率高，铣削表面质量也比较好。

由立铣刀周铣和面铣刀端铣的特点比较可见，一般情况下，铣平面时，端铣的生产效率和铣削质量都比周铣高，所以平面铣削应尽量采用端铣方法。一般大面积的平面铣削使用面铣刀，小面积平面铣削也可使用立铣刀端铣。

（2）顺铣与逆铣。铣削有顺铣和逆铣两种方式，选择的铣削方式不同，进给路线的安排也不同。当工件表面无硬皮，机床进给机构无间隙时，应选用顺铣，按照顺铣安排进给路线。采用顺铣加工零件已加工表面质量好，刀齿磨损小。顺铣常用于精铣，尤其是零件材料为铝镁合金、钛合金或耐热合金时。当工件表面有硬皮，机床的进给机构有间隙时，应选用逆铣，按照逆铣安排进给路线。因为逆铣时，刀齿是从已加工表面切入，不会崩刃，机床进给机构的间隙也不会引起振动和爬行。

如图 2-18 所示为使用立铣刀进行切削时的顺铣与逆铣俯视图。为便于记忆，把顺铣与逆铣归纳为（在俯视图中看，铣刀顺时针旋转）：切削工件外轮廓时，绕工件外轮廓顺时针走刀即为顺铣，如图 2-19（a）所示，绕工件外轮廓逆时针走刀即为逆铣，如

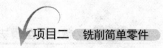

图 2-19（b）所示；切削工件内轮廓时，绕工件内轮廓逆时针走刀即为顺铣，如图 2-20（a）所示，绕工件内轮廓顺时针走刀即为逆铣，如图 2-20（b）所示。

图 2-18　顺铣与逆铣
（a）顺铣；（b）逆铣

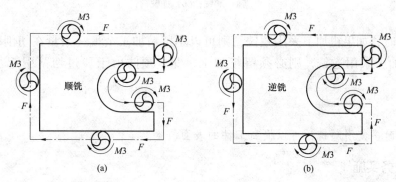

图 2-19　顺铣、逆铣与走刀关系（一）
（a）外轮廓顺铣；（b）外轮廓逆铣

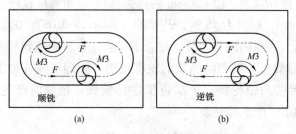

图 2-20　顺铣、逆铣与走刀关系（二）
（a）内轮廓顺铣；（b）内轮廓逆铣

对于立式数控铣床（加工中心）所采用的立铣刀，装在主轴上时，相当于悬臂梁结构，在切削加工时刀具会产生弹性弯曲变形，如图 2-21 所示。

从图 2-21（a）中可以看出，当用立铣刀顺铣时，刀具在切削时会产生让刀现象，即切削时出现"欠切"；而用立铣刀逆铣时 ［见图 2-21（b）］，刀具在切削时会产生啃刀现象，即切削时出现"过切"。这种现象在刀具直径越小、刀杆伸出越长时越明显。所以在选择刀具时，从提高生产效率、减小刀具弹性弯曲变形的影响考虑，应选直径大的，在装刀时刀杆尽量伸出短些。

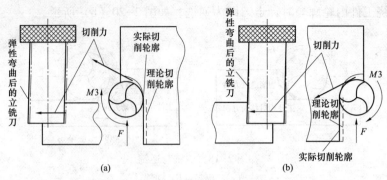

图 2-21 顺铣、逆铣对切削的影响

(a) 顺铣；(b) 逆铣

在编程时，如果粗加工采用顺铣，则可以不留精加工余量（余量在切削时由让刀让出）；而粗加工采用逆铣，则必须留精加工余量，预防由于"过切"引起加工工件的报废。

■ 提示

精加工时多使用顺铣，可以提高工件的表面质量。

二、任务实施

（1）工艺分析与工艺设计。

1）图样分析。如图 2-14 所示的凸轮零件由一段 R50mm 的圆弧（FGE）、两段 R20mm 的圆弧（AF 和 DE）、一段 R30mm 的圆弧（BC）和两段直线（AB 和 CD）构成凸轮的轮廓，凸轮厚6mm，材料为45钢，凸轮的公差为（-0.087，0）。先按基本尺寸编程加工，精加工完成后，在机内测量工件，修正零件尺寸，直到达到尺寸要求为止。

2）加工工艺路线设计。铣刀沿凸轮的轮廓铣削一圈即可完成加工，加工时用两道工序，第一道工序是粗铣凸轮轮廓，第二道工序是精铣，精铣时凸轮的径向切削余量为0.5mm。数控铣削加工工序卡片见表2-4。

表 2-4 数控铣削加工工序卡片

产品名称	零件名称	工序名称	工序号	程序编号	毛坯材料	使用设备	夹具名称
	凸轮	数控铣		O0010	45 钢	数控铣床	机用平口虎钳

工步号	工步内容	刀 具			主轴转速（r/min）	进给速度（mm/min）	背吃刀量（mm）
		类型	材料	规格（mm）			
1	粗铣凸轮	圆柱立铣刀	高速钢	φ16	600	150	10
2	精铣凸轮	圆柱立铣刀	高速钢	φ16	800	75	0.5

3）刀具选择。选用φ16mm立铣刀。

（2）坐标计算。为计算方便，编程坐标系零点设在凸轮毛坯中心表面处，如图2-22所示。

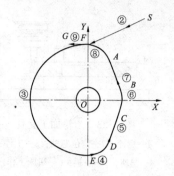

各点坐标计算如下：

A（18.856，36.667）、*B*（28.284，10.00）、*C*（28.284，-10）、*D*（18.856，-36.667）。

走刀路线从工件毛坯上方35mm处的*S'*（50，80，35）点起刀，垂直进刀到*S*（58，80，-7），在点*F*（0，50）建立刀具半径补偿，随后沿图2-22中所标的路线进行加工。

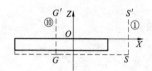

图2-22 编程坐标系与走刀路线

（3）程序编制。

主程序：

O1000;

N01 G54;   //建立工件坐标系

N02 G90 G00 X50 Y80;

N03 G01 Z-7.0 M03 F200 S800;   //下刀

N04 G01 G42 X0 Y50 D01 F80;   //建立刀具半径左补偿,D01=8.5mm

N05 M98 P0002;   //调用子程序

N06 G01 Z-7.0 F200 S800;   //下刀

N07 G01 G42 X0 Y50 D02 F80;   //建立刀具半径右补偿,D02=8mm

N08 M98 P0002;   //调用子程序

N09 M30;   //程序结束

子程序：

O0002;

N10 G03 X0 Y-50 J-50;

N20 G03 X18.856 Y-36.667 R20.0;

N30 G01 X28.284 Y-10.0;

N40 G03 X28.284 Y10.0 R30.0;

N50 G01 X18.856 Y36.667;

N60 G03 X0 Y50 R20;

N70 G01 X-10;

N80 Z35.0 F200;

N90 G00 G40 X58 Y80;

N100 M99;   //子程序结束,返回主程序

（4）安装刀具。

（5）安装工件。因凸轮的外轮廓要加工，而凸轮的设计基准是φ20mm的孔的轴线，用机用平口虎钳和压铁都不适合，故设计一个专用夹具，如图2-23所示。

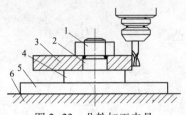

图 2-23 凸轮加工夹具

1—螺栓；2—定位芯轴；3—工件；
4—垫块；5—底板；6—机床工作台

用一个定位芯轴对工件毛坯进行定位，用螺栓压紧工件，工件毛坯下有一垫铁将工件托起 10mm，以防刀具和工作台相碰，夹具底板放在铣床的工作台上，用压铁固定。

（6）输入程序。

（7）对刀。

（8）启动自动运行，加工零件。

（9）测量零件。

思 考 与 训 练

一、单项选择题

1. 用数控铣床加工较大平面时，应选择（　　）。

    A. 立铣刀　　　　　　　　　　　　B. 面铣刀

    C. 圆锥形立铣刀　　　　　　　　　D. 鼓形铣刀

2. 数控编程中，不能任意移动的坐标系为（　　）。

    A. 机床坐标系　　　　　　　　　　B. 工件坐标系

    C. 相对坐标系　　　　　　　　　　D. 绝对坐标系

3. 加工工件的程序中，G00 代替 G01，数控铣床会（　　）。

    A. 报警　　　　　　　　　　　　　B. 停机

    C. 继续加工　　　　　　　　　　　D. 改正

4. M02 代码的作用是（　　）。

    A. 程序停止　　　　　　　　　　　B. 计划停止

    C. 程序结束　　　　　　　　　　　D. 不指定

5. 加工程序段出现 G01 时，必须在本段或本段之前指定（　　）值。

    A. R　　　　　　B. T　　　　　　C. F　　　　　　D. P

6. 下列（　　）指令是非模态的。

    A. G00　　　　　B. G01　　　　　C. G04　　　　　D. M03

7. 某直线控制数控机床加工的起始坐标为（0，0），接着分别是（0，5）、（5，5）、（5，0）、（0，0），则加工的零件形状是（　　）。

    A. 边长为 5mm 的平行四边形　　　B. 边长为 5mm 的正方形

    C. 边长为 10mm 的正方形　　　　 D. 边长为 10mm 的平行四边形

8. 圆弧插补时，用圆弧半径编程，半径的取值与（　　）有关。

    A. 角度和方向　　　　　　　　　　B. 角度和半径

    C. 方向和半径　　　　　　　　　　D. 角度、方向和半径

9. 用立铣刀铣削含凹圆弧工件的曲线外形时，立铣刀的半径必须（　　）凹圆弧半径。

A. 等于或小于   B. 等于

C. 等于或大于   D. 小于

10. 切削刃选定点相对于工件的主运动瞬时速度是（   ）。

    A. 工件速度   B. 刀具速度

    C. 切削速度   D. 相对速度

11. 刀具在进给运动方向上相对于工件的位移量是（   ）。

    A. 进给量   B. 进给速度

    C. 背吃刀量   D. 切削深度

12. 采用半径编程方法编制圆弧插补程序段时，当其圆弧所对应的圆心角（   ）180°时，该半径 R 取负值。

    A. 大于   B. 小于

    C. 大于或等于   D. 小于或等于

13. 逆圆弧插补指令为（   ）。

    A. G04   B. G03   C. G02   D. G01

14. 在 XY 平面上，某圆弧圆心为（0，0），半径为80，如果需要刀具从（80，0）沿该圆弧到达（0，80），程序指令为（   ）。

    A. G02 X0. Y80. I80.0 F300   B. G03   X0. Y80. I-80.0 F300

    C. G02 X80. Y0. J80.0 F300   D. G03   X80. Y0.   J-80.0 F300

15. 铣削一个 XY 平面上的圆弧时，圆弧起点为（30，0），终点为（-30，0），半径为50，圆弧起点到终点的旋转方向为顺时针，则程序为（   ）。

    A. G18   G90   G02   X-30.0   Y0   R50.0   F50

    B. G17   G90   G03   X-30.0   Y0   R-50.0   F50

    C. G17   G90   G02   X-30.0   Y0   R50.0   F50

    D. G18   G90   G02   X30.0   Y0   R50.0   F50

二、判断题（正确的打"√"，错误的打"×"）

1. M02 与 M30 功能完全一样，都是程序结束。   （   ）

2. G00 指令与进给速度指定 F 无关。   （   ）

3. 当用 G02 或 G03 指令进行圆弧编程时，圆心坐标 I、J 为圆弧终点到圆弧中心所作矢量分别在 X、Y 轴方向上的分矢量（矢量方向指向圆心）。   （   ）

4. 程序段 N003 G01 X-8 Y8 中由于没有 F 指令，因此是错误的。   （   ）

5. G00 指令是不能用于进给加工的。   （   ）

6. G00、G01 指令都能使机床坐标轴准确到位，因此它们都是插补指令。   （   ）

7. 用 G02 指令铣削圆弧时一定是顺铣。   （   ）

8. 圆弧插补指令不是模态指令。   （   ）

9. 同一零件上的过渡圆弧尽量一致，以避免换刀。   （   ）

10. 判断顺、逆圆弧时，沿与圆弧所在平面相垂直的另一坐标轴的正方向看去，顺时针为 G02，逆时针为 G03。   （   ）

三、实训题

零件如图 2-24 所示，毛坯为 100mm×100mm×30mm 的 45 钢，要求编程并加工该零件。

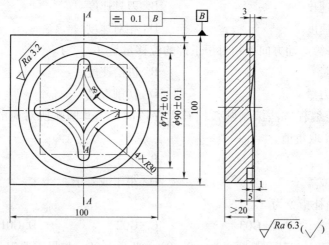

图 2-24 凸台零件

项 目 三

铣削中等复杂零件

📖 学习目标

（1）掌握孔系零件的编程与加工方法。

（2）掌握比例缩放功能和可编程镜像指令的应用。

（3）掌握宏程序的用法。

如图 3-1（a）所示为模具，如图 3-1（b）所示为垫片，这些属于企业常见的中等复杂零件。如何加工这些比较复杂的零件呢？除了用到前面所学到的指令外，还要用到孔加工循环指令和宏程序编程。在本项目中，我们将学习孔系零件的编程与加工方法及宏程序相关知识，将进行中等复杂零件铣削训练。

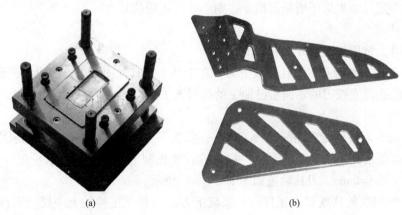

(a)　　　　　　　　(b)

图 3-1　中等复杂零件

（a）模具；（b）垫片

任务一　铣削平底偏心圆弧槽

本任务要求加工如图 3-2 所示的平底偏心圆弧槽，工件材质为 45 钢，已经调质处理。

一、基础知识

1. 坐标系旋转指令

对于某些围绕中心旋转得到的特殊的轮廓加工，如果根据旋转后的实际加工轨迹进行

45

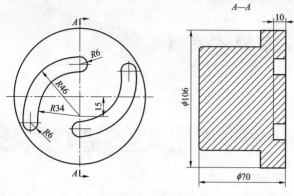

图 3-2　平底偏心圆弧槽

编程，就可能使坐标计算的工作量大大增加。而通过图形旋转功能，可以大大简化编程的工作量。

（1）指令格式。

```
G17 G68 X __ Y __ R __;
G69
```

说明：① G68 为坐标系旋转生效指令。② G69 为坐标系旋转取消指令。③ X __ Y __ 用于指定坐标系旋转的中心。④ R 用于指定坐标系旋转的角度，该角度一般取 0°～360°的正值。旋转角度的零度方向为第一坐标轴的正向，逆时针方向为角度方向的正向。不足 1°的角度以小数点表示，如 10°54′用 10.9°表示。

例如：

```
G68 X30.0 Y50.0 R45.0;
```

该指令表示坐标系以坐标点（30，50）作为旋转中心，逆时针旋转 45°。

（2）坐标系旋转编程说明。在坐标系旋转取消指令（G69）以后的第一个移动指令必须用绝对值指定。如果采用增量值指令，则不执行正确的移动。

2. 下刀方式

加工槽时，常用的下刀方式有以下 3 种。

（1）在工件上预制孔，沿孔直线下刀。在工件上刀具轴向下刀点的位置，预制一个比刀具直径大的孔，立铣刀的轴向沿已加工的孔引入工件，然后从刀具径向切入工件。这也是常用的方法。

（2）按具有斜度的走刀路线切入工件——斜线下刀。在工件的两个切削层之间，刀具从上一层的高度沿斜线切入工件到下一层位置。要控制节距，即每沿水平走一个刀径长，背吃刀量应小于 0.5mm。刀具轨迹如图 3-3（a）所示。

（3）按螺旋线的路线切入工件——螺旋下刀。刀具从工件的上一层的高度沿螺旋线切入到下一层位置，螺旋线半径尽量取大一些，这样切入的效果会更好。刀具轨迹如图 3-3（b）所示。

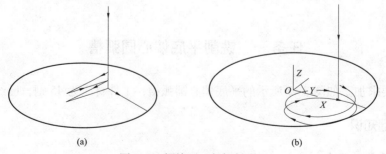

图 3-3　螺旋下刀与倾斜下刀

（a）斜线下刀；（b）螺旋下刀

二、任务实施

（1）工艺分析与工艺设计。

1）工件坐标系原点：两偏心槽设计基准在工件 φ106mm 外圆的中心，所以工件原点定在 φ106mm 轴线与工件上表面的交点。

2）刀具选择：采用 φ12mm 高速钢键槽铣刀。

3）切削用量：每层切深 1mm，主轴转速 S 为 500r/min，进给速度 F 为 60mm/min。

4）确定工件加工方式及走刀路线：采用内廓分层环切方式。

5）确定编程数据点：（0，25）；（−39.686，−20）等。

（2）程序编制。

加工程序：运用坐标系旋转、调用子程序功能方式进行加工程序编制。程序如下：

O00001;	//主程序，程序名 00001
N10　G54　G90　G17　G00　Z60.　M03　S500;	//设定工件坐标系，快速到初始平面，起动主轴
N20　M98　P0002;	//调子程序 O0002，执行一次
N30　G90　G68　X0.　Y0.　R180.;	//坐标系旋转，旋转中心(0,0)，角度位移 180°
N40　M98　P0002;	//调子程序 O0002，执行一次
N50　G69　G00　X0　Y0　Z60.;	//取消坐标系旋转，快速回到起始点
N60　M05;	//主轴停
N70　M30;	//程序结束
O00002;	//子程序，程序名 O0002
N10　G90　G00　X0.　Y25.;	//在初始平面上快速定位于(0,25)
N20　Z2.;	//快速下刀，到慢速下刀高度
N30　G01　Z0.　F60;	//切削到工件上表面
N40　M98　P0003　L5;	//调子程序 O0003，执行 5 次
N50　G90　Z60.;	//退到初始平面
N60　X0.　Y0.;	//回到起始点
N70　M99;	//子程序结束，返回到主程序
O00003;	//子程序，程序名 O0003
N10　G91　G01　Z-1.　F30;	//增量值编程，向下切入工件 1mm
N20　G90　G03　X-39.686　Y-20.　R40.F60;	//逆时针切削图中圆弧轮廓
N30　G91　G01　Z-1.　F30;	//增量值编程，向下切入工件 1mm
N40　G90　G02　X0.　Y25.　R40.　F60;	//顺时针切削图中圆弧轮廓
N50　M99;	//子程序结束，返回到主程序

（3）安装刀具。

（4）装夹工件。采用三爪自定心卡盘装夹工件。

（5）输入程序。

（6）对刀。

（7）启动自动运行，加工零件，机内检测工件。

（8）测量零件。

任务二 加工孔系零件

本任务要求运用数控铣床加工如图 3-4 所示的孔系零件，毛坯尺寸为 100mm×100mm×20mm，材料为 45 钢。

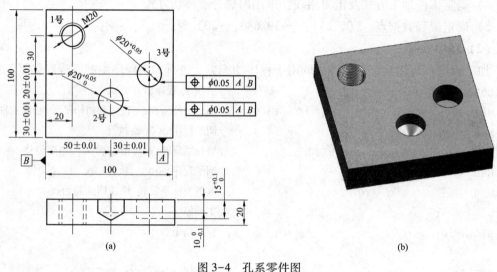

图 3-4 孔系零件图

（a）零件图；（b）实体图

一、基础知识

1. 孔加工循环的动作

孔加工循环一般由以下 6 个动作组成，如图 3-5 所示。

动作（1）：刀具在 X 轴和 Y 轴定位。

动作（2）：刀具快速移动到 R 参考平面。

动作（3）：刀具进行孔加工。

动作（4）：刀具在孔底的动作。

动作（5）：刀具返回到 R 参考平面。

动作（6）：刀具快速移动到初始平面。

2. 孔加工循环指令

孔加工循环指令为模态指令，一旦某个孔加工循环指令有效，在其后的所有（X，Y）位置均采用该孔加工循环指令进行加工，直到用 G80 指令取消孔加工循环为止。

G98 和 G99 两个模态指令控制孔加工循环结束后，刀具分别返回初始平面和参考平面，如图 3-6 所示，其中 G98 是默认方式。

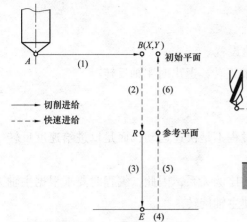

图 3-5 孔加工循环的 6 个动作

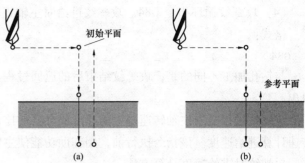

图 3-6 G81 钻孔加工循环

(a) 用 G98 指令；(b) 用 G99 指令

采用绝对坐标（G90）和相对坐标（G91）编程时，孔加工循环指令中的值有所不同，编程时建议尽量采用绝对坐标编程。

（1）钻孔循环指令 G81。如图 3-6 所示，主轴正转，刀具以进给速度向下运动钻孔，到达孔底位置后，快速退回（无孔底动作）。

格式：

G81 X＿Y＿Z＿F＿R＿K＿;

说明：

① X、Y 为孔的位置。

② Z 为孔底位置。

③ F 为进给速度（mm/min）。

④ R 为参考平面位置。

⑤ K 为重复次数（如果需要的话）。

（2）钻孔循环指令 G82。与 G81 格式类似，唯一的区别是 G82 在孔底加进给暂停动作，即当钻头加工到孔底位置时，刀具不做进给运动，并保持旋转状态，使孔的表面更光滑。该指令一般用于扩孔和沉头孔加工。

格式：

G82 X＿Y＿Z＿R＿P＿F＿K＿;

说明：P 为刀具在孔底位置的暂停时间，单位为 ms。

（3）钻深孔循环指令 G83。G83 与 G81 指令的主要区别是，由于是深孔加工，采用间歇进给（分多次进给），有利于排屑。每次进给深度为 Q，直到孔底位置为止，设置系统内部参数 d 控制退刀距离，如图 3-7 所示。

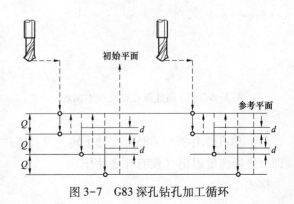

图 3-7 G83 深孔钻孔加工循环

格式：

G83 X＿＿Y＿＿Z＿＿R＿＿Q＿＿F＿＿K＿＿;

说明：Q 为每次进给的深度，它必须用增量值设置。

（4）攻螺纹循环指令 G84。攻螺纹进给时主轴正转，退出时主轴反转。

格式：

G84 X＿＿Y＿＿Z＿＿R＿＿P＿＿F＿＿K＿＿;

与钻孔加工不同的是，攻螺纹结束后的返回过程不是快速运动，而是以进给速度反转退出。

攻螺纹过程要求主轴转速与进给速度成严格的比例关系，因此，编程时要求根据主轴转速计算进给速度。该指令执行前，用辅助功能使主轴旋转。

攻螺纹时进给速度计算方法

$$F = S \times P$$

式中　F——进给速度，mm/min；

　　　S——主轴转速，r/min；

　　　P——螺纹导程，mm。

（5）左旋攻螺纹循环指令 G74。G74 与 G84 的区别是，进给时主轴反转，退出时主轴正转。

格式：

G74 X＿＿Y＿＿Z＿＿R＿＿P＿＿F＿＿K＿＿;

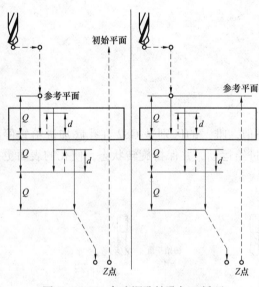

图 3-8　G73 高速深孔钻孔加工循环

（6）高速钻深孔循环指令 G73。如图 3-8 所示，由于是深孔加工，采用间段进给（分多次进给），每次进给深度为 Q，最后一次进给深度小于或等于 Q，退刀量为 d（由系统内部设定），直到孔底位置为止。该钻孔加工方法因为退刀距离短，比 G83 指令钻孔速度快。

格式：

G73 X＿＿Y＿＿Z＿＿R＿＿Q＿＿F＿＿K＿＿;

说明：Q 为每次进给的深度，为正值。

值得说明的是，不同的 CNC 系统，即使是同一功能的钻孔加工循环，其指令格式也有一定的差异，编程时应以编程手册中的规定为准。

（7）镗孔循环指令 G85。主轴正转，刀具以进给速度向下运动镗孔，到达孔底位置后立即以进给速度退出（没有孔底动作）。

格式：

```
G85 X__Y__Z__R__F__;
```

（8）镗孔循环指令 G86。与 G85 的区别是，G86 在到达孔底位置后，主轴停止，并快速退出。

格式：

```
G86 X__Y__Z__R__F__;
```

（9）镗孔循环指令 G89。与 G85 的区别是，G89 在到达孔底位置后，加进给暂停。

格式：

```
G89 X__Y__Z__R__F__P__;
```

（10）背镗循环指令 G87。如图 3-9 所示，刀具运动到起始点 B（X，Y）后，主轴准停，刀具沿刀尖的反方向偏移 Q 值，然后快速运动到孔底位置，接着沿刀尖正方向偏移回 E 点，主轴正转，刀具向上进给运动，到 R 点，主轴准停（定向停止），刀具沿刀尖的反方向偏移 Q 值，快退，接着沿刀尖正方向偏移到 B 点，主轴正转，本次加工循环结束，继续执行下一段程序。

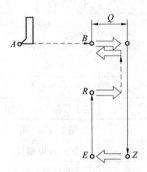

图 3-9　G87 背镗循环

格式：

```
G87 X__Y__Z__R__Q__F__P__;
```

说明：Q 为偏移值。

（11）精镗循环指令 G76。如图 3-10 所示，与 G85 的区别是，G76 在孔底有 3 个动作：进给暂停，主轴准停，刀具沿刀尖的反方向偏移 Q 值，然后快速退出。这样可以保证刀具不划伤孔的表面。

格式：

```
G76 X__Y__Z__R__Q__F__P__;
```

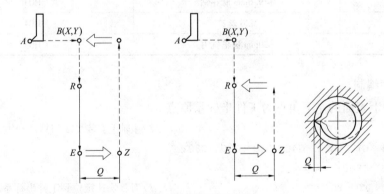

图 3-10　G76 精镗循环

二、任务实施

（1）工艺分析与工艺设计。

1）图样分析。如图 3-3 所示的零件由 2 个盲孔和 1 个螺纹孔组成，2 个孔直径的尺寸公差为（0，+0.05），孔深尺寸公差分别为（0，+0.1）和（-0.1，0），孔的位置尺寸公差为±0.01，位置度公差为0.05。在编写加工程序时，公差不对称的加工部位要采用中差编程。用钻头加工通孔时，要注意钻头导向部分的长度要完全伸出工件。用钻头加工盲孔时，Z 向尺寸要计算上刀尖的长度。

2）加工工艺路线设计。数控铣削加工工序卡片见表3-1。

表3-1　　　　　　　　　　　　　　　数控铣削加工工序卡片

产品名称	零件名称	工序名称	工序号		程序编号	毛坯材料	使用设备	夹具名称
	孔系零件	数控铣			O0010	45 钢	数控铣床	机用平口虎钳
工步号	工步内容	刀　具			主轴转速 （r/min）	进给速度 （mm/min）	背吃刀量 （mm）	
		类型	材料	规格 （mm）				
1	钻中心孔	中心钻	高速钢	A2	800	60		
2	钻 1 号和 3 号预制孔	麻花钻	高速钢	$\phi17.5$	275	80	8.75	
3	钻 2 号预制孔	麻花钻	高速钢	$\phi19.6$	220	80	9.8	
4	加工 M20 螺纹	丝锥	高速钢	M20	200	500		
5	铣 2 号和 3 号孔	键槽铣刀	高速钢	$\phi20$	1500	540	1.25	

3）刀具选择。刀具见表3-2。

表3-2　　　　　　　　　　　刀 具 表

刀具号	刀具规格	刀具长度补偿号
T01	A2 中心钻	H01
T02	$\phi17.5$mm 麻花钻	H02
T03	$\phi19.6$mm 麻花钻	H03
T04	M20 丝锥	H04
T05	$\phi20$mm 键槽铣刀	H05

（2）程序编制。

选择工件上表面的左下角点为工件坐标系原点。

```
O4005;                                      //主轴上安装 T01 刀具,A2 中心钻钻中心孔
N010  G54 G17 G21 G40 G49 G90 G80;
N020  M03 S800;
N030  G00  X0  Y0;                          //刀具快速定位到工件坐标系原点上方
N040  G43  G00  H1  Z100.0  M08;            //建立 1 号刀具长度补偿,冷却液开
N060  G99 G81 X50.0 Y30.0 Z-2.0 R3.0 F60;   //钻 2 号孔的中心孔
N070  X80.0  Y50.0;                         //钻 3 号孔的中心孔
N080  G98  X20.0  Y80.0;                    //钻 1 号孔的中心孔
N090  G80 M09;                              //取消孔加工固定循环,冷却液关
N100  G49 G28 G91 Z0;                       //取消 1 号刀具长度补偿,回参考点
```

```
N110  M05;                                    //主轴停转
N120  M00;                                    //程序暂停,手动换上 T02 刀具,使用
                                                  φ17.5mm 钻头钻工号和 3 号孔
N130  G54  G17  G21  G40  G49  G90  G80;
N140  M03  S625;
N150  G43  G00  H02  Z100.0  M08;              //建立 2 号刀具长度补偿,冷却液开
N160  G00  X50.0  Y30.0;
N170  G99  G81  X80.0  Y50.0  Z-14.5  R3.0  F150;
                                                  //钻 3 号孔的预制孔
N180  G98  X20.0  Y80.0  Z-28.0;               //钻 M20 螺纹的底孔
N190  G80  M09;
N200  G49  G28  G91  Z0;                       //取消 2 号刀具长度补偿
N210  M05;
N220  M00;                                    //程序暂停,手动换上 T04 刀具,使用 M20
                                                  丝锥加工螺纹
N230  G54  G17  G21  G40  G49  G90  G80;
N240  M03  S200;
N250  G00  X0  Y60.0;
N260  G43  G00  H04  Z100.0  M08;              //建立 4 号刀具长度补偿
N270  G98  G84  X20.0  Y80.0  Z-25.0  R3.0  F500;
                                                  //用攻螺纹循环指令加工螺纹,进给速度
                                                     F=200(主轴速度)×2.5(导程)=500
N280  G80  M09;
N290  G49  G28  G91  Z0;                       //取消 4 号刀具长度补偿,回参考点
N300  M05;
N310  M00;                                    //程序暂停,手动换上 3 号刀具
N320  G54  G17  G21  G40  G49  G90  G80;
N330  M03  S500;
N340  G00  X0  Y0;
N350  G43  G00  H03  Z100.0  M08;              //建立 3 号刀具长度补偿
N360  G98  G81  X50.0  Y30.0  Z-15.938  R3.0  F100;
                                                  //钻 2 号盲孔
N370  G80  M09;
N380  G49  G28  G91  Z0;                       //取消 3 号刀具长度补偿,回参考点
N390  M05;
N400  M00;                                    //程序暂停,手动换上 5 号刀具
N410  G54  G17  G21  G40  G49  G90  G80;
N420  M03  S1500;
N430  G00  X0  Y0;                             //刀具到达 3 号孔上方
N440  G43  G00  H05  Z100.0  M08;              //建立 5 号刀具长度补偿
```

```
N445   X50.0   Y30.0;
N450   Z3.0;                              //快速下降到安全高度
N460   G01   Z-9.95   F40;                //加工 3 号孔
N470   G04   P2000;                       //孔底进给暂停 3s,对孔底进行光整加工
N480   G01   Z3.0;                        //刀具提升到安全高度
N482   G00   X80.0   Y50.0;
N484   G01   Z-15.05   F540;
N486   G04   P2000;
N488   Z3.0;
N490   G49   G28   G91   Z0;              //取消 5 号刀具长度补偿,回参考点
N500   M05;
N510   M02;                               //程序结束
```

（3）安装刀具。

（4）装夹工件。

采用机用平口虎钳直接装夹工件,工件底部用垫铁块垫起。在装夹时注意垫铁的放置位置应避开通孔的加工位置。

（5）输入程序。

（6）对刀。

（7）启动自动运行,加工零件。在加工过程中,使用 M00 指令暂停后更换刀具。

（8）测量零件。

任务三　铣削双半圆凸台

本任务要求加工如图 3-11 所示的双半圆凸台零件,毛坯尺寸为 102mm×102mm×21mm,材料为 45 钢。

一、基础知识

1. 比例缩放功能（G50、G51）

对加工程序指定的图形指令进行缩放,有两种指令格式。

（1）各轴比例因子相同。

格式:

G51　X__　Y__　Z__　P__;

说明:① X、Y、Z 值为比例缩放中心,以绝对值指定;② P 值为比例因子,指定范围为 0.001 ～ 999.999 或 0.0001～9.999 99 倍。

比例缩放方式由 G50 取消。

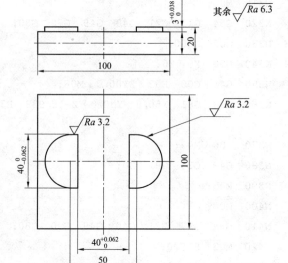

图 3-11　双半圆凸台零件

54

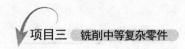

格式：

G50；

若不指定 P，可用 MDI 预先设定的比例因子（用参数设置），任何其他指令都不能改变这个值。若省略 X、Y、Z，则采用指令 G51 时，刀具所在的位置将作为比例缩放中心。比例缩放功能不能缩放偏置量。

（2）各轴比例因子单独指定。通过对各轴指定不同的比例，可以按各自比例缩放各轴指令。

格式：

G51 X__ Y__ Z__ I__ J__ K__；

说明：① X、Y、Z 值为比例缩放中心（绝对值指令）；② I、J、K 值为各轴比例因子，指定范围为 ±0.000 1～9.999 99 或 ±0.001～9.999。

若省略 I、J、K，则按参数（分别对应 I、J、K）设定的比例因子缩放。这些参数必须设定为非零值。

比例缩放方式由 G50 取消。

格式：

G50；

■ 注意

如果不指定 I、J、K 值，则预先设定的比例因子有效。

当各轴比例因子为负值时，则执行镜像加工，以比例缩放中心为镜像对称中心。

镜像加工编程，也称轴对称加工编程，是将数控加工刀具轨迹沿某坐标轴做镜像变换而形成加工轴对称零件的刀具轨迹。对称轴（或镜像轴）可以是 X 轴、Y 轴或原点。

1）当只对 X 轴或 Y 轴进行镜像加工时，刀具的实际切削顺序将与原程序相反，刀具矢量方向和圆弧插补转向也相反。当同时对 X 轴和 Y 轴进行镜像加工时，切削顺序、刀具补偿方向、圆弧时针方向均不变，如图 3-12 所示。

2）使用镜像后，应取消镜像。

3）使用坐标系旋转，则旋转角度反向。

4）在使用中，对连续形状不得使用镜像功能，因为走刀中有接刀痕，使轮廓不光滑。

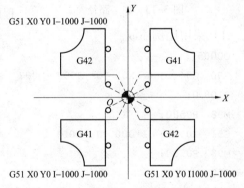

图 3-12 镜像时刀具补偿变化

2. 可编程镜像指令（G50.1、G51.1）

用编程的镜像指令可实现坐标轴的对称加工。

格式：

G51.1 IP__；　　　　　　//设置可编程镜像

G51.1 IP; //取消可编程镜像

说明：① 用 G51.1 指定镜像的对称点（位置）和对称轴；② 用 G50.1 指定镜像的对称轴，不指定对称点。

■ **注意**

① CNC 的数据处理顺序是从程序镜像到比例缩放和坐标系旋转。应该按顺序指定指令，取消时按相反顺序进行。在比例缩放或坐标系旋转方式中不能指定 G50.1 或 G51.1。② 在可编程镜像方式中，与返回参考点（G27、G28、G29、G30 等）和改变坐标系（G52~G59、G92 等）有关的 G 代码不准指定。

FANUC 系统由于版本不同，亦有用以下指令完成镜像加工的。

M21：X 轴镜像加工。

M22：Y 轴镜像加工。

M23：取消轴镜像加工。

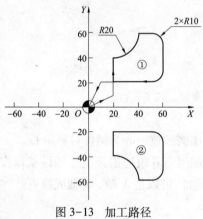

图 3-13 加工路径

■ **注意**

使用镜像指令后必须用 M23 进行取消，以免影响后面的程序。在 G90 模式下，使用镜像或取消指令，都要回到工件坐标系原点才能使用。否则，数控系统无法计算后面的运动轨迹，将会出现乱走刀现象，这时必须进行手动原点复位操作予以解决，主轴转向不随镜像指令而变化。

【例 3-1】 编制路径如图 3-13 所示的加工程序。

1）采用比例缩放。

```
O0005;
G90 G54 G00 X0 Y0 S500 M03;
Z100.0;
M98 P0500;
G51 X0 Y0 I1000 J-1000;
M98 P0500;
G50;
M05;
M30;
```

子程序：

```
O0500;
G41 X20.0 Y10.0 D01;
Z5.0;
G01 Z-10.0 F50;
```

```
Y40.0;
G03  X40.0  Y60.0  R20.0;
G01  X50.0;
G02  X60.0  Y50.0  R10.0;
G01  Y30.0;
G02  X50.0  Y20.0  R10.0;
G01  X10.0;
G00  G40  X0  Y0;
Z100.0  M05;
M30;
```

2）采用可编程镜像。

```
O0005;
G90  G54  G00  X0  Y0  S500  M03;
Z100.0;
M98  P0500;
G51.1  Y0;              //Y 轴镜像
M98  P0500;
G50.1;                  //取消镜像
M05;
M30;
```

二、任务实施

（1）图样分析。该零件由两个半圆凸台组成，精度要求较高的部位为半圆凸台直径、凸台之间的距离和凸台高度。

（2）工艺制定。根据上述对零件图样的分析，制定数控铣削加工工艺，见表 3-3。

表 3-3　　　　　　　　　　　数控铣削加工工序卡

产品名称	零件名称	工序名称	工序号	程序编号	毛坯材料	使用设备	夹具名称
	双半圆凸台				45 钢	数控铣床	机用平口虎钳

工步号	工步内容	刀　　具			主轴转速 （r/min）	进给速度 （mm/min）	背吃刀量 （mm）
		类型	材料	规格 （mm）			
1	铣上表面	圆柱立铣刀	高速钢	φ16	400	200	0.5
2	粗铣 100mm×100mm× 10mm 长方体	圆柱立铣刀	高速钢	φ16	500	200	10
3	精铣 100mm×100mm× 10mm 长方体	圆柱立铣刀	高速钢	φ16	800	100	10
4	粗铣双半圆凸台	圆柱立铣刀	高速钢	φ16	500	200	2
5	精铣双半圆凸台	圆柱立铣刀	高速钢	φ16	800	100	0.5

（3）编制程序。

将工件坐标系原点设定在工件上表面中心。用 φ20mm 立铣刀粗铣去余量，单边留 0.15mm 余量（粗加工程序略）；用 φ12mm 精铣台阶到尺寸。

```
O1100;
N10   G54   G90   G00   X0   Y0;              //快速移到毛坯中心
N12   Z10   S800   M03;                        //主轴下降到Z10,主轴正转
N14   M98   P1101;
N16   G00   Z10;                               //抬刀
N18   X0   Y0;                                 //到镜像中点
N20   G50.1;                                   //镜像加工
N22   M98   P1101;
N24   G00   Z10;                               //抬刀
N26   G51.1;                                   //取消镜像加工
N28   X0   Y0;
N30   M30;                                     //程序结束
```

子程序：

```
O1101;
N10   G01   Z-3   F200;                        //主轴下到加工深度
N12   G41   D01   X20   Y20;                   //加刀具补偿
N14   X25;                                     //铣右边台阶轮廓
N16   G02   X25   Y-20   J-20;
N18   G01   X20;
N20   Y20;
N22   M99;                                     //返回主程序
```

（4）安装刀具。

（5）装夹工件。

（6）输入程序。

（7）对刀。

（8）启动自动运行，加工零件。

（9）测量零件。

任务四　铣削半圆球凸模

本任务要求运用数控铣床加工如图 3-14 所示的半圆球凸模，毛坯为 100mm×100mm× 51mm 的方料，毛坯材料为 45 钢。

一、基础知识

1. 宏程序的概念

将一群命令所构成的功能，像子程序一样登录在内存中，再把这些功能用一个命令作

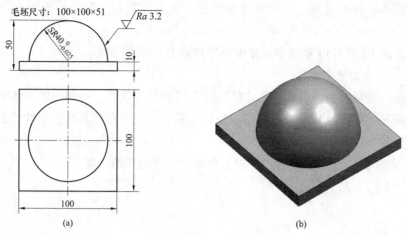

图 3-14 半圆球凸模

（a）零件图；（b）实体图

为代表，执行时只需写出这个代表命令，就可以执行其功能。

在这里，所登录的一群命令称为用户宏主体（或用户宏程序），简称为用户宏（Custom Macro）指令，这个代表命令称为用户宏命令，也称为宏调用命令。

使用时，操作者只需会使用用户宏命令即可，而不必去理会用户宏主体。

例如，在下述程序流程中，可以这样使用用户宏：

主程序	用户宏
……	O9011;
G65 P9011 A10 I5;	……
……	X#1 Y#4;

在这个程序的主程序中，用 G65 P9011 调用用户宏程序 O9011，并且对用户宏中的变量赋值：#1＝10、#4＝5（A 代表#1、I 代表#4）。而在用户宏中未知量用变量#1 及#4 来代表。

用户宏的最大特征有以下几个方面：

1）可以在用户宏主体中使用变量。

2）可以进行变量之间的运算。

3）可以用用户宏命令对变量进行赋值。

使用用户宏的主要方便之处在于可以用变量代替具体数值，因而在加工同一类的工件时，只需将实际的值赋予变量既可，而不需要对每一个零件都编一个程序。

2. 宏程序的种类

FANUC 0i 系统提供了两种用户宏程序，即用户宏程序功能 A 和用户宏程序功能 B。用户宏程序功能 A 可以说是 FANUC 系统的标准配置功能，任何配置的 FANUC 系统都具备此功能；而用户宏程序功能 B 虽然不算是 FANUC 系统的标准配置功能，但是绝大部分的 FANUC 系统也都支持用户宏程序功能 B。

由于用户宏程序功能 A 的宏程序需要使用 "G65 Hm" 格式的宏指令来表达各种数学

运算和逻辑关系，极不直观，且可读性非常差，因而导致在实际工作中很少使用它的宏程序。

下面将介绍 FANUC 0i 系统中用户宏程序功能 B 的编程方法。

3. 变量及变量的使用方法

如前所述，变量是指可以在宏主体的地址上代替具体数值，在调用宏主体时再用引数进行赋值的符号：#i（i=1, 2, 3, …）。使用变量可以使宏程序具有通用性。宏主体中可以使用多个变量，以变量号码进行识别。

（1）变量的形式。变量是用符号#加上变量号码所构成的，即

#i　　（i=1, 2, 3, …）

例如：

#5

#109

#1005

也可用#［表达式］的形式来表示，如：

#[#100]

#[#1001-1]

#[#6/2]

（2）变量的引用。在地址符后的数值可以用变量置换。

例如，若写成 F#33，则当#33=1.5 时，与 F1.5 相同；Z-#18，当#18=20.0 时，与 Z-20.0 指令相同。

但需要注意，作为地址符的 O、N、/等，不能引用变量。

例如，O#27、N#1 等，都是错误的。

4. 变量的赋值

赋值是指将一个数据赋予一个变量。例如，#1=0，则表示#1 的值是 0。其中，#1 代表变量，#是变量符号（注意：根据数控系统的不同，它的表示方法可能有差别），0 就是给变量#1 赋的值，=是赋值符号，起语句定义作用。

赋值的规律有以下几点。

（1）赋值号=两边内容不能随意互换，左边只能是变量，右边可以是表达式、数值或变量。

（2）一个赋值语句只能给一个变量赋值。

（3）可以多次给一个变量赋值，新变量值将取代原变量值（即最后赋的值生效）。

（4）赋值语句具有运算功能，它的一般形式为变量=表达式。

在赋值运算中，表达式可以是变量自身与其他数据的运算结果，如#1=#1+1，则表示#1 的值为#1+1，这一点与数学运算是有所不同的。

（5）赋值表达式的运算顺序与数学运算顺序相同。

（6）辅助功能（M 代码）的变量有最大值限制，如将 M30 赋值为 300 显然是不合理的。

5. 运算指令

宏程序具有赋值、算术运算、逻辑运算、函数运算等功能。变量之间进行运算的一般表达形式是#i＝（表达式）。各运算指令的具体表达形式见表3-4。

表3-4 各运算指令的具体表达形式

运算指令		表达形式	运算指令		表达形式
变量的定义和替换		#i＝#j		反余弦函数	#i＝ACOS［#j］
加减运算	加	#i＝#j+#k		正切函数	#i＝TAN［#j］
	减	#i＝#j-#k		反正切函数	#i＝ATAN［#j］
乘除运算	乘	#i＝#j＊#k		平方根	#i＝SQRT［#j］
	除	#i＝#j/#k		取绝对值	#i＝ABS［#j］
逻辑运算	或	#i＝#j OR #k	函数运算	四舍五入整数化	#i＝ROUND［#j］
	异或	#i＝#i XOR #k		小数点以后舍去	#i＝FIX［#j］
	与	#i＝#j AND #k		小数点以后进位	#i＝FUP［#j］
函数运算	#i＝SIN［#j］	正弦函数		自然对数	#i＝LN［#j］
	#i＝ASIN［#j］	反正弦函数		e^x	#i＝EXP［#j］
	#i＝COS［#j］	余弦函数			

表3-4中的算术运算和函数运算可以结合在一起使用，运算的先后顺序如下：函数运算、乘除运算、加减运算。

表达式中括号的运算将优先进行。连同函数中使用的括号在内，括号在表达式中最多可用5层。

6. 控制指令

通过控制指令可以控制用户宏程序主体的程序流程，常用的控制指令有以下3种。

IF语句：条件转移；格式为 IF…GOTO…或 IF…THEN…。

GOTO语句：无条件转移。

WHILE语句：当…时，执行循环。

（1）条件转移（IF语句）。IF之后指定条件表达式。

1）IF［<条件表达式>］GOTO n。表示如果指定的条件表达式满足，则转移（跳转）到标有顺序号n（即俗称的行号）的程序段。如果不满足指定的条件表达式，则顺序执行下个程序段。如图3-15所示，其含义如下：如果变量

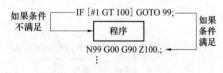

图3-15 条件转移语句举例

#1的值大于100，则转移（跳转）到顺序号为N99的程序段。

2）IF［<条件表达式>］THEN。如果指定的条件表达式满足，则执行预先指定的宏程序语句，而且只执行一个宏程序语句。

IF［#1 EQ #2］THEN #3＝10，表示如果#1和#2的值相同，10赋值给#3。

说明：① 条件表达式必须包括运算符，运算符插在两个变量中间或变量和常量中间，

并且用"［　］"封闭，表达式可以替代变量；② 运算符由 2 个字母组成（见表 3-5），用于两个值的比较，以决定它们是相等还是一个值小于或大于另一个值。注意：不能使用不等号。

表 3-5　　　　　　　　　　　　　　　运　算　符

运算符	含　义	英文注释
EQ	等于（=）	Equal
NE	不等于（≠）	Not Equal
GT	大于（>）	Great Than
GE	大于或等于（≥）	Great than or Equal
LT	小于（<）	Less Than
LE	小于或等于（≤）	Less than or Equal

（2）无条件转移（GOTO 语句）。转移（跳转）到标有顺序号 n（即俗称的行号）的程序段。当指定 1~99999 以外的顺序号时，会触发 P/S 报警 No. 128。其格式为

GOTO n；n 为顺序号（1~99999）

例如，GOTO 99，即转移至第 99 行。

（3）循环（WHILE 语句）。在 WHILE 后指定一个条件表达式。当指定条件满足时，则执行从 DO 到 END 之间的程序，否则，转到 END 后的程序段。

DO 后面的号是指定程序执行范围的标号，标号值为 1、2、3。如果使用了 1、2、3 以外的值，会触发 P/S 报警 No. 126。WHILE 语句的使用方法如图 3-16 所示。

1）嵌套。在 DO…END 循环中的标号（1~3）可根据需要多次使用。但是需要注意的是，无论怎样多次使用，标号永远限制在 1、2、3。此外，当程序有交叉重复循环（DO 范围重叠）时，会触发 P/S 报警 No. 124。以下为关于嵌套的详细说明。

a）标号（1~3）可以根据需要多次使用，如图 3-17 所示。

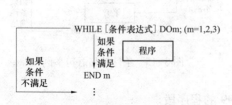

图 3-16　WHILE 语句的用法

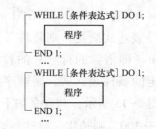

图 3-17　标号（1~3）可以多次使用

b）DO 的范围不能交叉，如图 3-18 所示。

c）DO 循环可以 3 重嵌套，如图 3-19 所示。

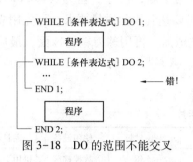

图 3-18　DO 的范围不能交叉

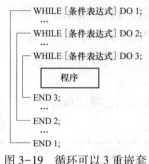

图 3-19　循环可以 3 重嵌套

d)（条件）转移可以跳出循环的外边，如图 3-20 所示。

e)（条件）转移不能进入循环区内，注意与上述第 4 点对照，如图 3-21 所示。

图 3-20　条件转移可以跳出循环　　　　图 3-21　条件转移不能进入循环区内

2）关于循环（WHILE 语句）的其他说明。

a）DO m 和 END m 必须成对使用，而且 DO m 一定要在 END m 指令之前。用识别号 m 来识别。

b）无限循环：当指定 DO 而没有指定 WHILE 语句时，将产生从 DO 到 END 之间的无限循环。

c）未定义的变量：在使用 EQ 或 NE 的条件表达式中，值为空和值为零将会有不同的效果。而在其他形式的条件表达式中，空即被当作零。

d）条件转移（IF 语句）和循环（WHILE 语句）的关系：显而易见，从逻辑关系上说，两者是从正反两个方面描述同一件事情；从实现的功能上说，两者具有相当程度的相互替代性；从具体的用法和使用的限制上说，条件转移（IF 语句）受到系统的限制相对更少，使用更灵活。

7. 宏程序的格式及程序号

宏程序的编写格式与子程序相同。其格式为

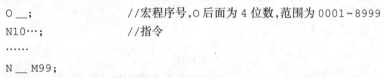

上述宏程序内容中，除通常使用的编程指令外，还可使用变量、算术运算指令及其他控制指令。变量值在宏程序调用指令中赋值。

二、任务实施

（1）工艺分析与工艺设计。

1）图样分析。如图 3-1 所示半圆球凸模的形状为半球，尺寸公差为（-0.025，0），表面粗糙度值为 $Ra3.2\mu m$。为了提高加工效率，同时要达到表面质量要求，可先用立铣刀去除球部外的余料，轨迹为矩形，然后用立铣刀粗铣球面，再用球刀精铣球面，最后用立铣刀清根。

2）加工工艺路线设计。加工工艺路线见表 3-6。

表 3-6   数控铣削加工工序卡片

产品名称	零件名称	工序名称	工序号	程序编号	毛坯材料	使用设备	夹具名称
半圆球凸模	数控铣				45 钢	数控铣床	机用平口虎钳

工步号	工步内容	刀具			主轴转速（r/min）	进给速度（mm/min）	背吃刀量（mm）
		类型	材料	规格（mm）			
1	除料	圆柱立铣刀	高速钢	$\phi12$	800	200	0.5
2	粗铣球面	圆柱立铣刀	高速钢	$\phi12$	800	200	0.5
3	精铣球面	球头刀	高速钢	$R6$	1000	100	0.1
4	清根	圆柱立铣刀	高速钢	$\phi12$	800	100	0.1

3）刀具选择。选用 $\phi12mm$ 立铣刀、$R6mm$ 球头刀。

（2）程序编制。

除料程序省略。球面粗铣和精铣可共用一个程序，只需修改进给量、Z 轴步距和刀补值。

采用宏指令编程，刀具加工起始点为球面顶部中心。分层铣削，先沿 $R40mm$ 圆弧移动刀具，然后刀具切削一个整圆，再沿 $R40mm$ 圆弧下刀，再走整圆，反复循环，直至加工出整个半球为止。球头刀不能清除根部圆角，最后应用立铣刀精铣一圈（程序略）。

下面为精铣半圆球球面程序。

```
O2500;
N10  G17 G40 G49 G80 G90;              //设定平面,取消补偿固定循环
N12  G00 X0 Y0;
N14  S1000 M03;
N16  G01 Z0 F100;
N18  G65 P2501;
N20  G00 Z50;
N22  M30;
O2501;                                 //宏程序
N10  #110=0.1;                         //Z 轴步距,粗铣时取#110=0.5
N12  #105=6.0;                         //R6mm 球刀半径,粗铣时用立铣刀取#105=
                                         6.2,留 0.2 余量
N14  #102=40;                          //圆弧半径
N16  WHILE #110 LT #102 DO 1;
N18  #120=#102-#110;
```

N20 #130=SQRT [#102×#102-#120×#120]; //$X=\sqrt{R^2-Z^2}$

N22 G01 G41 D[#105] X[#130] Z[-#110];

N24 G02 X[#130] I[-#130];

N26 #110=#110+0.1;

N28 G00 G40 X60;

N30 END 1;

N32 M99;

（3）安装刀具。

（4）装夹工件。

（5）输入程序。

（6）对刀。

（7）启动自动运行，加工工件。

（8）测量工件。

思 考 与 训 练

一、单项选择题

1. 在程序中使用变量，通过对变量进行赋值及处理使程序具有特殊功能，这种程序称为（   ）。

    A. 宏程序　　　　　　B. 主程序　　　　　　C. 子程序　　　　　　D. 小程序

2. 如果#10 变量中保存的数值为 20.0，#20 变量中保存的数值为 10.0，则在执行完#10＝#20-#10 语句后，#10 变量中的数值是（   ）。

    A. 10.0　　　　　　　B. -10.0　　　　　　C. 20.0　　　　　　D. -20.0

3. 对于箱体类零件，其加工顺序一般为（   ）。

    A. 先孔后面，基准面先行　　　　　　　B. 先孔后面，基准面后行

    C. 先面后孔，基准面先行　　　　　　　D. 先面后孔，基准面后行

4. 精镗固定循环指令为（   ）。

    A. G85　　　　　　　B. G86　　　　　　　C. G75　　　　　　D. G76

5. 固定循环指令 G90 G98 G73 X__ Y__ Z__ R__ Q__ F__；其中 Q 表示（   ）。

    A. R 点平面 Z 坐标　　　　　　　　　B. 每次进刀深度

    C. 孔深　　　　　　　　　　　　　　　D. 让刀量

6. 指令（   ）可实现钻孔循环。

    A. G90　　　　　　　B. G81　　　　　　　C. G84　　　　　　D. M00

7. 深孔加工中，效率较高的为（   ）。

    A. G73　　　　　　　B. G83　　　　　　　C. G81　　　　　　D. G82

8. 在（50，50）坐标点，钻一个深 10mm 的孔，Z 轴坐标零点位于零件表面上，则指令为（   ）。

A. G85　X50.0　Y50.0　Z-10.0　R0　F50

B. G81　K50.0　Y50.0　Z-10.0　R0　F50

C. G81　X50.0　Y50.0　Z-10.0　R5.0　F50

D. G83　X50.0　Y50.0　L10.0　R5.0　F50

9. 数控机床中，取消固定循环应选用（　　　）。

A. G80　　　　　　　B. G81　　　　　　　C. G82　　　　　　　D. G83

10. 对刀块高 100mm，对刀后机械坐标为-350，则 G54 设定 Z 坐标为（　　　）。

A. -450　　　　　　B. -500　　　　　　C. -600　　　　　　D. -350

二、判断题（正确的打"√"，错误的打"×"）

1. G73 和 G83 为攻螺纹循环指令。　　　　　　　　　　　　　　　　　　　（　　）

2. G81 为钻孔循环指令。　　　　　　　　　　　　　　　　　　　　　　　（　　）

3. G83 与 G81 的主要区别是，G83 是深孔加工，采用间歇进给，有利于排屑。　（　　）

4. 在固定循环中，G99 表示抬刀到起始平面，G98 表示抬刀到参考平面。　　（　　）

5. 使用 G84 攻螺纹时，进给速度要根据零件材料确定。　　　　　　　　　　（　　）

6. 加工精度要求高的孔时，钻孔之后还要铰孔。　　　　　　　　　　　　　（　　）

7. G81 和 G82 的区别在于，G82 在孔底加进给暂停动作。　　　　　　　　　（　　）

8. G81　X0　Y-20　Z-3　R5　F50 与 G99　G81　X0　Y-20　Z-3　R5　F50 的意义相同。　　　　　　　　　　　　　　　　　　　　　　　　　　　　　　　　（　　）

9. 用户宏程序最大的特点是使用变量。　　　　　　　　　　　　　　　　　（　　）

10. "#10＝#20"表示 10 号变量与 20 号变量大小相等。　　　　　　　　　　（　　）

三、实训题

零件如图 3-22 所示，材料为 45 钢，编程并加工零件的孔系。

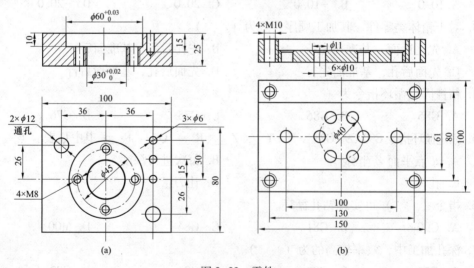

图 3-22　零件

（a）零件一；（b）零件二

项 目 四

铣 削 曲 面 零 件

📖 **学习目标**

掌握曲面零件的编程与加工方法。

如图 4-1 所示为两套模具，其上都存在曲面，这在模具中较为常见。在很多需铣削的机械零件中也会出现曲面。曲面加工是数控铣床的强项。那么如何制定曲面零件的加工工艺？加工曲面零件要如何选择刀具？在本项目中我们将讨论这些问题。

图 4-1　模具

任 务 一　铣 削 柱 面

本任务要求加工如图 4-2 所示的柱面零件，且只要求加工图样中的直圆柱面，材料为硬铝。

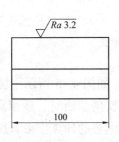
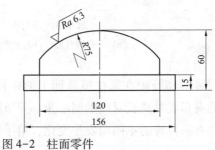

图 4-2　柱面零件

一、任务分析

该零件主要由柱面组成，加工曲面的关键在于保证零件的表面质量。

常用的直圆柱面铣削的走刀路线有两种方式，一种是沿圆柱面轴线的纵向走刀，另一种是垂直于轴线的横向走刀。切削过程中纵向走刀方式比横向走刀方式更稳定，在实际加工中经常使用。走刀路线可以单向也可以往复，单向走刀的优点是可始终保持顺铣或逆铣不变，保持良好的铣削工艺，缺点是铣削效率较低；往复走刀与单向走刀的优缺点正相反，顺、逆铣削交替进行，铣削工艺较差，但切削效率较高。圆柱面走刀路线如图4-3所示。

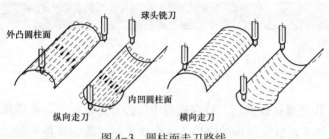

图4-3 圆柱面走刀路线

二、基础知识

1. 曲面加工的行距和节距

（1）行距。行距是指两次走刀路线之间的距离，如图4-4所示。行距的大小决定铣削残留高度（又称曲面铣削误差），残留高度直接影响表面质量。决定残留高度的因素有4个：行距、铣刀圆弧半径、曲面的曲率及切削点曲面切线的角度。铣刀圆弧半径越大、行距越小、切线点曲面切线角度越小、曲面曲率越小，其残留高度越小，反之残留高度则越大。采用等行距铣削曲面时，残留高度不等，误差较大，但手工编程时等行距比较容易计算。

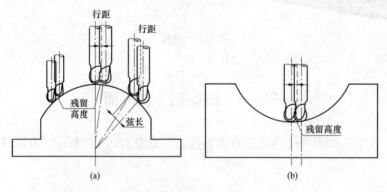

图4-4 等行距

（a）外凸圆柱面；（b）内凹圆柱面

（2）节距。节距是指行距在圆柱横截面上的弦长，如图4-5所示。弦长的两个端点与曲面圆心连线的夹角就是弦长对应的圆心角。等节距铣削曲面时，残留高度相同，铣削精度高，但行距随曲面位置的不同而发生变化，给手工编程的计算带来麻烦。

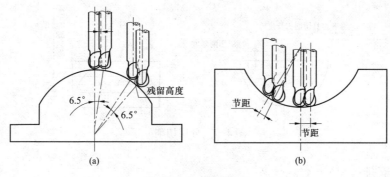

图 4-5　等节距
（a）外凸圆柱面；（b）内凹圆柱面

2. 曲面铣削的残留高度

使用平头铣刀加工三维实体的优点是价格便宜，容易重复刃磨；缺点是易发生干涉，加工曲面的平整度差，一般只适于粗加工。另外，加工凹形曲面不宜使用平头铣刀，否则会出现平底现象。球头铣刀恰与平头铣刀相反。但无论使用哪种铣刀，曲面加工时都会留下一定的残留高度。如图 4-6 所示为球头铣刀加工曲面的几种情况：平切、外切和内切。

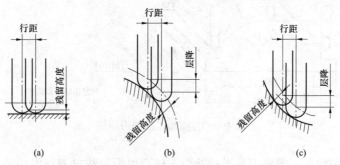

图 4-6　球头铣刀加工曲面时的残留高度
（a）平切；（b）外切；（c）内切

从图 4-6 中可以看出，行距、层降和刀具直径直接影响残留高度，行距和层降越小、刀具半径越大，残留高度越小，表面加工质量越好。但行距和层降也不宜过小或过大，行距过小会延长加工时间、影响效率，行距过大则难以达到质量要求，必要时可通过残留高度计算来确定合适的行距和层降，而实际加工时只增大刀具直径会使成本提高，用户需根据实际情况确定。

另外，受铣刀切削刃（刀具手册中的背吃刀量 a_p）长度限制，对高度较大的实体不能一次切至轮廓表面，有时需分层加工，如图 4-7 所示。分层加工也会产生残留高度。

三、任务实施

（1）工艺设计。

1）刀具选择：选用 ϕ12mm 球头铣刀。

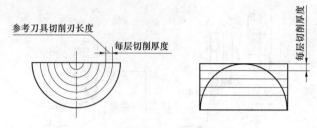

图 4-7　分层切削

2）工序安排：

a）手工去除周边多余材料，留约 5mm 加工余量。

b）精加工柱面。

3）走刀路线。工件坐标系如图 4-8 所示。

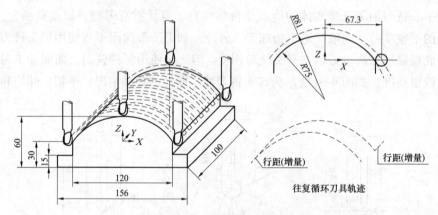

图 4-8　柱面加工的走刀路线

按铣刀球心编程，不需要刀具半径补偿，球心可沿母线进刀、沿圆弧行切，也可沿圆弧进刀、沿母线行切。直圆柱面编程的技巧是将一个往复走刀循环编成子程序，一个往复循环中的几何元素包括两条圆弧和两条直线。如图 4-8 所示，行距取 0.5 mm，用增量编程方式，以便重复循环。

（2）编制程序。程序如下：

```
O7100;
G54 G00 G17 G80 G40 G49 G90;              //设置机床初始状态
Z100;
S1000  M03  M08;
X67.3  Y0;                                 //按 φ12mm 的球头铣刀计算刀轨
Z50;
G01  Z0  F40;
M98  P1007101;                             //调用子程序,循环 100 次
G90  G00  Z300;
M30;
```

```
O7101;                                    //圆弧往复循环子程序
G90 G02 X-67.3 R81 F80;
G91 Y0.5;
G90 G03 X67.3 R81;
G91 Y0.5;
M99;
```

（3）安装刀具。

（4）装夹工件。

（5）输入程序。

（6）对刀。

（7）启动自动运行，加工零件。

（8）测量零件。

任务二 铣 削 曲 面 槽

本任务要求加工如图 4-9（a）所示的曲面槽，零件平面已经加工。

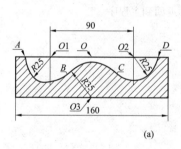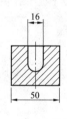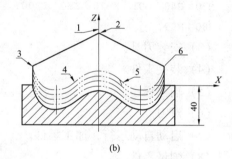

图 4-9 加工曲面槽

（a）零件；（b）走刀路线

（1）工艺设计。

工件坐标系原点：由图样中可以分析出加工表面的设计基准在工件中心，所以工件原点定在坯料上表面中心点，如图 4-9（a）中的 O 点。

工件装夹：采用机用平口虎钳装夹工件。

刀具选择：采用 ϕ16mm 的球头铣刀，刀具半径补偿号为 T1，采用刀具半径右补偿方式。注意：判断刀具补偿方向要从第 3 轴的正方向来观察。

加工程序：刀具由工件毛坯外，直线退刀、进刀。走刀路线如图 4-9（b）所示，在 XZ 平面内插补切削，采用半径补偿功能，Z 方向分层切削，一个循环单元刀具轨迹为 "1→2→3→4→5→6→2"，每循环一次切削一层，每次背吃刀量（Z 方向）α_p = 5mm，循环 5 次即完成加工。主轴转速为 1000r/min，进给速度为 80mm/min。

经计算，图 4-9（a）中凹形曲线轮廓的基点坐标为 A（-70，0）；B（-26.25，

71

−16.54）；C（26.25，−16.5）；D（70，0）。圆心坐标为O1（−45，0）；O2（45，0）；
O3（0，−39.69）。

（2）程序编制。采用子程序编程，数控程序如下。

主程序：

```
O0001;                                    //程序号
N5  G92  X0  Y0  Z100;                    //设定编程坐标系
N10 G00  X0  Y0  Z45  T01  S1000  M03;    //快速定位于1点,确定刀具补偿号,起动主轴
N20 M98  P0002  L5;                       //调用O0002子程序,执行5次
N30 G90  G17  G00  X0  Y0  Z100  M05;     //退刀。绝对编程,选XY平面,回到起始点
N40 M02;                                  //程序结束
```

子程序：

```
O0002;                                    //子程序名
N20 G91  G01  Z-5  F100;                  //增量编程,切削(1点至2点),进给速度100mm/min
N30 G18  G42  X-70  Z-20  D01;            //选XZ平面,建立刀具半径右补偿(2点至3点)
N40 G02  X43.75  Z-16.54  I25  K0;        //增量,顺圆,切削(3点至4点)
N50 G03  X52.5  Z0  I26.25  K-23.15;      //增量,逆圆插补,切削(4点至5点)
N60 G02  X43.75  Z16.54  I18.75  K16.54;  //顺圆插补,增量编程(5点至6点)
N70 G40  G01  X-70  Z20  F300;            //取消刀具半径补偿,增量编程直线插补(6点至2点)
N80 M99;                                  //子程序结束,返回到主程序
```

（3）安装刀具。

（4）装夹工件。

（5）输入程序。

（6）对刀。

（7）启动自动运行，加工零件。

（8）测量零件。

任务三 铣削肥皂盒凹模

本任务要求加工如图4-10所示的肥皂盒凹模，毛坯尺寸为102mm×102mm×21mm，
材料为45钢。

（1）图样分析。

1）零件的构料和热处理状态。该零件材料为45钢，正火状态，硬度为170HB，比较
适合切削加工。

2）零件的几何形状。该零件由两个几何形状构成，第一个是100mm×100mm×20mm
的矩形，深度为10mm，第二个是凹模型腔。

3）零件加工部位。该零件需要加工的部位有3个，第1个是零件的上表面，第2个
是100mm×100mm的矩形，深度为10mm，第3个是凹模型腔。

4）零件的尺寸公差。图样中尺寸公差分为3个层次：第1个层次为自由公差的尺寸，

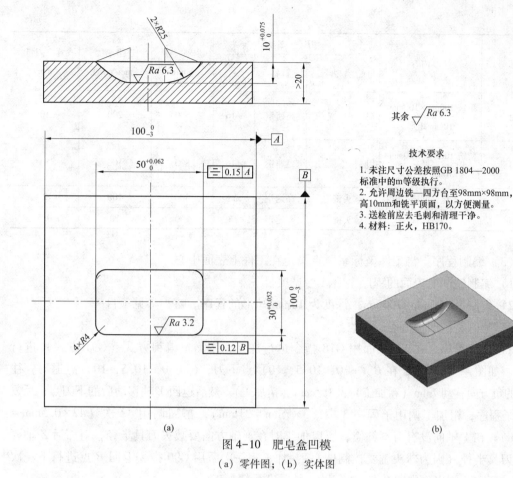

图 4-10　肥皂盒凹模

（a）零件图；（b）实体图

包括 $R25$mm、$R4$mm；第 2 个层次为要求较松的公差，包括两处 100mm；第 3 个层次为要求较严的公差，包括 50mm、30mm 和 10mm 共计 3 个尺寸。

5）零件的几何公差。该零件只有位置公差要求，即两处对称度要求。

6）零件的表面粗糙度。该零件的表面粗糙度共有两种要求，一是要求最严的型腔的内壁为 3.2μm，二是其他加工表面均为 6.3μm。

7）零件的技术要求。技术要求中的第一条，未注尺寸公差按照 GB 1804—2000 标准中的 m 等级执行，规定了尺寸 $R4$mm、和 $R25$mm 的公差为 ±0.1mm。

（2）工艺制定。根据上述对零件图样的分析，制定数控铣削加工工艺，见表 4-1。

表 4-1　　　　　　　　　　　　　　数控铣削加工工序卡

产品名称	零件名称	工序名称	工序号	程序编号	毛坯材料	使用设备	夹具名称
	凹模				45 钢	数控铣床	机用平口虎钳
工步号	工步内容	刀　具			主轴转速（r/min）	进给速度（mm/min）	背吃刀量（mm）
		类型	材料	规格（mm）			
1	铣上表面	圆柱立铣刀	高速钢	φ16	400	200	1

73

续表

| 工步号 | 工步内容 | 刀 具 | | | 主轴转速（r/min） | 进给速度（mm/min） | 背吃刀量（mm） |
		类型	材料	规格（mm）			
2	粗铣 100mm×100mm× 10mm 矩形	圆柱立铣刀	高速钢	$\phi16$	500	200	10
3	精铣 100mm×100mm× 10mm 矩形	圆柱立铣刀	高速钢	$\phi16$	800	100	10
4	粗铣凹模	球头铣刀	高速钢	$\phi8$	500	100	2
5	精铣凹模	球头铣刀	高速钢	$\phi8$	800	50	0.5

（3）编制程序。将工件坐标系原点设定在工件上表面中心。

1）编制铣削上表面的程序。略。参见项目一。

2）编制铣 100mm×100mm，深度为 10mm 矩形的程序。略。参见项目一。

3）编制铣削凹模型腔程序。

a）编程思路。在 XZ 平面用 G18 指令进行加工，用增量编程方式（G91 方式）进行编程。如图 4-11 所示，在 B（-30，10.5，10）点下刀，C（30，10.5，10）点退刀，往 Y 轴的负方向移动7mm（粗加工）及 0.5mm（精加工），然后返回 Y 轴移动后的下刀点；反复调用子程序，粗加工调用子程序 3 次（3×7mm = 21mm），精加调用 42 次（42×0.5mm = 21mm）。在 Y 轴向没有刀具补偿，所以加工时在 Y 轴方向要减去刀具半径，对刀后 Z 轴要减去刀具半径（因为球头铣要控制球心）。加工完一次后用 G90 指令返回 B 点进行下一次加工。型腔两侧立面先留 0.5mm 余量，最后进行精加工。

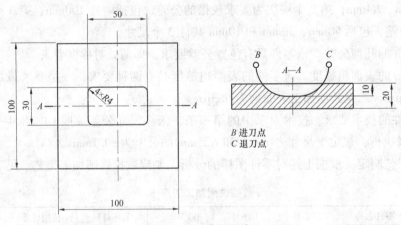

图 4-11 编程思路

主程序为 O0001，子程序为 O0071、O0072（进行粗加工）和 O0073、O0074（进行精加工），使用 $\phi8$mm 的球头铣刀，刀具补偿值 $D1 = 9$mm、$D2 = 5$mm、$D3 = 4$mm。

主程序：

```
O0001;
N10   G54   G18;                              //选择XZ平面
N20   M03   S800;
N30   G00   G42   X-30   Z15   D1;            //定位在点(X-30,Z15),建立刀具半径右补偿,
                                                D1=9mm
N40   G01   Y10.5   F100;                     //定位在点(X-30,Y10.5,Z15)
N50   M98   P0071;                            //调用子程序O0071,进行粗加工
N60   G90;                                    //改为绝对编程
N70   G00   G42   X-30   Z15   D2;            //定位在点(X-30,Z15),建立刀具半径右补偿,
                                                D2=5mm
N80   G01   Y10.5   F100;                     //定位在点(X-30,Y10.5,Z15)
N90   M98   P0071;                            //调用子程序O0071,进行粗加工
N100  G90;
N110  G00   G42   X-30.0   Z15.0   D3;        //定位在点(X-30,Z15),建立刀具半径右补偿,
                                                D3=4mm
N120  G01   Y10.5   F50;                      //定位在点(X-30,Y10.5,Z15)
N130  M98   P0073;                            //调用子程序O0073,进行精加工
N140  G90;
N150  G00   G42   X-30.0   Z15.0   D3;
N160  G01   Y11.0   F50;                      //定位在点(X-30,Y11,Z15)
N170  M98   P0072;                            //调用子程序O0072,精加工型腔里侧立面
N180  G90;
N190  G00   G42   X-30.0   Z15.0   F50   D3;
N200  G01   Y-11.0;                           //定位在点(X-30,Y-11,Z15)
N210  M98   P0072;                            //调用子程序O0072,精加工型腔外侧立面
N220  M05   M02;
```

子程序1（粗加工）：
```
O0071;
N71   M98   P0072   L3;
N74   M99;
```

子程序2（粗加工）：
```
O0072;
N72   G91   G02   X25.0   Z-25.0   R25.0;     //增量编程
N73   G01   X10.0   Z0;
N74   G02   X25.0   Z25.0   R25.0;
N75   G01   X0   Y-7.0   Z0;                  //向Y轴负方向移动7mm
N76   G00   X-60.0   Z0;                      //将刀具移到进刀点处
N77   M99;
```

子程序3（精加工）：
```
O0073;
```

N71 M98 P0074 P42;

N74 M99;

子程序 4（精加工）：

O0074;

N72 G91 G02 X25.0 Z-25.0 R25.0;　　//增量编程

N73 G01 X10.0 Z0;

N74 G02 X25.0 Z25.0 R25.0;

N75 G01 X0 Y-0.5 Z0;　　　　//向 Y 轴负方向移动 0.5mm

N76 G00 X-60.0 Z0;　　　　//将刀具移到进刀点处

N77 M99;

b）安装刀具。

c）装夹工件。

d）输入程序。

e）对刀。

f）启动自动运行，加工零件。

g）测量零件。

思 考 与 训 练

一、单项选择题

1. 数控机床中，可以用来调用一个子程序的指令是（　　）。

    A. M97　　　　B. M68　　　　C. M99　　　　D. M98

2. 标准麻花钻的锋角为（　　）。

    A. 118°　　　　B. 35°~40°　　　　C. 50°~55°　　　　D. 112°

3. 钻小孔或长径比较大的孔时，应取（　　）的转速钻削。

    A. 较低　　　　B. 中等　　　　C. 较高　　　　D. 不一定

4. 在数控机床的加工过程中，要进行刀具和工件的尺寸测量、工件调头、手动变速等固定的手工操作时，需要运行（　　）指令。

    A. M00　　　　B. M98　　　　C. M02　　　　D. M03

5. 精加工时应首先考虑（　　）。

    A. 零件的加工精度和表面质量　　　　B. 刀具的耐用度

    C. 生产效率　　　　D. 机床的功率

6. 材料是钢，欲加工一个尺寸为 6F8，深度为 3mm 的键槽，键槽侧面表面粗糙度为 $Ra1.6\mu m$，最好采用（　　）。

    A. φ6mm 键槽铣刀一次加工完成

    B. φ6mm 键槽铣刀分粗精加工两遍完成

    C. φ5mm 键槽铣刀沿中线直一刀然后精加工两侧面

    D. φ5mm 键槽铣刀顺铣一圈一次完成

7. 铣削外轮廓，为避免切入/切出产生刀痕，最好采用（　　）。

A. 法向切入/切出   B. 切向切入/切出

C. 斜向切入/切出   D. 直线切入/切出

8. 下列刀具中不能用来铣削型腔的是（   ）。

A. 立铣刀   B. 键槽铣刀   C. 面铣刀   D. 球头铣刀

9. 用行（层）切削加工空间立体曲面，即三坐标运动、两坐标联动的编程方法称为（   ）加工。

A. 2 维   B. 2.5 维   C. 3 维   D. 3.5 维

10. 对于孔系加工要注意安排加工顺序，安排得当可避免（   ）而影响位置精度。

A. 重复定位误差   B. 定位误差

C. 反向间隙   D. 不重复定位误差

二、判断题（正确的打"√"，错误的打"×"）

1. 在立式数控铣床上加工封闭键槽时，通常采用立铣刀，而且不必钻落刀孔。

（   ）

2. 被加工零件轮廓上的内转角尺寸要尽量统一。   （   ）

3. 在子程序中，不可以再调用其他子程序，即不可调用二重子程序。   （   ）

4. 在轮廓铣削加工中，若采用刀具半径补偿指令编程，刀具半径补偿的建立与取消应在轮廓上进行，这样的程序才能保证零件的加工精度。   （   ）

5. 加工中心与数控铣床的最大区别是加工中心具有自动换刀功能。   （   ）

6. 行切法中的行距等于刀具的直径。   （   ）

7. 加工型腔时常用垂直方式下刀，这样效率高。   （   ）

8. 当型腔空间较小而不能用螺旋下刀时，常改用斜线下刀。   （   ）

三、实训题

编程并加工如图 4-12 所示的零件，材料为 45 钢。

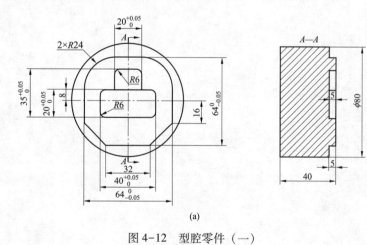

(a)

图 4-12　型腔零件（一）

（a）零件一

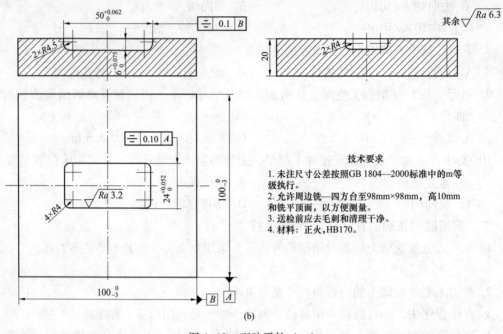

图 4-12 型腔零件（二）

（b）零件二

技术要求

1. 未注尺寸公差按照GB 1804—2000标准中的m等级执行。
2. 允许周边铣—四方台至98mm×98mm，高10mm和铣平顶面，以方便测量。
3. 送检前应去毛刺和清理干净。
4. 材料：正火，HB170。

项目五

铣削复杂零件

📖 **学习目标**

掌握复杂零件的编程与加工方法。

在企业经常要铣削加工一些复杂零件，如图5-1所示即为两套复杂模具。复杂零件的铣削，要综合运用我们前面所学的知识和技能。对于复杂零件的编程与加工，工艺非常重要，要结合前面所学的工艺知识，正确制定加工工艺。

图5-1 复杂模具

任务一 铣削复杂零件一

本任务要求加工的零件如图5-2所示，工件材料为45钢，毛坯尺寸为100mm×100mm×22mm，六面已加工，长、宽、高的尺寸和表面粗糙度都已符合图样要求，试编程并加工出符合图样要求的零件。

一、加工准备

（1）详阅零件图，并检查坯料的尺寸。

（2）编制加工程序，输入程序并选择该程序。

（3）用机用平口虎钳装夹工件，伸出钳口10mm左右，用百分表找正。

（4）安装寻边器，确定工件零点为坯料上表面的中心，设定零点偏置。

（5）安装φ20mm粗立铣刀并对刀，设定刀具参数，选择自动加工方式。

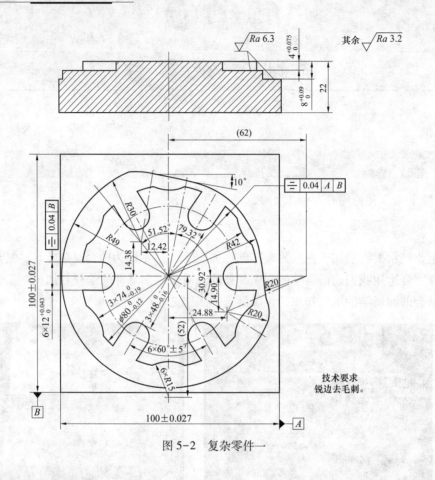

图 5-2 复杂零件一

二、加工工艺设计

（1）粗铣凸轮轮廓。粗铣留 0.50mm 单边余量。

（2）铣槽轮外圆轮廓。

1）选择程序，粗铣槽轮外圆轮廓，留 0.50mm 单边余量。

2）安装 φ20mm 精立铣刀并对刀，设定刀具参数，半精铣槽轮外圆轮廓。

（3）铣 6×R15mm 圆弧。

1）选择加工程序，调整刀具参数，粗铣 6×R15mm 圆弧，留 0.50mm 单边余量。

2）调整刀具参数，半精铣 6×R15mm 圆弧，留 0.10mm 单边余量。

3）测量工件尺寸，调整刀具参数，精铣 6×R15mm 圆弧至要求尺寸。

（4）铣 6×R12mm 槽。

1）安装 φ10mm 粗立铣刀并对刀，设定刀具参数，选择程序，粗铣各槽，留 0.50mm 单边余量。

2）安装 φ10mm 精立铣刀并对刀，设定刀具参数，半精铣各槽，留 0.10mm 单边余量。

3）测量各槽尺寸，调整刀具参数，精铣各槽至要求尺寸。

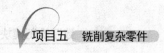

三、工、量、刃具清单

工、量、刃具清单见表 5-1。

表 5-1 工、量、刃具清单

工、量、刃具清单			图号		KHSHL4	
序号	名称	规格	精度	单位	数量
1	Z轴设定器	50	0.01	个	1
2	带表游标卡尺	0~150mm	0.01	把	1
3	游标深度尺	0~200mm	0.02	把	1
4	外径百分表	75~100	0.01	把	1
5	杠杆百分表	0~0.8	0.01	个	1
6	万能角度尺	0°~320°	2′	把	1
7	寻边器	φ10mm	0.002	个	1
8	粗糙度样板	N0~N1	12级	副	1
9	半径样板	R15~25mm、R30mm、R42mm、R49mm		套	各1
10	塞规	φ12mm	H9	个	1
11	立铣刀	φ20mm、φ10mm		个	各2
12	机用平口虎钳	Q12200		个	1
13	磁性表座			个	1
14	平行垫铁			副	若干
15	呆扳手			把	若干
16	毛坯	尺寸为（100±0.027）mm×（100±0.027）mm；长度方向侧面对宽度方向侧面和底面的垂直度公差为0.05mm。材料为45钢。表面粗糙度为Ra1.6μm				

四、注意事项

（1）使用寻边器确定工件零点时应采用碰双边法。

（2）精铣时采用顺铣法，以提高尺寸精度和表面质量。

（3）立铣刀垂直方向进刀时，铣刀中心不能直接铣削工件。

五、程序编写

粗铣、半精铣和精铣时使用同一加工程序，只需调整刀具参数分3次调用相同的程序进行加工即可，精加工时分别换 φ20mm 和 φ10mm 立铣刀。使用 FANUC 0i-MC 系统。

（1）铣凸轮轮廓、槽轮外圆轮廓和 6×R15mm 圆弧的主程序如下：

```
%
O0001;                              //程序名
N5  G54  G90  G17  G21  G94  G49  G40;    //建立工件坐标系,选用φ20mm立铣刀
```

N10 S500 M03;

N15 G00 Z30;

N20 G00 X60 Y-60;

N25 G01 Z-4 F100;   //N25~N115 铣外围至 8mm 深度处

N30 G01 G42 X20 Y-50 D1 F60;

N35 G01 X50 Y-20;

N40 G01 Y20;

N45 X20 Y50;

N50 X-20;

N55 X-50 Y20;

N60 Y-20;

N65 X-20 Y-50;

N70 X20;

N75 G01 Z-8 F30;

N80 G01 X50 Y-20 F60;

N85 G01 Y20;

N90 X20 Y50;

N95 X-20;

N100 X-50 Y20;

N105 Y-20;

N110 X-20 Y-50;

N115 X20;

N120 G00 Z10;

N125 G40 G00 X60 Y0;

N130 G01 Z-4.00 F100;   //N130~N145 铣凸轮轮廓至 8mm 深度处

N135 M98 P0003;

N140 G01 Z-8 F100;

N145 M98 P0003;

N150 M98 P0004;   //铣槽轮外圆轮廓至 4mm 深度处

N155 M98 P0005;   //N155~N225 铣削 6×R15mm 至 4mm 深度处

N160 G68 X0 Y0 R60;

N165 M98 P0005;

N170 G69;

N175 G68 X0 Y0 R120;

N180 M98 P0005;

N185 G69;

N190 G68 X0 Y0 R180;

N195 M98 P0005;

N200 G69;

N205 G68 X0 Y0 R240;

```
N210  M98  P0005;
N215  G69;
N220  G68  X0  Y0  R300;
N225  M98  P0005;
N230  G69;
N235  G00  Z100  M05;
N240  Y80;
N245  M30;                              //程序结束
%
```

（2）铣 6×12mm 槽的主程序如下：

```
%
O0002;                                  //程序名
N5   G54  G90  G17  G21  G94  G49  G40;  //建立工件坐标系,选用φ10mm立铣刀
N10   S500  M03;
N15  G00  Z30;
N20  M98  P0006;                        //N20~N95铣6×12mm槽至4mm深度处
N25  G68  X0  Y0  R60;
N30  M98  P0006;
N35  G69;
N40  G68  X0  Y0  R120;
N45  M98  P0006;
N50  G69;
N55  G68  X0  Y0  R180;
N60  M98  P0006;
N65  G69;
N70  G68  X0  Y0  R240;
N75  M98  P0006;
N80  G69;
N90  G68  X0  Y0  R300;
N95  M98  P0006;
N100  G69;
N105  G00  Z100  M05;
N110  G00  Y80;
N115  M30;                              //程序结束
%
```

（3）铣凸轮轮廓的子程序如下：

```
%
O0003;                                  //子程序名
N5   G01  G42  X42  Y0  D1  F60;
N10  G03  X7.293  Y41.362  R42;
```

```
N15  G01  X-7.214  Y43.920;
N20  G03  X-32.039  Y37.074  R30;
N25  G03  X42.037  Y-25.177  R49;
N30  G03  X43.440  Y-7.450  R20;
N35  G02  X42  Y0  R20;
N40  G00  Z1;
N45  G40  G00  X60  Y0;
N50  M99;                              //子程序结束
%
```

（4）铣槽轮外圆轮廓的子程序如下：

```
%
O0004;                                 //子程序名
N5   G00  X60  Y0;
N10  G01  Z-4  F200;
N15  G01  G41  X40  Y0  D1  F60;
N20  G02  I-40;
N25  G00  Z1;
N30  G40  G00  X60  Y0;
N35  M99;                              //子程序结束
%
```

（5）铣 6×R15mm 圆弧的子程序如下：

```
%
O0005;                                 //子程序名
N5   G00  X0  Y60.;
N10  G01  Z-4  F200;
N15  G01  G42  X7.855  Y39.221  D1  F60;
N20  G02  X-7.855  Y39.221  R15;
N25  G00  Z1;
N30  G40  G00  X0  Y60.0;
N35  M99;                              //子程序结束
%
```

（6）铣 6×12mm 槽的子程序如下：

```
%
O0006;                                 //子程序名
N5   G00  X50  Y0;
N10  G01  Z-4  F200;
N15  G01  G41  X42  Y6  D1  F60;
N20  G01  X30;
N25  G03  X30  Y-6  R6;
N30  G01  X42;
```

```
N35  G00  Z1;
N40  G40  G00  X60  Y0;
N45  M99;                              //子程序结束
%
```

任务二　铣削复杂零件二

本任务需加工的零件如图 5-3 所示，毛坯为 90mm×90mm×30mm 的方料，材料为 45 钢，在数控铣床上编程并加工零件。

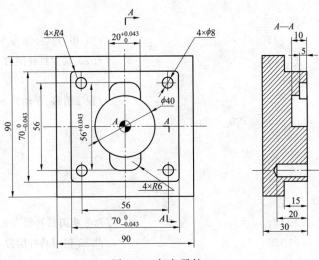

图 5-3　复杂零件二

一、工艺分析与工艺设计

先加工凸台，再加工槽，最后加工孔。工件原点设在零件上表面与其轴线的交点处。加工工艺路线如下。

（1）用 φ18mm 平底铣刀铣凸台。

（2）用 φ10mm 平底铣刀铣方槽。

（3）用 φ16mm 平底铣刀铣圆槽。

（4）用 φ8mm 钻头钻孔。

二、程序编制

使用 FANUC 0i 系统编程，在数控铣床上加工该零件。

```
N10  G54  G90  G0  X0  Y-18  S500  M3;      //使用 φ18mm 平底铣刀
N20  Z10.;
N30  G1  Z-5  F100;                         //去方槽余量
N40  Y18.;
```

```
N50   G0   Z10.;
N60   X0   Y-67.;                              //铣凸台
N70   G1   Z-14.8  F100;                       //深度留 0.2mm 余量
N80   D1   M98  P1002;                         //D1 粗刀具补偿为 9.2mm
N90   Z-15.;
N100  D11  M98  P1002;                         //D11 精刀具补偿为 9.0mm,实测调整
N110  G0   Z50.  M5;
N120  M00;                                     //程序暂停,手动换 φ10mm 平底铣刀
N130  G90  G0   X0  Y0  S700  M3;
N140  Z10.;
N150  G1   Z-5  F80;
N160  D2   M98  P1012;                         //D2 粗刀具补偿为 5.2mm
N170  D22  M98  P1012;                         //D22 精刀具补偿为 5.0mm,实测调整
N180  G0   Z50.  M5;
N190  M00;                                     //程序暂停,手动换 φ16mm 平底铣刀
N200  G90  G0   X0  Y0  S500  M3;
N210  Z10.;
N220  G1   Z-10.  F100;
N270  X10.;
N280  G3   I-10.;
N290  D3   M98  P1013;                         //D3 粗刀具补偿为 8.2mm
N300  D33  M98  P1013;                         //D33 精刀具补偿为 8.0mm,实测调整
N310  G0   Z50.  M05
N320  M00;                                     //程序暂停,手动换 φ8mm 钻头
N330  M03  S400;
N340  G99  G81  X-28.0  Y-28.0  Z-20.0  R2.0  F50;
N350  X28.0  Y-28.0;
N360  X28.0  Y28.0;
N370  X-28.0  Y28.0;
N380  G91  G28  Z0  M5;
N390  M30;
```

铣凸台的子程序如下:

```
O1002;
N10   G41  G1   X16.  Y-51.;
N20   G3   X0  Y-35.  R16.;
N30   G1   X-27.;
N40   G2   X-35.  Y-27.  R8.;
N50   G1   Y27.;
N60   G2   X-27.  Y35  R8.;
N70   G1   X27.;
```

```
N80  G2  X35.  Y27.  R8.;
N90  G1  Y-27.;
N100  G2  X27.  Y-35.  R8.;
N110  G1  X0;
N120  G3  X-16.  Y-51.  R16.;
N130  G1  G40  X0  Y-67.;
N140  M99;
```

铣方槽的子程序如下：

```
O1012;
N10  G41  Y-10.;
N20  G3  X10.  Y0  R10.;
N30  G1  Y22.;
N40  G3  X4.  Y28.  R6.;
N50  G1  X-4.;
N60  G3  X-10.  Y22.  R6.;
N70  G1  Y-22.;
N80  G3  X-4.  Y-28.  R6.;
N90  G1  X4.;
N100  G3  X10.  Y-22.  R6.;
N110  G1  Y0;
N120  G3  X0  Y10.  R10.;
N130  G1  G40  Y0;
N140  M99;
```

铣圆槽的子程序如下：

```
O1013;
N10  G1  G41  Y-10.;
N20  G3  X20.  Y0  R10.;
N30  G3  I-20.;
N40  G3  X10.  Y10.  R10.;
N50  G1  G40  X0  Y0;
N60  M99;
```

任务三 铣削复杂零件三

零件如图 5-4 所示，毛坯尺寸为 150mm×120mm×25mm，材料为 45 钢，在数控铣床上编程并加工该零件。

一、工艺分析与工艺设计

1. 加工难点分析

（1）椭圆轮廓编程。编写椭圆曲线时，以曲线上的 Y 坐标作为自变量，X 坐标作为应

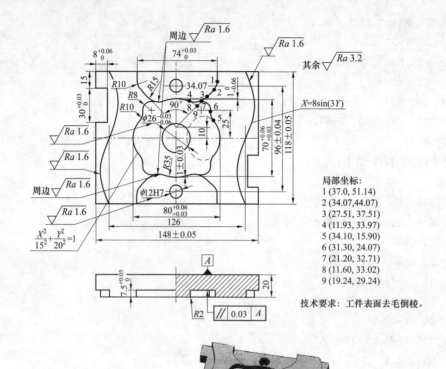

局部坐标:
1 (37.0, 51.14)
2 (34.07,44.07)
3 (27.51, 37.51)
4 (11.93, 33.97)
5 (34.10, 15.90)
6 (31.30, 24.07)
7 (21.20, 32.71)
8 (11.60, 33.02)
9 (19.24, 29.24)

技术要求：工件表面去毛倒棱。

图 5-4　复杂零件三

变量。程序中使用以下变量进行运算。

#111：公式曲线中的 Y 坐标，其变化范围为 $-15.90\sim15.90$。

#112：公式曲线中的 X 坐标，#112 $=-15/20*$ SQRT $[400.0-\#111*\#111]$。

#113：工件坐标系中的 Y 坐标，#113 $=\#111$。

#114：工件坐标系中的 X 坐标，#114 $=\#112-25.0$。

（2）正弦曲线编程。编写该曲线的宏程序（参数程序）时，以曲线上的 Y 坐标作为自变量，X 坐标作为应变量，则 $X=8.0\times\sin$（$3\times Y$）-50.0（左侧正弦曲线公式）。程序中使用以下变量进行运算。

#101：公式曲线中的 Y 坐标，其变化范围为 $0\sim120.0$。

#102：公式曲线中的 X 坐标，#102 $=-8.0*$ SIN $[3*\#101]$。

#103：工件坐标系中的 Y 坐标，#103 $=\#101-60.0$。

#104：公式坐标系中的 X 坐标，#104 $=\#102-63.0$。

另一条曲线则采用坐标旋转方式进行编程，旋转角度为 $180°$。

2. 制定加工工艺

（1）选择 $\phi8$mm 钻头钻孔，同时在点（0，23）的位置钻出内型腔加工时的工艺孔。

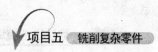

（2）采用 φ16mm 立铣刀粗、精铣外形两条正弦曲线和两内凹外轮廓。

（3）选择 φ11.8m 钻头扩孔。

（4）选择 φ12H8 铰刀进行铰孔加工。

（5）采用 φ12mm 立铣刀粗、精铣内型腔轮廓。

（6）采用 φ12mm 立铣刀进行圆凸台倒圆角。

（7）重新装夹工件（两次），粗、精铣侧面槽。

（8）手动去毛倒棱，自检自查。

二、编写程序

选择工件上表面对称中心作为编程原点，采用 FANUC 0i 系统编程，程序如下：

```
O0904;                                      //正弦曲线主程序
G90  G94  G21  G40  G54  F100;              //程序初始化
G91  G28  Z0;                               //程序开始部分
M03  S600;
M98  P0012;                                 //加工左边正弦曲线
G00  Z20.0;                                 //Z 方向抬刀
G68  X0  Y0  R180.0;                        //坐标旋转
M98  P0012;                                 //加工右边正弦曲线
G00  Z20.0;                                 //Z 方向抬刀
G69;                                        //取消坐标旋转
G91  G28  Z0;                               //程序结束部分
M30;


O0914;                                      //内型腔加工程序
......
G90  G00  X0  Y25.0;                        //程序初始化及刀具定位
G01  Z-7.5  F100;
G41  G01  X19.24  D01;                      //延长线上切入
G03  X-11.60  Y33.02  R35.0;                //加工上方圆弧内轮廓
G02  X-21.20  Y32.71  R16.0;
G03  X-31.30  Y24.07  R8.0;
G02  X-34.10  Y15.90  R10.0;
#111=14.90;                                 //加工左侧椭圆曲线
N80  #112=-15/20* SQRT [400.0-#111* #111];
     #113=#111;
     #114=#112-25.0;
G01  X#114  Y#113;
#111=#111-1.0;
IF  [#111 GF-15.90]  GOTO  80;
```

```
G02   X-31.30   Y-24.07   R10.0;                    //加工下方圆弧曲线
G03   X-21.20   Y-32.71   R8.0;
G02   X-11.60   Y-33.02   R16.0;
G03   X11.60   R35.0;
G02   X21.20   Y-32.71   R16.0;
G03   X31.30   Y-24.07   R8.0;
G02   X34.10   Y-15.90   R10.0;
#121=-14.90;                                        //加工右侧椭圆曲线
N90   #122=15/20* SQRT[400.0-#121* #121];
      #123=#121;
      #124=#122+25.0;
G01   X#124   Y#123;
#121=#121-1.0;
IF   [#121   LE   15.9]   GOTO   90;
G02   X31.30   Y24.07   R10.0;                      //加工右上方圆弧
G03   X21.20   Y32.71   R8.0;
G02   X11.60   Y33.02   R16.0;
G40   G01   X0   Y25.0;
G41   G01   X-10.0   Y13.0   D01;                   //加工内圆柱
X0;
G02   J-13.0;
G40   G01   Y25.0;
......                                              //程序结束部分


O0012;                                              //正弦曲线子程序
G90   G00   X-80.0   Y-70.0;                        //刀具定位到起刀点
Z20.0;
G01   Z-7.5   F100;                                 //Z 方向下刀至加工位置
#101=0;                                             //曲线上各点的 Y 坐标
N40   #102=8.0* SIN[3.0* #101];                     //曲线上各点的 X 坐标
#103=#101-60.0;                                     //工件坐标系中的 Y 坐标
#104=#102-53.0;                                     //工件坐标系中的 X 坐标
G41   G01   X#104   Y#103   D01;                    //加工正弦曲线
#101=#101+1.0;                                      //Y 坐标每次增加 1mm
IF   [#101   LE   120.0]   GOTO   40;               //条件判断
G01   X-37.0;                                       //加工上方内凹外轮廓
Y51.14;
G03   X-34.07   Y44.07   R10.0;                     //加工上方内凹外轮廓
G01   X-27.51   Y37.51;
G03   X-11.93   Y33.97   R15.0;
```

90

```
G02  X-11.93  R36.0;
G03  X27.51  Y37.51  R15.0;
G01  X34.07  Y44.07;
G03  X37.0  Y51.14  R10.0;
G01  Y70.0;
G40  G01  X20.0  M09;              //取消补偿
M99;                              //返回主程序
```

注：其他轮廓程序及孔加工程序请读者自行编制。

思 考 与 训 练

一、单项选择题

1. 为保证工件各相关面的位置精度，减少夹具的设计与制造成本，应尽量采用（   ）原则。

    A. 自为基准   B. 互为基准   C. 基准统一   D. 基准重合

2. 超精加工（   ）上道工序留下来的形状误差和位置误差。

    A. 不能纠正   B. 能完全纠正   C. 能纠正较少   D. 基本纠正

3. （   ）可修正上一工序所产生的孔的轴线位置公差，保证孔的位置精度。

    A. 钻孔   B. 扩孔   C. 铰孔   D. 镗孔

4. 刀具（   ）的优劣，主要取决于刀具切削部分的材料、合理的几何形状以及刀具寿命。

    A. 加工能力   B. 工艺性能   C. 切削性能   D. 经济性能

5. 可转位铣刀刀具寿命长的主要原因是（   ）。

    A. 刀位几何尺寸合理   B. 刀片制造材料好

    C. 避免了焊接内应力   D. 刀片安装位置合理

6. 编制数控铣床程序时，调换铣刀、工件夹紧和松夹等属于（   ），应编入程序。

    A. 工艺参数   B. 运动轨迹和方向

    C. 辅助动作   D. 加工过程

7. 零件加工时，精基准一般为（   ）。

    A. 工件的毛坯面   B. 工件的已加工表面

    C. 工件的待加工表面   D. 工件的不加工表面

8. 铣削加工时，切削速度由（   ）决定。

    A. 进给量   B. 刀具直径

    C. 刀具直径和主轴转速   D. 背吃刀量

9. 钻削加工时，钻头直径应由（   ）决定。

    A. 进给量   B. 工艺尺寸   C. 尺寸公差   D. 钻削速度

10. 采用先钻孔再扩孔的工艺时，钻头直径应为孔径的（   ）。

  A.　20%~30%　　B.　10%~20%　　　　C.　40%~60%　　　　D.　50%~70%

二、判断题（正确的打"√"，错误的打"×"）

1. 精铣和半精铣时，进给量的选择主要受工件表面粗糙度的限制。　　　　　　　（　　）

2. 铰孔时，由于加工余量小，所以一般不用切削液。　　　　　　　　　　　　（　　）

3. 使用键槽铣刀加工键槽时，可一次进给完成加工。　　　　　　　　　　　　（　　）

4. 扩孔可以部分地纠正钻孔留下的孔轴线歪斜。　　　　　　　　　　　　　　（　　）

5. 加工中心换刀时只能用 G28 指令返回参考点。　　　　　　　　　　　　　　（　　）

6. G91、G43 Z-32.0 H0 的作用为取消刀具长度补偿。　　　　　　　　　　　（　　）

7. 加工中心检测过程中，需首件细检，中间抽检。　　　　　　　　　　　　　（　　）

8. 数控加工不需要工序卡片。　　　　　　　　　　　　　　　　　　　　　　（　　）

三、实训题

编程并加工如图 5-5 所示的零件，毛坯尺寸为 75mm×75mm×20mm，材料为 45 钢。

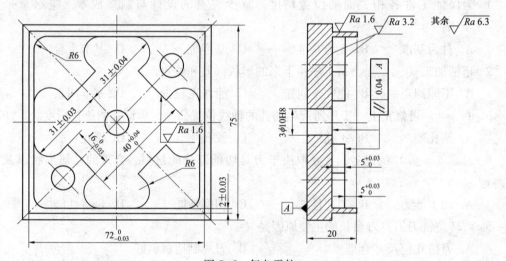

图 5-5　复杂零件

分析典型零件的数控铣削工艺

（1）掌握数控铣床加工工艺制定的基础知识、数控铣床加工工艺的制定方法。

（2）能对复杂铣削零件进行数控加工工艺分析并制定工艺。

任务一　分析平面凸轮的数控铣削工艺

如图 6-1 所示为槽形凸轮零件，在铣削加工前，该零件是一个经过加工的圆盘，圆盘直径为 $\phi280\text{mm}$，带有两个基准孔 $\phi35\text{mm}$ 及 $\phi12\text{mm}$ 和两个定位孔 $\phi35\text{mm}$ 及 $\phi12\text{mm}$，X 面已加工完毕，本工序是在铣床上加工槽。该零件的材料为 HT200，试分析其数控铣削加工工艺。

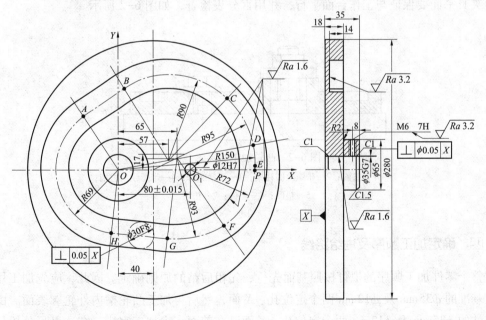

图 6-1　槽形凸轮零件

一、零件图样工艺分析

该零件凸轮轮廓由圆弧 HA、BC、DE、FG 和直线 AB、HG 以及过渡圆弧 CD、EF 组

成。组成轮廓的各几何元素关系清楚，条件充分，所需要的基点坐标容易求得。凸轮内外轮廓面对 X 面有垂直度要求。材料为铸铁，切削工艺性较好。

根据分析，采取以下工艺措施：

凸轮内外轮廓面对 X 面有垂直度要求，只要提高装夹精度，使 X 面与铣刀轴线垂直，即可保证。

二、选择设备

加工平面凸轮的数控铣削，一般采用两轴以上联动的数控铣床，因此首先要考虑的是零件的外形尺寸和质量，使其在机床的允许范围内；其次考虑数控机床的精度是否能满足凸轮的设计要求；最后要考虑的是凸轮的最大圆弧半径应在数控系统允许的范围内。根据以上三条即可确定所要使用的数控机床为两轴以上联动的数控铣床。

三、确定工件的定位基准和装夹方式

（1）定位基准。采用"一面两孔"定位，即用圆盘 X 面和两个基准孔作为定位基准。

（2）根据工件特点，用一块尺寸为 320mm×320mm×40mm 的垫块，在垫块上分别精镗 ϕ35mm 及 ϕ12mm 两个定位孔（要配定位销），孔距离（80±0.015）mm，垫块平面度为 0.05mm，该零件在加工前，先固定夹具的平面，使两定位销孔的中心连线与机床 X 轴平行，夹具平面要保证与工作台面平行，并用百分表检查，如图 6-2 所示。

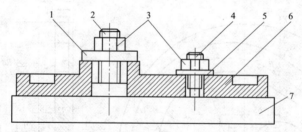

图 6-2　凸轮加工装夹示意图

1—开口垫圈；2—带螺纹圆柱销；3—压紧螺母；4—带螺纹削边销；
5—垫圈；6—工件；7—垫块

四、确定加工顺序及进给路线

整个零件加工顺序的拟订按照基面先行、先粗后精的原则确定。因此，应先加工用作定位基准的 ϕ35mm 及 ϕ12mm 两个定位孔、X 面，然后再加工凸轮槽内外轮廓表面。由于该零件的 ϕ35mm 及 ϕ12mm 两个定位孔、X 面已在前面工序加工完毕，在这里只分析加工槽的进给路线。进给路线包括平面内进给和深度进给。平面内的进给，对外轮廓是从切线方向切入，对内轮廓是从过渡圆弧切入。在数控铣床上加工时，对铣削平面槽形凸轮，深度进给有两种方法：一种是在 XZ（或 YZ）平面内来回铣削逐渐进刀到既定深度；另一种是先打一个工艺孔，然后从工艺孔进刀至既定深度。

进刀点选在 P（150，0）点，刀具往返铣削，逐渐加大背吃刀具，当达到要求深度后，刀具在 XY 平面内运动，铣削凸轮轮廓。为了保证凸轮的轮廓表面有较高的表面质量，采用顺铣方式，即从 P 点开始，对外轮廓按顺时针方向铣削，对内轮廓按逆时针方向铣削。

五、刀具的选择

根据零件的结构特点，铣削凸轮槽内、外轮廓（即凸轮槽两侧面）时，铣刀直径受槽宽限制，同时考虑铸铁属于一般材料，加工性能较好，选用 $\phi18$mm 硬质合金立铣刀，见表 6-1。

表 6-1　　　　　　　　　　　　数控加工刀具卡片

产品名称或代号		×××		零件名称	槽形凸轮	零件图号	×××
序号	刀具号	刀具规格名称		数量	加工表面		备注
1	T01	$\phi18$mm 硬质合金立铣刀		1	粗铣凸轮槽内外轮廓		
2	T02	$\phi18$mm 硬质合金立铣刀		2	精铣凸轮槽内外轮廓		
编制	×××	审核	×××	批准	×××	共 页	第 页

六、切削用量的选择

凸轮槽内、外轮廓精加工时留 0.2mm 铣削量，确定主轴转速与进给速度时，先查阅切削用量手册，确定切削速度与每齿进给量，然后利用公式 $v_c = \pi d n / 1000$ 计算主轴转速 n，利用 $v_f = n Z f_z$ 计算进给速度。

七、填写数控加工工序卡片

数控加工工序卡片见表 6-2。

表 6-2　　　　　　　　　　　槽形凸轮的数控加工工艺卡片

单位名称		×××	产品名称或代号	零件名称	零件图号
			×××	槽形凸轮	×××
工序号		程序编号	夹具名称	使用设备	车间
×××		×××	螺旋压板	XK5025	加工中心

工步号	工步内容	刀具号	刀具规格（mm）	主轴转速（r/min）	进给速度（mm/min）	背吃刀量（mm）	备注
1	来回铣削，逐渐加深铣削深度	T01	$\phi18$	800	60		分两层铣削
2	粗铣凸轮槽内轮廓	T01	$\phi18$	700	60		
3	粗铣凸轮槽外轮廓	T01	$\phi18$	700	60		
4	精铣凸轮槽内轮廓	T02	$\phi18$	1000	100		
5	精铣凸轮槽外轮廓	T02	$\phi18$	1000	100		
编制	×××	审核	×××	批准	×××	×年×月×日	共 页　第 页

任务二　分析箱盖类零件的数控铣削工艺

泵盖零件如图 6-3 所示，材料为 HT200，毛坯尺寸（长×宽×高）为 170mm×110mm×30mm，小批量生产，试分析其数控铣床加工工艺过程。

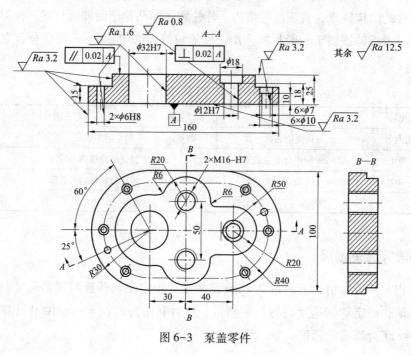

图 6-3　泵盖零件

1. 零件图样工艺分析

该零件主要由平面、外轮廓以及孔系组成。其中 ϕ32H7 和 2×ϕ6H8 三个内孔的表面粗糙度要求较高，为 Ra1.6μm；而 ϕ12H7 内孔的表面粗糙度要求更高，为 Ra0.8μm；ϕ32H7 内孔表面对 A 面有垂直度要求，上表面对 A 面有平行度要求。该零件材料为铸铁，切削加工性能较好。根据上述分析，ϕ32H7 孔、2×ϕ6H8 孔与 ϕ12H7 孔的粗、精加工应分开进行，以保证表面粗糙度要求。同时以底面 A 定位，提高装夹刚度以满足 ϕ32H7 内孔表面的垂直度要求。

2. 选择加工方法

（1）上、下表面及台阶面的表面粗糙度要求为 Ra3.2μm，可选择"粗铣→精铣"方案。

（2）孔加工方法的选择。孔加工前，为便于钻头找正，先用中心钻加工中心孔，然后再钻孔。内孔表面的加工方案在很大程度上取决于内孔表面本身的尺寸精度和表面粗糙度。对于精度较高、表面粗糙度 Ra 值较小的表面，一般不能一次加工到规定的尺寸，而要划分加工阶段逐步进行。该零件孔系加工方案的选择如下。

1）孔 ϕ32H7，表面粗糙度为 Ra1.6μm，选择"钻→粗镗→半精镗→精镗"方案。

2）孔 ϕ12H7，表面粗糙度为 Ra0.8μm，选择"钻→粗铰→精铰"方案。

3）孔 ϕ6×ϕ7，表面粗糙度为 Ra3.2μm，无尺寸公差要求，选择"钻→铰"方案。

4）孔 ϕ2×ϕ6H8，表面粗糙度为 Ra1.6μm，选择"钻→铰"方案。

5）孔 ϕ8 和 6×ϕ10，表面粗糙度为 Ra12.5μm，无尺寸公差要求，选择"钻孔→锪孔"方案。

6）螺纹孔 2×M16-H7，采用先钻底孔，后攻螺纹的加工方法。

3. 确定装夹方案

该零件毛坯的外形比较规则，因此在加工上下表面、台阶面及孔系时，选用机用平口虎钳夹紧；在铣削外轮廓时，采用"一面两孔"定位方式，即以底面 A、ϕ32H7 孔和 ϕ12H7 孔定位。

4. 确定加工顺序及进给路线

按照基面先行、先面后孔、先粗后精的原则确定加工顺序。外轮廓加工采用顺铣方式，刀具沿切线方向切入与切出。

5. 刀具的选择

1）零件上、下表面采用端铣刀加工，根据侧吃刀量选择端铣刀直径，使铣刀工作时有合理的切入/切出角；且铣刀直径应尽量包容工件整个加工宽度，以提高加工精度和效率，并减小相邻两次进给之间的接刀痕迹。

2）台阶面及其轮廓采用立铣刀加工，铣刀半径 R 受轮廓最小曲率半径限制，取 R=6mm。

3）孔加工各工步的刀具直径根据加工余量和孔径确定。

该零件加工所选刀具详见表 6-3 泵盖零件数控加工刀具卡片。

表 6-3　　　　　　　　　泵盖零件数控加工刀具卡片

产品名称或代号		×××		零件名称	泵盖	零件图号	×××
序号	刀具编号	刀具规格名称		数量	加工表面		备注
1	T01	ϕ125mm 硬质合金端面铣刀		1	铣削上、下表面		
2	T02	ϕ12mm 硬质合金立铣刀		1	铣削台阶面及其轮廓		
3	T03	ϕ3mm 中心钻		1	钻中心孔		
4	T04	ϕ27mm 钻头		1	钻 ϕ32H7 底孔		
5	T05	内孔镗刀		1	粗镗、半精镗和精镗 ϕ32H7 孔		
6	T06	ϕ11.8mm 钻头		1	钻 ϕ12H7 底孔		
7	T07	ϕ18mm×11 锪钻		1	锪 ϕ18 孔		
8	T08	ϕ12mm 铰刀		1	铰 ϕ12H7 孔		
9	T9	ϕ14mm 钻头		1	钻 2×M16 螺纹底孔		
10	T10	90°倒角铣刀		1	2×M16 螺孔倒角		
11	T11	M16 机用丝锥		1	攻 2×M16 螺纹孔		
12	T12	ϕ6.8mm 钻头		1	钻 6×ϕ7 底孔		

续表

序号	刀具编号	刀具规格名称	数量	加工表面	备注
13	T13	ϕ10mm×5.5 锪钻	1	锪 6×ϕ10 孔	
14	T14	ϕ7mm 铰刀	1	铰 6×ϕ7 孔	
15	T15	ϕ5.8mm 钻头	1	钻 2×ϕ6H8 底孔	
16	T16	ϕ6mm 铰刀	1	铰 2×ϕ6H8 孔	
17	T17	ϕ35mm 硬质合金立铣刀	1	铣削外轮廓	
编制	×××	审核 ×××	批准 ×××	年 月 日 共 页	第 页

6. 切削用量的选择

该零件材料切削性能较好，铣削平面、台阶面及轮廓时，留 0.5mm 精加工余量；孔加工精镗余量留 0.2mm，精铰余量留 0.1mm。

选择主轴转速与进给速度时，先查切削用量手册，确定切削速度与每齿进给量，然后计算主轴转速与进给速度（计算过程从略）。

7. 拟定数控铣削加工工序卡片

为更好地指导编程和加工操作，把该零件的加工顺序、所用刀具和切削用量等参数编入如表 6-4 所示的泵盖零件数控加工工序卡片中。

表 6-4　　　　　　　　　　　泵盖零件数控加工工序卡片

单位名称		×××	产品名称或代号		零件名称	零件图号
			×××		泵盖	×××
工序号		程序编号	夹具名称		使用设备	车间
×××		×××	机用平口虎钳和一面两销自制夹具		XK5025	加工中心

工步号	工步内容	刀具号	刀具规格（mm）	主轴转速（r/min）	进给速度（mm/min）	背吃刀量（mm）	备注
1	粗铣定位基准面 A	T01	ϕ125		40	2	自动
2	精铣定位基准面 A	T01	ϕ125	180	25	0.5	自动
3	粗铣上表面	T01	ϕ125	180	40	2	自动
4	精铣上表面	T01	ϕ125	180	25	0.5	自动
5	粗铣台阶面及其轮廓	T02	ϕ12	180	40	4	自动
6	精铣台阶面及其轮廓	T02	ϕ12	900	25	0.5	自动
7	钻所有孔的中心孔	T03	ϕ3	900			自动
8	钻 ϕ32H7 底孔至 ϕ27mm	T04	ϕ27	1000	40		自动
9	粗镗 ϕ32H7 孔至 ϕ30mm	T05		200	80	1.5	自动
10	半精镗 ϕ32H7 孔至 ϕ31.6mm	T05		500	70	0.8	自动
11	精镗 ϕ32H7 孔	T05		700	60	0.2	自动
12	钻 ϕ12H7 底孔至 ϕ11.8mm	T06	ϕ11.8	800	60		自动
13	锪 ϕ18 孔	T07	ϕ18×11	600	30		自动

工步号	工步内容	刀具号	刀具规格（mm）	主轴转速（r/min）	进给速度（mm/min）	背吃刀量（mm）	备注
14	粗铰 ϕ12H7	T08	ϕ12	150	40	0.1	自动
15	精铰 ϕ12H7	T08	ϕ12	100	40		自动
16	钻 2×M16 底孔至 ϕ14mm	T09	ϕ14	100	60		自动
17	2×M16 底孔倒角	T10	90°倒角铣刀	450	40		自动
18	攻 2×M16 螺纹孔	T11	M16	300	200		自动
19	钻 6×ϕ7 底孔至 ϕ6.8mm	T12	ϕ6.8	100	70		自动
20	锪 6×ϕ10 孔	T13	ϕ10×5.5	700	30		自动
21	铰 6×ϕ7 孔	T14	ϕ7	150	25	0.1	自动
22	钻 2×ϕ6H8 底孔至 ϕ5.8mm	T15	ϕ5.8	100	80		自动
23	铰 2×ϕ6H8 孔	T16	ϕ6	100	25	0.1	自动
24	一面两孔定位粗铣外轮廓	T17	ϕ35	600	40	2	自动
25	精铣外轮廓	T17	ϕ35	600	25	0.5	自动
编制	×××	审核	×××	批准	×××	年 日 共 页	第 页

任务三　分析支架零件的数控铣削工艺

如图 6-4 所示为薄板状的支架，其结构形状较复杂，是适合数控铣削加工的一种典型零件。试分析其数控铣削加工工艺。

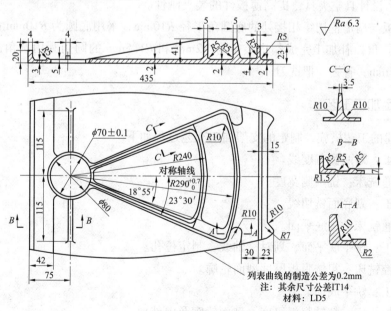

图 6-4　支架零件简图

一、零件图样工艺分析

由图 6-4 可知，该零件的加工轮廓由曲线、圆弧及直线构成，形状复杂，加工、检验都较困难，除底平面宜在普通铣床上铣削外，其余各加工部位均需采用数控机床铣削加工。

该零件的尺寸公差为 IT14，表面粗糙度均为 $Ra6.3\mu m$，一般不难保证。但其腹板厚度只有 2mm，且面积较大，加工时极易产生振动，可能会导致其壁厚公差及表面粗糙度要求难以达到。

支架的毛坯与零件相似，各处均有单边加工余量 5mm（毛坯图略）。零件在加工后各处厚薄尺寸相差悬殊，除扇形框外，其他各处刚性较差，尤其是腹板两面切削余量相对值较大，故该零件在铣削过程中及铣削后都将产生较大变形。

该零件被加工轮廓表面的最大高度 $H=41mm-2mm=39mm$，转接圆弧为 $R10mm$，R 略小于 $0.2H$，故该处的铣削工艺性尚可。全部圆角为 $R10mm$、$R5mm$、$R2mm$ 及 $R1.5mm$，不统一，故需多把不同刀尖圆角半径的铣刀。

零件尺寸的标注基准（对称轴线、底平面、70mm 孔中心线）较统一，且无封闭尺寸；构成该零件轮廓形状的各几何元素条件充分，无相互矛盾之处，有利于编程。

分析其定位基准，只有底面及 $\phi70mm$ 孔（可先制成 $\phi20H7$ 的工艺孔）可作定位基准，尚缺一孔，需要在毛坯上制作一辅助工艺基准。

根据上述分析，针对提出的主要问题，采取如下工艺措施。

（1）安排粗、精加工及钳工矫形。

（2）先铣加强筋，后铣腹板，有利于提高刚性，防止振动。

（3）采用小直径铣刀加工，减小切削力。

（4）在毛坯右侧对称轴线处增加一工艺凸耳，并在该凸耳上加工一工艺孔，解决缺少的定位基准；设计真空夹具，提高薄板件的装夹刚性。

（5）腹板与扇形框周缘相接处的底圆角半径 $R10mm$，采用底圆为 $R10mm$ 的球头成形铣刀（带 7°斜角）补加工完成；将半径为 $R2mm$ 和 $R1.5mm$ 的圆角利用圆角制造公差统一为 $R1.5^{+0.5}_{0}mm$，省去一把铣刀。

二、制定加工工艺

根据前述的工艺措施，制定的支架加工工艺过程如下。

（1）钳工：划两侧宽度线。

（2）普通铣床：铣两侧宽度。

（3）钳工：划底面铣切线。

（4）普通铣床：铣底平面。

（5）钳工：矫平底平面、划对称轴线、制定位孔。

（6）数控铣床：粗铣腹板厚度型面轮廓。

（7）钳工：矫平底面。

（8）数控铣床：精铣腹板厚度、型面轮廓及内外形。

（9）普通铣床：铣去工艺凸耳。

（10）钳工：矫平底面、表面光整、尖边倒角。

（11）表面处理。

三、确定装夹方案

在数控铣削加工工序中，选择底面、$\phi70$mm 孔位置上预制的 $\phi20$H7 工艺孔以及工艺凸耳上的工艺孔为定位基准，即采用"一面两孔"定位。相应的夹具定位元件为"一面两销"。

如图 6-5 所示为数控铣削工序中使用的专用过渡真空平台。利用真空吸紧工件，夹紧面积大，刚性好，铣削时不易产生振动，尤其适用于薄板件装夹。为防抽真空装置发生故障或漏气，使夹紧力消失或下降，可另加辅助夹紧装置，避免工件松动。图 6-6 即为数控铣削加工装夹示意图。

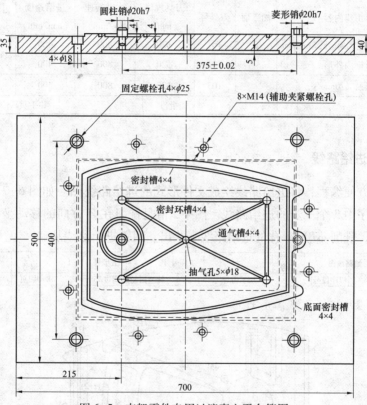

图 6-5　支架零件专用过渡真空平台简图

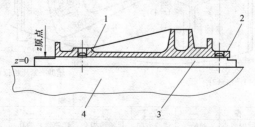

图 6-6　支架零件数控铣削加工装夹示意图

1—支架；2—工艺凸耳及定位孔；3—真空夹具平台；4—机床真空平台

四、划分数控铣削加工工步和安排加工顺序

支架在数控机床上进行铣削加工的工序共两道，按同一把铣刀的加工内容来划分工步，其中数控精铣工序可划分为三个工步，具体的工步内容及工步顺序见表6-5数控加工工序卡片（粗铣工序这里从略）。

表6-5   数控加工工序卡片

（工厂）	数控加工工序卡片		产品名称或代号		零件名称	材料		零件图号
					支架	LD5		
工序号	程序编号	夹具名称	夹具编号		使用设备		车间	
		真空夹具						
工步号	工步内容		加工面	刀具号	刀具规格（mm）	主轴转速（r/min）	进给速度（mm/min）	背吃刀量（mm）	备注
1	铣型面轮廓周边圆角$R5$mm			T01	$\phi20$	800	400		
2	铣扇形框内外形			T02	$\phi20$	800	400		
3	铣外形及$\phi70$mm 孔			T03	$\phi20$	800	400		
编制			审核		批准		共1页	第1页

五、确定进给路线

为直观和方便编程，将进给路线绘成文件形式的进给路线图。如图6-7～图6-9所示是数控精铣工序中3个工步的进给路线。图中 z 值是铣刀在 Z 方向的移动坐标。在第3工步进给路线中，铣削$\phi70$mm 孔的进给路线未绘出。粗铣进给路线从略。

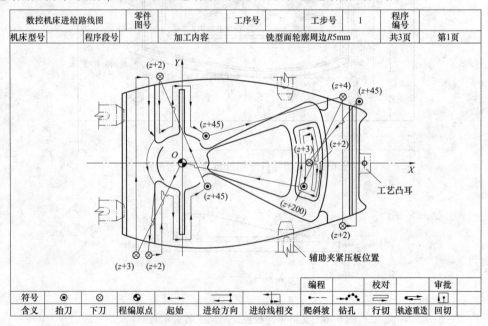

图 6-7 铣支架零件型面轮廓周边 R5mm 进给路线图

数控机床进给路线图		零件 图号		工序号		工步号	2	程序 编号	
机床型号		程序段号		加工内容		铣扇形框内外形		共3页	第2页

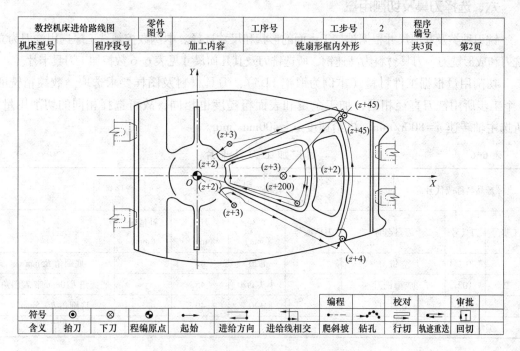

符号	⊙	⊗	⊕	→|				编程		校对		审批	
含义	抬刀	下刀	程编原点	起始	进给方向	进给线相交	爬斜坡	钻孔	行切	轨迹重选	回切		

图 6-8　铣支架零件扇形框内外形进给路线图

数控机床进给路线图		零件 图号		工序号		工步号	3	程序 编号	
机床型号		程序段号		加工内容		铣削外形及内孔ϕ70mm		共3页	第3页

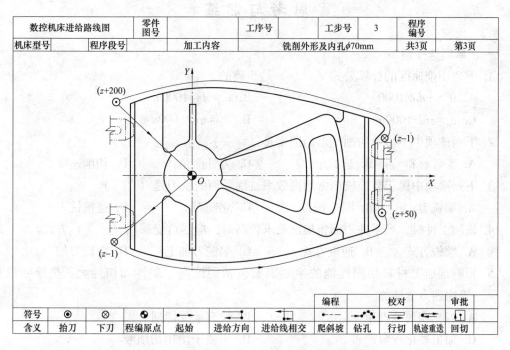

符号	⊙	⊗	⊕	→|				编程		校对		审批	
含义	抬刀	下刀	程编原点	起始	进给方向	进给线相交	爬斜坡	钻孔	行切	轨迹重选	回切		

图 6-9　铣支架零件外形进给路线图

六、选择刀具及切削用量

铣刀种类及几何尺寸根据被加工表面的形状和尺寸选择。本例数控精铣工序选用铣刀为立铣刀和成形铣刀，刀具材料为高速钢，所选铣刀及其几何尺寸见表6-6数控加工刀具卡片。

切削用量根据工件材料（本例为锻铝 LD5）、刀具材料及图样要求选取。数控精铣的3个工步所用铣刀直径相同，加工余量和表面粗糙度也相同，故可选择相同的切削用量。所选主轴转速 $n=800\mathrm{r/min}$，进给速度 $v_\mathrm{f}=400\mathrm{mm/min}$。

表6-6　　　　　　　　　　数控加工刀具卡片

产品名称或代号		零件名称	支架	零件图号		程序号	
工步号	刀具号	刀具名称	刀柄型号	直径（mm）	刀长（mm）	补偿量（mm）	备注
1	T01	立铣刀		$\phi20$	45		底圆角 R5mm
2	T02	成型铣刀		小头 $\phi20$	45		底圆角 R10mm 带7°斜角
3	T03	立铣刀		$\phi20$	40		底圆角 R0.5mm
编制		审核		批准		共1页	第1页

思 考 与 训 练

一、单项选择题

1. 下列切削速度的计算公式（　　）是正确的。
　A. $v_c=\pi dn/1000$　　　　　　　　B. $v_c=dn/1000\pi$
　C. $v_c=\pi d/1000n$　　　　　　　　D. $v_c=\pi n/1000d$

2. 下列选项中不影响切削变形的因素是（　　）。
　A. 工件材料　B. 进给量　　C. 刀具前角　　D. 切削速度

3. 下列选项中属于数控铣削常用高效率铣削平面的铣刀是（　　）。
　A. 端铣刀　B. 圆弧铣刀　C. 立铣刀　　D. 键槽铣刀

4. 铣削工件时，当零件表面粗糙度要求较高时，应尽可能采用（　　）方式。
　A. 顺铣方式　B. 逆铣方式　C. 端铣刀加工　D. 立铣刀加

5. 影响难加工材料切削性能的主要因素包括硬度高、塑性和韧性大、热导率低和（　　）等物理力学性能。
　A. 刀具积屑瘤严重　　　　B. 铣刀承受切削力大
　C. 加工硬化现象严重　　　D. 不便于使用切削液

6. 数控铣床铣削模具的加工路线是指（　　）。
　A. 工艺过程　　　　　　　B. 刀具相对模具型面的运动轨迹和方向
　C. 加工程序　　　　　　　D. 不同部位的加工先后顺序

7. 减少毛坯误差的办法是（　　）。

    A. 粗化毛坯并增大毛坯的形状误差　　B. 增大毛坯的形状误差

    C. 精化毛坯　　　　　　　　　　　　D. 增加毛坯的余量

8. 对于箱体类零件，其加工顺序一般为（　　）。

    A. 先孔后面，基准面先行　　　　　　B. 先孔后面，基准面后行

    C. 先面后孔，基准面先行　　　　　　D. 先面后孔，基准面后行

9. 下列关于周铣和端铣的说法，正确的是（　　）。

    A. 周铣专门加工曲面，端铣专门加工平面

    B. 在切削加工参数一样时，两者加工质量没有任何区别

    C. 如在立铣床上用同一把铣刀加工一个底面封闭的凹槽内轮廓表面和水平底面时，周铣时刀轴刚性较差，端铣时刀轴刚性较好

    D. 周铣和端铣时的刀具磨损速度不一样

10. 在数控铣床上加工箱体类零件时，工序安排的原则之一是（　　）。

    A. 当既有面又有孔时，应先铣面，再加工孔

    B. 在孔系加工时应先加工小孔，再加工大孔

    C. 在孔系加工时，一般应对一孔粗、精加工完成后，再对其他孔按顺序进行粗、精加工

    D. 对跨距较小的同轴孔，应尽可能采用调头加工的方法

二、判断题（正确的打"√"，错误的打"×"）

1. "先粗后精"、"先近后远"只是一般的工艺原则，有时由于零件的结构特征和技术要求的需要，不得不破坏这些原则。（　　）

2. 工序集中可以减少安装工件的辅助时间。（　　）

3. 由一套标准元件及部件，按照工件的加工要求拼装组合而成的夹具，称为组合夹具。（　　）

4. 高速钢与硬质合金相比，具有较高的硬度、较好的热硬性和耐磨性等优点。（　　）

5. 加工难加工材料的工件时，宜选择较低的铣削速度。（　　）

6. 用面铣刀在立式数控铣床上铣削工件时，若发现铣削面凹陷，则可能是进给量太大。（　　）

7. 用数控铣床加工的零件必须先进行预加工，在数控铣床加工完后有的还要进行终加工。（　　）

8. 工艺系统的刚度不影响切削力变形误差的大小。（　　）

9. 异形体刚性较差，一般要装夹两次以上。（　　）

10. 组合夹具由于是由各种元件组装而成的，因此可以多次重复使用。（　　）

三、综合题

在数控铣床上加工如图 6-10 所示的零件，编制其加工工艺，材料为 HT200。

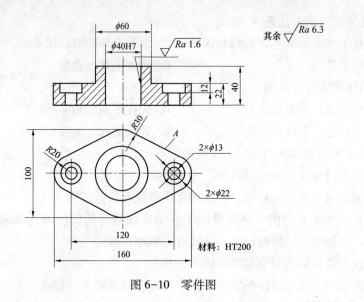

图 6-10 零件图

项 目 七

数控铣削技能综合训练

📖 学习目标

1. 培养数控铣床综合零件编程和加工的能力。
2. 能应用数控铣床加工出合格的中级工和高级工水平零件。

数控铣床操作工是一项重要的职业技能鉴定工种,在本项目中我们将进行数控铣床技能综合训练,培养数控铣床综合零件编程和加工的能力,通过本项目的训练,希望学员能达到数控铣床高级操作工的水平。

任务一 数控铣床中级工技能综合训练一

零件如图 7-1 所示,毛坯尺寸为 $\phi80mm \times 35mm$,材料为 45 钢,试编写其数控铣加工程序并进行加工。

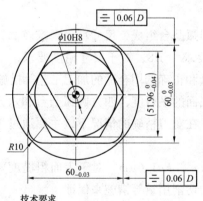

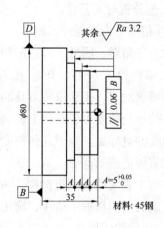

技术要求
1. 工件表面去毛倒棱。
2. 加工表面粗糙度:侧平面及孔为 $Ra\,1.6\mu m$,底平面为 $Ra\,1.6\mu m$。

图 7-1 数控铣床中级工技能综合训练一零件图

零件的评分表见表 7-1。为使叙述简练,后面的中、高级工技能综合训练中将评分表省略。

表 7-1   中级工技能综合训练一评分表

工件编号				总得分			
项目与分配		序号	技术要求	分配	评分标准	检测记录	得分
工件加工评分（80%）	外形轮廓与孔	1	$60^{0}_{-0.03}$ mm	2×3	超差全扣		
		2	$51.96^{0}_{-0.04}$ mm	3×2	超差全扣		
		3	$5^{+0.05}_{0}$ mm	4×5	超差全扣		
		4	对称度 0.06mm	2×4	每错一处扣 8 分		
		5	平行度 0.06mm	10	每错一处扣 2 分		
		6	侧面 $Ra1.6\mu m$	8	每错一处扣 1 分		
		7	底面 $Ra3.2\mu m$	4	每错一处扣 1 分		
		8	$R10$ mm	8	每错一处扣 2 分		
		9	孔径 $\phi10H8$	10	超差全扣		
	其他	10	工件按时完成	5	未按时完成全扣		
		11	工件无缺陷	5	缺陷一处扣 2 分		
程序与工艺（10%）		12	程序正确合理	5	每错一处扣 2 分		
		13	加工工序卡	5	不合理每处扣 2 分		
机床操作（10%）		14	机床操作规范	5	出错一次扣 2 分		
		15	工件装夹、刀具安装	5	出错一次扣 2 分		
安全文明生产（倒扣分）		16	安全操作	倒扣	安全事故停止操作或		
		17	机床整理	倒扣	酌扣 5~30 分		

（1）工艺分析与工艺设计。

1）零件精度分析和保证措施。

该零件由三角形、圆形、六边形和四方圆弧凸台组成，尺寸精度要求较高，公差范围为（-0.03，0）和（-0.04，0），孔的精度要求为 H8，对于尺寸精度要求，主要通过在加工过程中精确对刀，正确选用刀具的磨损量和正确选用合适的加工工艺等措施来保证。

该零件的形位精度有各凸台上表面相对底面的平行度，四方圆弧凸台和六方凸台相对零件中心轴线的对称度。对于几何精度要求，在对刀精确的情况下，主要通过工件在夹具中的正确安装等措施来保证。

该零件加工表面的表面粗糙度为 $Ra3.2\mu m$ 和 $Ra1.6\mu m$。对于表面粗糙度要求，主要通过选用正确的粗、精加工路线，选用合适的切削用量等措施来保证。

2）加工工艺路线设计。

a）铣四方圆弧凸台，每次切深 5mm。

b）铣六方凸台，每次切深 5mm。

c）铣圆形凸台，每次切深 5mm。

d）铣三角形凸台，每次切深 5mm。

e）钻 $\phi10$ mm 孔至 $\phi9.8$ mm。

f）铰孔 ϕ10H8 至尺寸要求。

（2）坐标计算。利用三角函数求基点的方法计算出本例的基点坐标，如图 7-2 所示。

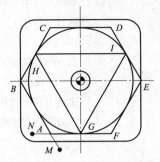

A (−15.0, −25.98); B (−30.0, 0);
C (−15.0, 25.98); D (15.0, 25.98);
E (30.0, 0); F (15.0, −25.98);
G (0, −25.98); H (−22.5, 12.99);
I (22.5, 12.99); M (−5.0, −43.30);
N (−25.0, −25.98)

图 7-2　坐标计算

（3）程序编制。选择工件上表面对称中心为编程原点，使用 FANUC 0i 系统编程，程序如下：

```
O0100;                              //程序号
N10  G90  G49  G21  G54  F100;      //程序初始化
N20  G91  G28  Z0;
N30  M03  S600;                     //主轴正转,转速为600r/min
N40  G90  G00  X-50.0  Y-50.0;      //快速定位至起刀点
N50  Z30.0  M08;
N60  G01  Z0.0  F100;
N70  M98  P101  L4;
N80  G01  Z0.0;
N90  M98  P102  L3;
N100  G01  Z0.0;
N110  M98  P103  L2;
N120  G01  Z0.0;
N130  M98  P104;
N140  G91  G28  Z0;
N150  M30;


O0101;                              //四方圆弧子程序
N10  G91  G01  Z-5.0;               //每次切深5mm
N20  G90  G41  G01  X-30.0  D01;    //延长线上建立刀具半径补偿
N30  Y20.0;                         //四方圆弧凸台轮廓铣削
N40  G02  X-20.0  Y30.0  R10.0;
N50  G01  X20.0;
N60  G02  X30.0  Y20.0  R10.0;
N70  G01  Y-20.0;
N80  G02  X20.0  Y-30.0  R10.0;
```

```
N90   G01  X-20.0;
N100  G02  X-30.0  Y-20.0  R10.0;
N110  G40  G01  X-50.0  Y-50.0;          //取消刀具半径补偿
N120  M99;                               //返回主程序


O0102;                                   //六方凸台轮廓子程序
N10   G91  G01  Z-5.0;                   //每次切深 6mm
N20   G90  G41  X-5.0  Y-43.30  D01;     //建立刀具半径补偿
N30   X-30.0  Y0;                        //六边形凸台轮廓加工
N40   X-15.0  Y25.98;
N50   X15.0;
N60   X30.0  Y0;
N70   X15.0  Y-25.98;
N80   X-25.0;
N90   G40  G01  X-50.0  Y-50.0;          //取消刀具半径补偿
N100  M99;                               //返回主程序


O0103;                                   //圆弧凸台轮廓子程序
N10   G91  G01  Z-5.0;                   //每次切深 5mm
N20   G90  G41  G01  X15.0  Y-25.98  D01; //建立刀具半径补偿
N30   X0;                                //圆弧凸台轮廓加工
N40   G02  X0  Y-25.98  I0  J25.98;
N50   G01  X-15.0;
N60   G40  G01  X-50.0  Y-50.0;          //取消刀具半径补偿
N70   M99;                               //返回主程序


O0104;                                   //三角形轮廓子程序
N10   G91  G01  Z-5.0;                   //每次切深 5mm
N20   G90  G41  G01  X10.0  Y-43.30  D01; //切线切入
N30   X-22.50  Y12.99;                   //三角形凸台轮廓加工
N40   X22.5;
N50   X-10.0  Y-43.3;                    //切线切出
N60   G40  G01  X-50.0  Y-50.0;          //取消刀具半径补偿
N70   M99;                               //返回主程序
```

（4）上机床调试程序并加工零件。

（5）修正尺寸并检测零件。

任务二 数控铣床中级工技能综合训练二

零件如图 7-3 所示，毛坯为方料，工件 6 个表面已经加工，其尺寸和表面粗糙度等要求均已符合图样要求，材料为 45 钢。在数控铣床上编程并加工内、外轮廓。

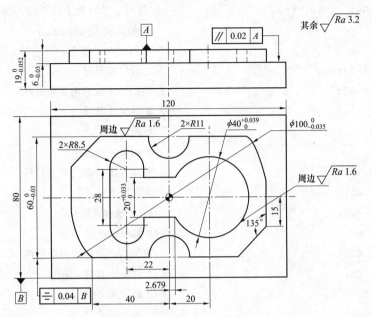

图 7-3　数控铣床中级工技能综合训练二零件图

（1）工艺分析。

选用机用虎钳装夹工件，找正机用虎钳固定钳口的平行度以及工件上表面的平行度后夹紧工件。利用偏心式寻边器找正工件的 X、Y 轴零点（位于工件上表面的中心位置），设定 Z 轴零点与机床坐标系原点重合（见图 7-3），刀具长度补偿利用 Z 轴设定器设定。图 7-3 上表面为执行刀具长度补偿后的零点表面。

根据图样的几何尺寸及表面粗糙度要求，选择 $\phi16$mm 的粗齿、细齿高速钢直柄立铣刀，对内、外轮廓表面分别进行粗精加工，加工时的切削参数见表 7-2。

表 7-2　　　　　　　　　　　　平面内、外轮廓铣削的切削参数

内、外轮廓铣削	选用刀具	主轴转速（r/min）	进给率（mm/min）	刀具长度补偿	刀具半径补偿
粗加工	$\phi16$mm 粗齿三刃立铣刀	500	120	H1/T1D1	$D1=8.3$mm
精加工	$\phi16$mm 细齿四刃立铣刀	600	60	H2/T2D1	$D2=7.99$mm

（2）程序编制。用 FANUC 系统编程，程序如下：

```
O4511;                          //程序名

N1 G54 G90 G17 G21 G94 G49 G40;
//建立工件坐标系,绝对编程,XY平面公制编程,分进给,取消刀具长度、半径补偿

N2 M03 S500 T1;                 //主轴正转,转速500r/min,主轴上装1号刀

N3 G00 Z150 H1;                 //Z轴快速定位,调用1号刀具长度补偿

N4 X-20 Y-55 M07;               //X、Y轴快速定位,切削液开
```

N5　Z-6;　　　　　　　　　　　　　　　　　//Z 轴进刀至铣削深度

N6　G01　G41　X-40　Y-30　F120　D1;　　　//引入 1 号刀具半径补偿,铣削至外轮廓始点,
　　　　　　　　　　　　　　　　　　　　　　进给速度 120mm/min

N7　M98　P1;　　　　　　　　　　　　　　　//调用 1 次子程序,子程序名 O1 (外轮廓)

N8　G00　X-53;　　　　　　　　　　　　　　//X 轴快速定位

N9　G01　Y-30;　　　　　　　　　　　　　　//铣削左下位置的多余材料

N10　G00　Z5;　　　　　　　　　　　　　　　//Z 轴快速退刀

N11　Y55;　　　　　　　　　　　　　　　　　//Y 轴快速定位

N12　Z-6;　　　　　　　　　　　　　　　　　//Z 轴快速进刀

N13　G01　Y30;　　　　　　　　　　　　　　//铣削左上位置的多余材料

N14　G00　Z5;　　　　　　　　　　　　　　　//Z 轴快速退刀

N15　X53　Y55;　　　　　　　　　　　　　　//X、Y 轴快速定位

N16　Z-6;　　　　　　　　　　　　　　　　　//Z 轴快速进刀

N17　G01　Y30;　　　　　　　　　　　　　　//铣削右上位置的多余材料

N18　G00　Z5;　　　　　　　　　　　　　　　//Z 轴快速退刀

N19　Y-55;　　　　　　　　　　　　　　　　//Y 轴快速定位

N20　Z-6;　　　　　　　　　　　　　　　　　//Z 轴快速进刀

N21　G01　Y-30;　　　　　　　　　　　　　　//铣削右下位置的多余材料

N22　G00　Z5;　　　　　　　　　　　　　　　//Z 轴快速定位

N23　X0　Y0;　　　　　　　　　　　　　　　　//X、Y 轴快速定位

N24　G01　Z0;　　　　　　　　　　　　　　　//Z 轴进给至工件表面

N25　X20　Z-6　F80;　　　　　　　　　　　　//斜向进刀至内轮廓深度,进给率 80mm/min

N26　G41　X2.679　Y10　D1　F120;　　　　　//引入 1 号刀具半径补偿,铣削至内轮廓始点,
　　　　　　　　　　　　　　　　　　　　　　进给率 120mm/min

N27　M98　P2;　　　　　　　　　　　　　　　//调用 1 次子程序,子程序名 O2 (内轮廓)

N28　G00　Z150　M09;　　　　　　　　　　　//Z 轴快速定位,切削液关

N29　M05;　　　　　　　　　　　　　　　　　//主轴停转

N30　M00;　　　　　　　　　　　　　　　　　//程序暂停,手动换 φ16mm 细齿立铣刀(2 号刀)

N31　M03　S600;　　　　　　　　　　　　　　//主轴正转,转速 600r/min

N32　G00　G43　Z150　H2;　　　　　　　　　//Z 轴快速定位,调用 2 号刀具长度补偿

N33　X-20　Y-55　M07;　　　　　　　　　　　//X、Y 轴快速定位,切削液开

N34　Z-6;　　　　　　　　　　　　　　　　　//Z 轴进刀至背吃刀量

N35　G01　G41　X-40　Y-30　F60　D2;　　　//引入 2 号刀具半径补偿,铣削至外轮廓始点,
　　　　　　　　　　　　　　　　　　　　　　进给率 60mm/min

N36　M98　P1;　　　　　　　　　　　　　　　//调用 1 次子程序,子程序名 O1 (外轮廓)

N37　G00　Z5;　　　　　　　　　　　　　　　//Z 轴快速定位

N38　X20　Y0;　　　　　　　　　　　　　　　//X、Y 轴快速定位

N39　G01　Z-6;　　　　　　　　　　　　　　//Z 轴进刀至背吃刀量

N40　G41　X2.679　Y10　D2;　　　　　　　　//引入 2 号刀具半径补偿,铣削至内轮廓始点,
　　　　　　　　　　　　　　　　　　　　　　进给率 60mm/min

```
N41  M98  P2;                    //调用1次子程序,子程序名为O0002.(内轮廓)
N42  G00  G49  Z-50;             //取消刀具长度补偿,Z轴快速定位
N43  M30;                        //程序结束,机床复位(切削液关,主轴停转)

O1;                              //子程序名(外轮廓)
N1   G02  X-50  Y0  R50;         //R50mm凸圆弧铣削
N2   G01  Y15;
N3   X-35  Y30;
N4   X-11;
N5   G03  X11  R-11;             //R11mm凹圆弧铣削
N6   G01  X40;
N7   G02  X50  Y0  R50;          //R50mm凸圆弧铣削
N8   G01  Y-15;                  //直线铣削
N9   X35  Y-30;                  //斜线铣削
N10  X11;                        //直线铣削
N11  G03  X-11  R-11;            //R11mm凹圆弧铣削
N12  G01  X-40;                  //直线铣削
N13  G40  X-20  Y-55;            //取消刀具半径补偿,离开轮廓起点
N14  M99;                        //子程序结束,返回主程序

O2;                              //子程序名(内轮廓)
N1   G01  X-13.5;
N2   Y14;
N3   G03  X-30.5  R-8.5;         //R8.5mm凹圆弧铣削
N4   G01  Y-14;
N5   G03  X-13.5  R-8.5;         //R8.5mm凹圆弧铣削
N6   G01  Y-10;
N7   X2.679;
N8   G03  Y10  R-20;             //φ40mm凹圆弧铣削
N9   G01  G40  X20  Y0;          //取消刀具半径补偿,离开内轮廓起点
N10  G0  Z5;                     //Z轴快速退刀
N11  M99;                        //子程序结束,返回主程序
```

（3）上机床调试程序并加工零件。

（4）修正尺寸并检测零件。

任务三　数控铣床高级工技能综合训练三

零件如图7-4所示,工件材料为45钢,毛坯尺寸为φ100mm×25mm,试编程并加工出符合图样要求的零件。

（1）加工准备。

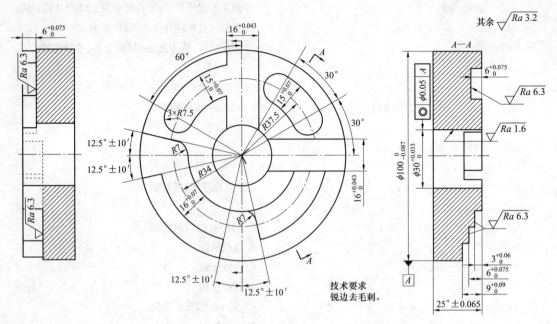

图 7-4 数控铣床高级工技能综合训练零件图

1）详阅零件图，并检查坯料的尺寸。

2）编制加工程序，输入程序并选择该程序。

3）用三爪自定心卡盘装夹工件，伸出 12mm 左右，用百分表找正。

4）使用百分表找正，确定工件零点为坯料上表面的圆心，设定零点偏置。

5）安装 A2.5 中心钻并对刀，设定刀具参数，选择自动加工方式。

（2）加工工艺。

1）加工 ϕ30mm 孔和工艺孔。

a）钻中心孔。

b）安装 ϕ12mm 钻头并对刀，设定刀具参数，钻通孔和工艺孔。

c）安装 ϕ28mm 钻头并对刀，设定刀具参数，钻通孔。

d）安装镗刀并对刀，设定刀具参数，粗镗孔，留 0.50mm 单边余量。

e）调整镗刀，半精镗、精镗孔至要求尺寸。

2）铣直槽和腰形槽。安装 ϕ2mm 粗立铣刀并对刀，设定刀具参数，选择程序，粗铣直槽和腰形槽，留 0.50mm 单边余量。

3）铣腰形槽。选择程序，粗铣腰形槽，留 0.50mm 单边余量。

4）铣直槽和圆弧槽。选择程序，粗铣直槽和圆弧槽，留 0.50mm 单边余量。

5）铣扇形台阶。选择程序，粗铣扇形台阶，留 0.50mm 单边余量。

6）精铣直槽、圆弧槽和腰形槽。

a）安装 ϕ2mm 精立铣刀并对刀，设定刀具参数，半精铣各槽，留 0.10mm 单边余量。

b）测量各槽尺寸，调整刀具参数，精铣各槽至要求尺寸。

（3）工、量、刃具清单。工、量、刃具清单见表7-3。

表7-3 工、量、刃具清单

工、量、刃具清单			图号	GJSHC1
序号	名　称	规　格	精度	单位	数量
1	Z轴设定器	50	0.01mm	个	1
2	带表游标卡尺	0~150mm	0.01mm	把	1
3	游标深度尺	0~200mm	0.02mm	把	1
4	外径百分表	18~35	0.01mm	个	1
5	杠杆百分表及表座	0~0.8	0.01mm	个	1
6	万能角度尺	0°~320°	2'	把	1
7	粗糙度样板	N0~N1	12级	副	1
8	半径样板	R7mm~R14.5mm、R34mm		套	各1
9	塞规	ϕ15H10、ϕ16H9		个	各1
10	立铣刀	ϕ12mm		个	2
11	中心钻	ϕ2.5mm		个	1
12	麻花钻	ϕ12mm、ϕ28mm		个	1
13	镗刀	ϕ25mm~ϕ38mm		个	1
14	三爪自定心卡盘	ϕ250mm		个	1
15	平行垫铁			副	若干

（4）注意事项。

1）使用杠杆百分表找正中心时，磁性表座应吸在主轴端面上。

2）粗、精铣应分开，且精铣时采用顺铣法，以提高尺寸精度和表面粗糙度。

3）铣腰形槽时，应先在工件上预钻工艺孔，避免立铣刀中心垂直切削工件。

4）铣削加工后，需用锉刀或油石去除毛刺。

5）ϕ30mm孔的正下方不能放置垫铁，并应控制钻头的进刀深度，以免损坏机用虎钳或刀具。

（5）编写程序。粗铣、半精铣和精铣时使用同一加工程序，只需调整刀具参数分3次调用相同的程序进行加工即可。精加工时换ϕ12mm精立铣刀。使用FANUC 0i-MC系统，编写程序如下。

1）加工ϕ30mm孔和工艺孔的主程序如下：

```
%
O0001;                          //主程序名
N5  G54 G90 G17 G21 G94 G49 G40;  //建立工件坐标系,选用φ2.5mm中心钻
N10  G00 Z100 S1200 M03;
N15  G82 X0 Y0 Z-4 R5 P2000 F60;
N20  X26.517 Y26.517;
```

```
N22  G80;
N25  G00  Z100  M05;
N30  Y-80;
N35  M00;                                    //程序暂停,手工换φ12mm 钻头
N40  G00  Z5  S300  M03;
N45  G83  X0  Y0  Z-29  R5  Q2  P1000  F30;
N47  G80;
N50  G82  X26.517  Y26.517  Z-5.9  R5  P2000  F30;
N52  G80;
N55  G00  Z100  M05;
N60  Y-80;
N65  M00;                                    //程序暂停,手工换φ28mm 钻头
N70  G00  Z30  S200  M03;
N75  G83  X0  Y0  Z-34  R5  Q2  P1000  F30;
N77  G80;
N80  G00  Z100  M05;
N85  Y-80;
N90  M00;                                    //程序暂停,手工换φ25mm～φ38mm 镗刀
N95  G00  Z30  S200  M03;
N100  G85  X0  Y0  Z-26  R5  F30;
N102  G80;
N105  G00  Z100  M05;
N110  Y-80;
N115  M30;                                   //程序结束
%
```

2）铣直槽、腰形槽和圆弧槽的主程序如下：

```
%
O0002;                                       //主程序名
N5   G54  G90  G17  G21  G94  G40;           //建立工件坐标系,选用φ12mm 立铣刀
N10  G00  Z50  S800  M03;
N15  G00  X0  Y0;
N20  Z1;
N25  G01  Z-6  F200;
N30  G01  G41  X8  Y12.689  D1  F60;         //N30～N70 铣直槽至 6mm 深度处
N35  G01  Y50;
N40  X-8;
N45  Y44.283;
N50  G03  X-38.971  Y22.50  R45;
N55  G03  X-25.981  Y15  R7.5;
N60  G02  X-8  Y28.913  R30;
```

N65 G01 Y12.689;

N70 X8 Y12.689;

N75 G00 Z5;

N80 G40 X26.517 Y26.517;

N85 G01 Z-6 F30;   //N85~N110 铣腰形槽至 6mm 深度处

N90 G01 G41 X25.981 Y15 D1 F60;

N95 G03 X38.971 Y22.5 R7.5;

N100 G03 X22.5 Y38.971 R45;

N105 G03 X15 Y25.981 R7.5;

N110 G02 X25.981 Y15 R30;

N115 G00 Z5;

N120 G00 X60 Y0;

N125 G01 Z-4.5 F100;   //N125~N300 铣圆弧槽至 9mm 深度处

N130 G01 G41 X50 Y8 D1;

N135 X11 Y8;

N140 Y-8;

N145 X43.356;

N150 G02 X9.542 Y-43.041 R42;

N155 G01 X6.980 Y-31.485;

N160 G03 X0 Y26 R7;

N165 G02 X-26 Y0.115 R26;

N170 G03 X-3.485 Y6.980 R7;

N175 G01 X-48.815 Y10.822;

N180 G03 X-48.815 Y-10.822 R50.0;

N185 G01 X-41.004 Y-9.090;

N190 G03 X-9.090 Y-41.004 R42;

N195 G01 X-10.822 Y-48.815;

N200 G03 X10.822 Y-48.815 R50;

N205 G01 X9.228 Y-42.555;

N210 G00 Z5;

N215 G40 X60 Y0;

N220 G01 Z-9 F100;

N225 G01 G41 X50 Y8 D1;

N230 X11 Y8;

N235 Y-8;

N240 X43.356;

N245 G02 X9.542 Y-43.041 R42;

N250 G01 X6.980 Y-31.485;

N255 G03 X0 Y26 R7;

N260 G02 X-26 Y0.115 R26;

N265 G03 X-31.485 Y6.980 R7;

N270 G01 X-48.815 Y10.822;

N275 G03 X-48.815 Y-10.822 R50.0;

N280 G01 X-41.004 Y-9.090;

N285 G03 X-9.090 Y-41.004 R42;

N290 G01 X-10.822 Y-48.815;

N295 G03 X10.822 Y-48.815 R50;

N300 G01 X9.228 Y-42.555;

N305 G00 Z5;

N310 G40 X60 Y0;

N315 G01 Z-3 F100;   //N315~N335 铣圆弧槽至 3mm 深度处

N320 G01 G41 X26 Y0 D1;

N325 G02 X0 Y-26 R26;

N330 G01 X0 Y-34;

N335 G03 X34 Y0 R34;

N340 G00 Z5;

N345 G40 G00 X60 Y0;

N350 G01 Z-6 F100;   //N350~N360 铣圆弧槽至 6mm 深度处

N355 G01 G41 X34 Y0 D1;

N360 G02 X0 Y-34 R34;

N365 G00 Z100;

N370 G40 Y80;

N375 M30;   //程序结束

%

（6）上机床调试程序并加工零件。

（7）修正尺寸并检测零件。

思 考 与 训 练

一、单项选择题

1. 加工配合件时，对于位置精度要求较高、直径大于 16mm 的孔，为确保其位置精度可考虑使用（   ）工艺。

    A. 钻孔　　　　　　B. 扩孔　　　　　　C. 铰孔　　　　　　D. 镗孔

2. 下列关于确定加工路线的原则中，正确的说法是（   ）。

    A. 加工路线最短

    B. 使数值计算简单

    C. 加工路线应保证被加工零件的精度及表面粗糙度

    D. A、B、C 同时兼顾

3. 铰削铸件孔时，应选用（   ）。

    A. 硫化切削夜   B. 活性矿物油作为切削液

    C. 煤油作为切削液   D. 乳化液作为切削液

4. 机床通电后应该首先检查（　　　）是否正常。

    A. 机床导轨   B. 各开关按钮和键   C. 工作台面   D. 护罩

5. 数控机床每天开机通电后首先检查（　　　）。

    A. 液压系统   B. 润滑系统   C. 冷却系统   D. 回参考点

6. 为了保证钻孔时钻头的定心作用，钻头在刃磨时应修磨（　　　）。

    A. 横刃   B. 前刀面   C. 后刀面   D. 棱边

7. 铰孔时对孔的（　　　）的纠正能力较差。

    A. 表面粗糙度   B. 尺寸精度   C. 形状精度   D. 位置精度

8. 在工件上既有平面需要加工，又有孔需要加工时，可以采用（　　　）。

    A. 粗铣平面→钻孔→精铣平面   B. 先加工平面，后加工孔

    C. 先加工孔，后加工面   D. 任何一种加工形式

9. 编排数控机床加工工序时，为了提高加工精度，采用（　　　）。

    A. 精密专用夹具   B. 一次装夹多工序集中

    C. 流水线作业法   D. 工序分散加工法

10. 在数控机床上，下列划分工序的方法中错误的是（　　　）。

    A. 按所用刀具划分工序   B. 以加工部位划分工序

    C. 按粗、精加工划分工序   D. 按不同的加工时间划分工序

二、判断题（正确的打"√"，错误的打"×"）

1. 刀具补偿程序段内必须有 G00 或 G01 功能才有效。   （　　　）

2. 刀具在加工中产生初期磨损，使其长度减小，影响加工件尺寸精度，这种尺寸误差可以通过刀具长度磨损值进行补偿。   （　　　）

3. 刀具位置偏置补偿可分为刀具形状补偿和刀具磨损补偿两种。   （　　　）

4. 在数控加工中，如果遗漏圆弧指令后的半径，则圆弧指令作直线指令执行。

                                                            （　　　）

5. 顺时针圆弧插补（G02）和逆时针圆弧插补指令（G03）的判别方向是：沿着不在圆弧平面内的坐标轴负方向向正方向看去，顺时针方向为 G02，逆时针方向为 G03。

                                                            （　　　）

6. 同一工件，无论用数控机床加工还是用普通机床加工，其工序都一样。   （　　　）

7. 为了提高铣削工件的表面粗糙度，可将铣削速度尽量提高。   （　　　）

8. 刀具半径补偿是一种平面补偿，而不是轴的补偿。   （　　　）

9. 加工配合件时，一般先加工凸模，然后配做凹模。   （　　　）

10. 精加工配合件时，应尽可能保证背吃刀量一次完成，避免接刀痕。   （　　　）

三、实训题

1. 中级工实操考核模拟题一：零件如图 7-5 所示，毛坯尺寸为 80mm×70mm×20mm，材料为 45 钢，编程并加工零件。

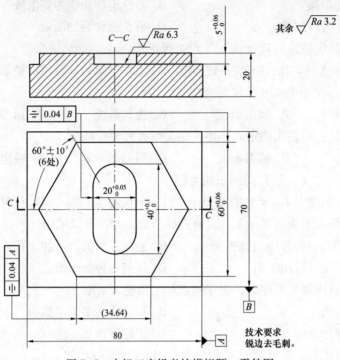

图7-5 中级工实操考核模拟题一零件图

2. 中级工实操考核模拟题二：零件如图7-6所示，毛坯尺寸为 100mm×120mm×25mm，材料为45钢，编程并加工零件。

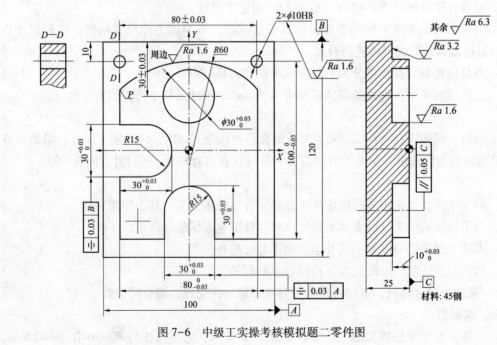

图7-6 中级工实操考核模拟题二零件图

3. 高级工实操考核模拟题：零件如图 7-7 所示，毛坯尺寸为 122mm×122mm×40mm，材料为 45 钢，编程并加工零件。

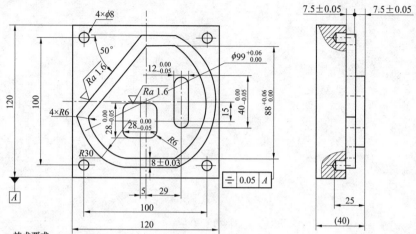

技术要求
1. 未注明尺寸公差 按照 GB 1804—2000 标准中的 m 等级执行。
2. 加工中毛坯保留装夹位置，工件侧边深度加工到 2mm。
3. 加工完成后去毛刺。

图 7-7 高级工实操考核模拟题三零件图

模块二

数控车削模块

项目 八

认识数控车削加工工艺系统

📖 学习目标

（1）熟悉数控车床的加工特点及其应用。

（2）认识数控车床的刀具。

（3）掌握数控车床加工工艺的编制方法。

任务一 认识数控车床

一、数控车床的用途

数控车床如图 8-1 所示，主要用于加工各种轴类、套筒类和盘类零件上的回转表面。数控车床能对轴类或盘类等回转体零件自动地完成内圆柱面、外圆柱面、圆锥面、圆弧面和直、锥螺纹等工序的切削加工，并能进行切槽、钻、扩和铰等工作。如图 8-2 所示为一些数控车削加工的产品。数控车床是目前国内使用极为广泛的一种数控机床，约占数控机床总数的 25%。

数控车床加工零件的尺寸精度可达 IT5~IT6，表面粗糙度可达 $Ra1.6\mu m$ 以下。

图 8-1　数控车床

图 8-2　数控车削加工的产品

二、数控车床的分类

数控车床品种繁多，常见的分类方法如下。

1. 按数控系统的功能分类

（1）经济型数控车床。它一般采用步进电动机驱动形成开环伺服系统，其控制部分采用单板机或单片机来实现。此类车床结构简单，价格低廉，无刀尖圆弧半径自动补偿和恒线速切削等功能。

（2）全功能型数控车床。如图8-1所示，它一般采用闭环或半闭环控制系统，具有高刚度、高精度和高效率等特点。

（3）车削中心。如图8-3所示，它是以全功能型数控车床为主体，并配置刀库、换刀装置、分度装置、铣削动力头和机械手等，实现多工序的复合加工的机床，在工件一次装夹后，它可完成回转类零件的车、铣、钻、铰、攻螺纹等多种加工工序，其功能全面，但价格较高。

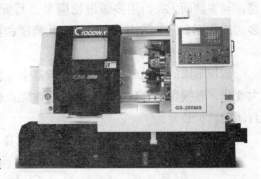

图8-3 车削中心

（4）FMC车床。它实际上是一个由数控车床、机器人等构成的柔性加工单元。它能实现工件搬运、装卸的自动化和加工调整准备的自动化。

2. 按加工零件的基本类型分类

（1）卡盘式数控车床。这类车床未设置尾座，适于车削盘类零件。其夹紧方式多为电动或液压控制，卡盘结构多数具有卡爪。

（2）顶尖式数控车床。这类车床设置有普通尾座或数控尾座，适合车削较长的轴类零件及直径不太大的盘、套类零件。

3. 按主轴的配置形式分类

（1）卧式数控车床。其主轴轴线处于水平位置，它又可分为水平导轨卧式数控车床和倾斜导轨卧式数控车床（其倾斜导轨结构可以使车床具有更大的刚性，并易于排屑）。

（2）立式数控车床。其主轴轴线处于垂直位置，并有一个直径很大的圆形工作台，供装夹工件用。这类机床主要用于加工径向尺寸大、轴向尺寸较小的大型复杂零件。

具有两根主轴的车床称为双轴卧式数控车床或双轴立式数控车床。

三、数控车床的组成及布局

1. 数控车床的组成

如图8-1所示的数控车床由以下几个部分组成。

（1）主机。它是数控车床的机械部件，包括床身、主轴箱、刀架尾座、进给机构等。

（2）数控装置。它是数控车床的控制核心，其主体是有数控系统运行的一台计算机（包括CPU、存储器、CRT等）。

（3）伺服驱动系统。它是数控车床切削工作的动力部分，主要实现主运动和进给运动，由伺服驱动电路和伺服驱动装置组成。伺服驱动装置主要有主轴电动机和进给伺服驱动装置（步进电动机或交、直流伺服电动机等）。

（4）辅助装置。辅助装置是指数控车床的一些配套部件，包括液压、气压装置及冷却系统、润滑系统和排屑装置等。

由于数控车床刀架的纵向（Z 向）和横向（X 向）运动分别采用两台伺服电动机驱动，经滚珠丝杠传到滑板和刀架，不必使用挂轮、光杠等传动部件，所以它的传动链短；多功能数控车床是采用直流或交流主轴控制单元来驱动主轴，它可以按控制指令做无级变速，与主轴间无需再用多级齿轮副来进行变速，其床头箱内的结构也比普通车床简单得多。故数控车床的结构大为简化，其精度和刚度大大提高。

2. 数控车床的布局

数控车床的布局形式与普通车床基本一致，但数控车床的刀架和导轨的布局形式有很大变化，直接影响着数控车床的使用性能及机床的结构和外观。此外，数控车床上都设有封闭的防护装置。

（1）床身和导轨的布局。数控车床床身导轨水平面的相对位置如图 8-4 所示。

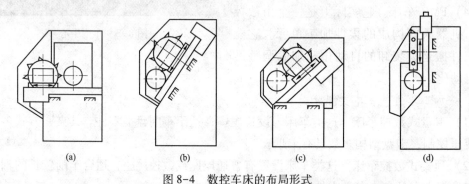

图 8-4　数控车床的布局形式
（a）平床身；（b）斜床身；（c）平床身斜滑板；（d）立床身

1）如图 8-4（a）所示为平床身的布局。它的工艺性好，便于导轨面的加工。水平床身配上水平放置的刀架，可提高刀架的运动精度。这种布局一般可用于大型数控车床或小型精密数控车床上。但是水平床身由于下部空间小，故排屑困难。从结构尺寸上看，刀架水平放置使滑板横向尺寸较长，从而加大了机床宽度方向的结构尺寸。

2）如图 8-4（b）所示为斜床身的布局。其导轨倾斜的角度分别为 30°、45°、60° 和 75° 等。当导轨倾斜的角度为 90° 时，称为立床身，如图 8-4（d）所示。倾斜角度小，排屑不便；倾斜角度大，导轨的导向性及受力情况差。另外，倾斜角度的大小还直接影响机床外形尺寸高度与宽度的比例。综合考虑以上因素，中小规格数控车床床身的倾斜度以 60° 为宜。

3）如图 8-4（c）所示为平床身斜滑板的布局。这种布局形式一方面具有水平床身工艺性好的特点，另一方面机床宽度方向的尺寸较水平配置滑板的要小，且排屑方便。

平床身斜滑板和斜床身的布局形式，被中、小型数控车床所普遍采用。这是由于此两种布局形式排屑容易，热切屑不会堆积在导轨上，也便于安装自动排屑器；操作方便，易于安装机械手，以实现单机自动化；机床占地面积小，外形美观，容易实现封闭式防护。

（2）刀架的布局。分为排式刀架和回转式刀架两大类。目前两坐标联动数控车床多采用回转刀架，它在机床上的布局有两种形式。一种是用于加工盘类零件的回转刀架，其回转轴垂直于主轴；另一种是用于加工轴类和盘类零件的回转刀架，其回转轴平行于主轴。

四、数控车床的工作原理

数控车床的工作原理如图 8-5 所示。首先根据零件图样制定工艺方案，采用手工或计算机进行零件的程序编制，把加工零件所需的机床各种动作及全部工艺参数变成机床数控装置能接受的信息代码。然后将信息代码通过输入装置（操作面板）的按键，将程序输入数控装置。另一种方法是利用计算机和数控机床的接口直接进行通信，实现零件程序的输入和输出。

进入数控装置的信息，经过一系列处理和运算转变成脉冲信号。有的信号送到机床的伺服系统，通过伺服机构对其进行转换和放大，再经过传动机构驱动机床的有关部件，使刀具和工件严格执行零件加工程序所规定的相应运动。还有的信号送到可编程序控制器中，用于顺序控制机床的其他辅助动作，如实现刀具的自动更换与变速、松夹工件、开关切削液等动作。

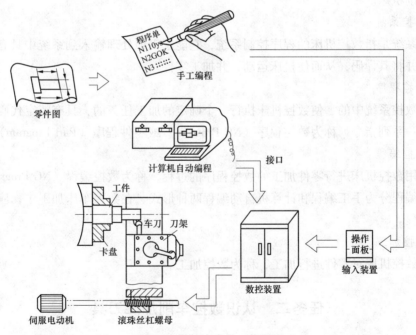

图 8-5 数控车床的工作原理

五、常见的数控车床控制系统

我国在数控车床上常用的数控系统有日本 FANUC 公司的 0T、0iT、3T、5T、6T、10T、11T、0TC、0TD、0TE 等，德国 SIEMENS 公司的 802S、802C、802D sl、840D 等，以及美国的 ACRAMATIC 数控系统、西班牙的 FAGOR 数控系统等。

国产普及型数控系统产品有广州数控设备厂 GSK980T 系列、华中数控公司的世纪星 21T、北京凯恩帝数控公司 KND-500 系列等。

六、数控加工的有关概念

1. 数控

数控或 NC（Numerical Control）是指用输入数控装置的数字信息来控制机械执行预定的动作。其数字信息包括字母、数字和符号。计算机数控简称 CNC（Computer numerical Control），是采用具有存储功能的计算机，读写存储器中的控制程序去执行数控装置的一部分或全部数控功能，在计算机外的唯一装置是接口。目前应用较普遍的是由 8 位和 16 位微处理器构成的微机 CNC 系统，即 MNC（Microcomputer Numerical Control）系统。

2. 数控机床

数控机床是一种利用数控技术，准确地按照事先安排的工艺流程，实现规定加工动作的金属切削机床。

3. 数控系统

数控系统是指数控机床的程序控制系统，它能逻辑地处理输入到系统中具有特定代码的程序，并将其译码，从而使机床运动，并加工零件。

4. 数控程序

输入数控系统中的、使数控机床执行一个确定的加工任务的、具有特定代码和其他符号编码的一系列指令，称为数控程序（NC Program）或零件程序（Part Program）。

5. 数控编程

生成用数控机床进行零件加工的数控程序的过程，称为数控编程（NC Program）。

数控编程分为手工编程和计算机自动编程两种形式。在数控车床加工中，应用最多的是手工编程。

6. 数控加工

运用数控机床对零件进行加工，称为数控加工。

任务二 认识数控车削加工刀具

一、车削加工中的切削运动

在车削加工中刀具与工件的相对运动，称为切削运动。按其功用分为主运动和进给运动，如图 8-6 所示。

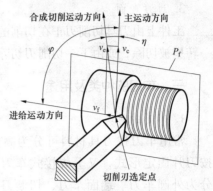

图 8-6　车刀和工件的运动

1. 主运动

主运动是由机床或人力提供的主要运动，它促使刀具和工件之间产生相对运动，从而使刀具前刀面接近工件，从工件上直接切除金属，具有切削速度最高、消耗功率最大的特点，如车削时工件的旋转运动、刨削时工件或刀具的往复运动、铣削时铣刀的旋转运动等。在切削中必须有一个主运动，且只能有一个主运动。

2. 进给运动

进给运动是由机床或人力提供的运动，它使刀具和工件之间产生附加的相对运动，使主运动能够继续切除工件上的多余金属，以便形成所需几何特性的已加工表面。进给运动可以是连续的，如车削外圆时车刀平行于工件轴线的纵向运动；也可以是步进的，如刨削工件或刀具的横向移动等。在切削中可以有一个或多个进给运动，也可以不存在进给运动。

3. 合成切削运动

由主运动和进给运动合成的运动，称为合成切削运动。刀具切削刃上选定点相对工件的瞬时合成运动方向称为该点的合成切削运动方向，其速度称为合成切削速度 v_e，如图 8-7 所示。

二、车削工件上的加工表面

切削加工时在工件上产生的表面如图 8-8 所示。

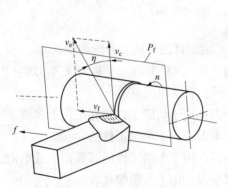

图 8-7　车削时合成切削速度

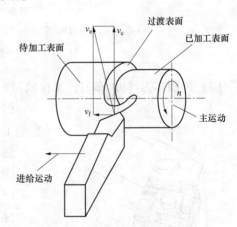

图 8-8　车削工件上的加工表面

1. 待加工表面

工件上有待切除的表面。

2. 已加工表面

工件上经刀具切削后产生的表面。

3. 过渡表面

工件上由刀具切削刃正在切削的那一部分表面，它在下一切削行程、刀具或工件的下一转里被切除，或由下一切削刃切除。

三、车刀的种类及用途

1. 车刀的种类

常用车刀按刀具材料可分为高速钢车刀和硬质合金车刀两类，其中硬质合金车刀按刀片固定形式，又分焊接式车刀和机械夹固式可转位车刀两种；车刀按用途不同可分为外圆车刀、端面车刀、切断刀、内孔车刀、圆头车刀和螺纹车刀等。常用车刀如图8-9所示。

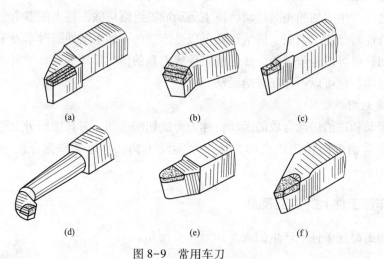

图 8-9 常用车刀

（a）外圆车刀（90°车刀）；（b）端面车刀（45°车刀）；（c）切断刀；
（d）内孔车刀；（e）圆头刀；（f）螺纹车刀

（1）外圆车刀（90°车刀，又称偏刀）：用于车削工件的外圆、台阶和端面。

（2）端面车刀（45°车刀，又称弯头车刀）：用于车削工件的外圆、端面和倒角。

（3）切断刀：用于切断工件或在工件上车槽。

（4）内孔车刀：用于车削工件的内孔。

（5）圆头刀：用于车削工件的圆弧面或成形面。

（6）螺纹车刀：用于车削螺纹。

（7）机械夹固式可转位车刀。如图8-10所示，机械夹固式可转位车刀包括4个组成部分，即刀杆、刀片、刀垫和夹紧元件。这种车刀不需焊接，刀片用机械夹固方法装夹在刀柄上。这是近几年来国内外发展和广泛应用的刀具之一，在数控车床上经常使用这种刀具。在车削过程中，当一条切削刃磨钝后，不需卸

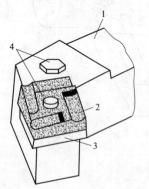

图 8-10 机械夹固式可转位车刀
1—刀杆；2—刀片；
3—刀垫；4—夹紧元件

下来去刃磨，只需松开夹紧装置，将刀片转过一个角度，即可重新继续切削，提高了刀柄利用率。这种车刀可根据车削内容不同，选用不同形状和角度的刀片，从而组成外圆车刀、端面车刀、切断刀、车槽刀、内孔车刀和螺纹车刀等。

为适应数控机床加工技术的高速发展，除了高速钢及硬制合金材料外，新型刀具材料也正被越来越多的人所接受。目前常用的新型材料刀具主要有以下两种。

（1）涂层刀具。涂层硬质合金刀片的使用寿命与普通硬质合金刀片相比至少可提高1~2倍，而涂层高速钢刀具的耐用度则可提高2~10倍。

（2）非金属材料刀具。用作刀具的非金属材料主要有陶瓷、金刚石及立方氮化硼等。

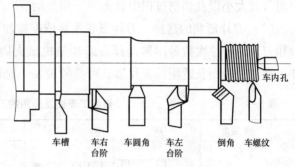

图8-11 常见车刀的用途

2. 车刀的用途

常见车刀的用途如图8-11所示。

四、数控车床刀具的选用

1. 焊接式车刀的选用

加工工件的圆柱形或圆锥形外表面，选用各种外圆车刀，如图8-9（a）所示。

加工工件端面，选用端面车刀，如图8-9（b）所示。

切断工件，选用切断刀，如图8-9（c）所示。

加工内孔，选用内孔车刀，如图8-9（d）所示。

加工各种光滑连接的成形面，选用圆头刀，如图8-9（e）所示。此外螺纹刀有时也可用来加工成形面。

加工螺纹，选用螺纹车刀，如图8-9（f）所示。

2. 机械夹固式可转位车刀的选用

为了方便对刀和减少换刀时间，便于实现机械加工的标准化，数控车削加工时应尽可能采用机械夹固式可转位车刀。现在机械夹固式可转位刀具得到广泛的应用，在数量上达到所有数控刀具的30%~40%，金属切除量占总数的80%~90%。

机械夹固式可转位车刀的选用应从刀片的材料、尺寸和形状等方面考虑，详述如下。

（1）刀片材料的选择。车刀刀片材料主要有高速钢、硬质合金、涂层硬质合金、陶瓷、立方碳化硼和金刚石等。其中应用最多的是高速钢、硬质合金、涂层硬质合金刀片。

高速钢通常是型坯材料，韧性较硬质合金好，硬度、耐磨性和红硬性较硬质合金差，不适宜切削硬度较高的材料，也不适宜高速切削。高速钢刀具使用前需生产者自行刃磨，且刃磨方便，是适于各种特殊需要的非标准刀具。

硬质合金刀片和涂层硬质合金刀片切削性能优异，在数控车削中被广泛使用。特别是涂层硬质合金刀片，涂层可增加刀片的耐用度，而一般数控加工的切削速度较高，涂层在较高切削速度时能体现其优越性。涂层物质有碳化钛、氧化钛和氧化铝等。硬质合金刀片有标准规格系列，具体技术参数和切削性能一般由刀具生产厂家提供。

选择刀片材质的主要依据为被加工工件的材料、被加工表面的精度、表面质量要求、切削载荷大小以及切削过程中有无冲击和振动等。

（2）刀片形状的选择。刀片形状主要依据被加工工件的表面形状、切削方法、刀具寿命和刀片的转位次数等因素选择。刀片是机械夹固式可转位车刀的一个最重要的组成元件。被加工表面及适用的刀片形状可参考表8-1选取。

表 8-1　　　　　　　　　　　　被加工表面及适用的刀片形状

	主偏角	45°	45°	60°	75°	95°
车削外圆表面	刀片形状及加工示意图	45°	45°	60°	75°	95°
	推荐选用的刀片	SCMA SPMR SCMM SNMM-8 SPUN SNMM-9	SCMA SPMR SCMM SNMG SPUN SPGR	TCMA TNMM-8 TCMM TPUN	SCMM SPUM SCMA SPMR SNMA	CCMA CCMM CNMM-7
	主偏角	75°	90°	90°	95°	
车削端面	刀片形状及加工示意图	75°	90°	90°	95°	
	推荐选用的刀片	SCMA SPMR SCMM SPUR SPUN CNMG	TNUN TNMA TCMA TPUN TCMM TPMR	CCMA	TPUN TPMR	
	主偏角	15°	45°	60°	90°	93°
车削成形面	刀片形状及加工示意图	15°	45°	60°	90°	
	推荐选用的刀片	RCMM	RNNG	TNMM-8	TNMG	TNMA

五、车刀结构

刀具各组成部分统称刀具要素。车刀一般由两大部分组成：夹持部分和切削部分。夹

持部分通常用普通碳素钢、球墨铸铁等材料制成。切削部分采用各种刀具材料，根据需要制成各种形状，车刀切削部分的组成要素构成如图 8-12 所示。

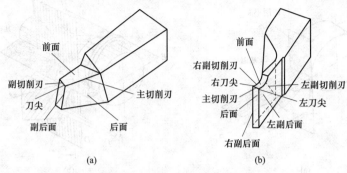

图 8-12　车刀切削部分的组成要素

(a) 外圆车刀；(b) 车槽刀

1. 前面

前面 (A_r) 又称前刀面，即切屑流过的表面。

2. 后面

后面 (A_α) 又称后刀面，即与工件上经切削的表面相对的表面。分为主后面（与前面相交形成主切削刃的后面，与工件上的过渡表面相对，记作 A_α）和副后面（与前刀面相交形成副切削刃的后面，与工件上的已加工表面相对，记 A'_α），未做特别说明的后面一般指主后面。

3. 主切削刃

主切削刃 (S) 是前面和后面的交线，承担主要切削工作，由它在工件上切出过渡表面。

4. 副切削刃

副切削刃 (S') 是前面与副后面的交线，它配合主切削刃切除余量并最终形成已加工表面。

5. 刀尖

刀尖是主、副切削刃连接处相当少的一部分切削刃，未经特别指明可视为一个点，是刀具切削部分工作条件最恶劣的部位。

六、车刀的几何参数及其对切削性能的影响

1. 辅助平面

为了确定和测量车刀的角度，需要假想以下 3 个辅助平面，如图 8-13 所示。

(1) 切削平面。通过切削刃上某一选定点，并与工件上过渡表面相切的平面如图 8-13 (b) 中的 ABCD 平面。

(2) 基面。通过切削刃上某一选定点，并与该点切削速度方向相垂直的平面如图 8-13 (b) 中的 EFGH 平面。

（3）正交平面。截面有主正交平面和副正交平面之分。

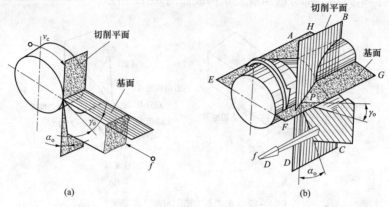

图 8-13 切削平面和基面

（a）横向车削；（b）纵向车削

通过主切削刃上某一选定点，同时垂直于切削平面和基面的平面，称为主正交平面，如图 8-14（a）中的 P_o-P_o 平面。

通过副切削刃上某一选定点，同时垂直于切削平面和基面的平面，称为副正交平面，如图 8-14（a）中的 $P_o'-P_o'$ 平面。

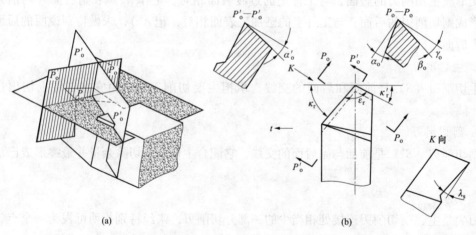

图 8-14 车刀角度的标注

（a）主正交平面和副正交平面；（b）车刀角度的标注

2. 车刀几何角度及其对切削性能的影响

车刀切削部分主要有 6 个独立的基本角度：前角（γ_o）、主后角（α_o）、副后角（α_o'）、主偏角（κ_r）、副偏角（κ_r'）、刃倾角（λ_s）。另外，还有两个派生角度：楔角（β_o）和刀尖角（ε_r）。

车刀几何角度的名称及其对切削性能的影响见表 8-2，车刀几何角度的选择可参考表 8-3。

表 8-2 车刀几何角度的名称及其对切削性能的影响

车刀几何角度的名称	定　义	对切削性能的影响	选用原则
前角（γ_o）	前刀面与基面间的夹角	主要影响车刀的锋利程度、强度、切削变形和切削力。增大前角，则车刀锋利，切削力减小，切削变形减小，有助于提高表面质量，但刀头强度会减小，散热条件下降	一般情况下当零件材料较软或是精加工时选择较大的前角
主后角（α_o）	主后面与切削平面间的夹角	主要减少车刀主后面与零件的摩擦。增大主后角可使车刀刃口锋利，但刀头强度会减小，散热条件下降	一般情况下粗加工时切削力较大，应选择较小的后角
副后角（α_o'）	副后面与切削平面间的夹角	主要是减少车刀副后面与零件的摩擦	选择同主后角
主偏角（k_r）	主切削刃在基面上的投影与进给运动方向间的夹角	改变车刀的受力与散热情况	零件刚性差、径向切削力要求小时选较大主偏角；对材料硬度高的零件加工时选较小的主偏角
副偏角（k_r'）	副切削刃在基面上的投影与背离进给运动方向间的夹角	减少副切削刃与零件已加工表面的摩擦，以免影响零件表面质量	粗车时选大一些的副偏角，精车时选小一些的副偏角
刃倾角（λ_s）	主切削刃与基面间的夹角	控制排屑方向，当刃倾角为负值时，可增加刀头强度和保护刀尖	
楔角（β_o）	正交平面内前面与后面间的夹角		$B_o = 90° - (\gamma_o + \alpha_o)$
刀尖角（ε_r）	主切削刃和副切削刃在基面上的投影间的夹角		$\varepsilon_r = 180° - (k_r + k_r')$

表 8-3 车刀几何角度的选择参考

加工材料	典型牌号	加工情况	刀具材料	前角 γ_o	主后角 α_o 副后角 α_o'	主偏角 k_r	副偏角 k_r'	刃倾角 λ_s
低碳钢	Q235A	粗车	YT5、YT15	20°~25°	6°~8°	45°~75°	15°~45°	0°
		精车	YT15、YT30	25°~30°	8°~10°	75°~90°	5°~15°	0°~5°
中碳钢	45	粗车	YT5、YT15	15°~20°	4°~6°	45°~75°	15°~45°	−5°~0°
		精车	YT15、YT30	20°~25°	6°~8°	75°~90°	5°~15°	0°~5°
合金钢	40Cr	粗车	YT5、YT15	12°~18°	4°~6°	45°~75°	15°~45°	−5°~0°
		精车	YT15、YT30	15°~20°	6°~8°	75°~90°	5°~15°	0°~5°
不锈钢	1Cr18N19Ti	粗车	YG8、YG6A	15°~20°	4°~6°	45°~75°	15°~45°	−5°~0°
		精车	YG6A、YW1	20°~25°	6°~8°	75°~90°	5°~15°	0°~5°

加工材料	典型牌号	加工情况	刀具材料	前角 γ_o	主后角 α_o 副后角 α_o'	主偏角 k_r	副偏角 k_r'	刃倾角 λ_s
灰铸钢	HT150	粗车	YG6、YG8	10°~15°	4°~6°	45°~75°	10°~15°	-10°~0°
	HT200	精车	YG3、YG6	5°~10°	6°~8°	60°~90°	5°~10°	0°
铝、铝合金	L3	粗车	YG8、YG6	30°~35°	8°~10°	60°~75°	10°~15°	10°~20°
	LY12	精车	YG6	35°~40°	10°~12°	75°~90°	5°~10°	15°~30°
纯铜	T0~T4	粗车	YG8、YG6	25°~30°	4°~6°	60°~75°	10°~30°	5°~10°
		精车	YG6	30°~35°	6°~8°	75°~90°	5°~10°	5°~10°

七、车刀的材料

目前生产中常用的车刀材料有高速钢和硬质合金两类。

1. 高速钢

高速钢是含有钨（W）、铬（Cr）、钒（V）、钼（Mo）等合金元素的高合金工具钢。现有品种可归并为通用型高速钢、高性能高速钢和粉末冶金高速钢三大类。

与碳素工具钢、合金工具钢比较，高速钢的优点是耐热性好，耐温度高达 $500 \sim 650℃$。用高速钢切削中碳钢时，切削速度可达 $25 \sim 30m/min$，是碳素工具钢和合金工具钢的 $2 \sim 4$ 倍。

与硬质合金比较，高速钢的最大优点是可加工性，可锻打成各种坯件，制造复杂刀具。高速钢的抗弯强度、冲击韧度是硬质合金的 $6 \sim 10$ 倍。经过仔细研磨，高速钢刀具切削刃钝圆半径可以小于 $15\mu m$，其磨削性也较好。

高速钢刀具制造简单，刃磨方便，磨出的刀具刃口锋利，而且坚韧性较好，能承受较大的冲击力，因此常用于承受冲击力较大的场合，同时也常作为精加工车刀（梯形螺纹、宽刃车刀）以及成形车刀的材料。但高速钢耐热性比硬质合金差，不宜用于高速切削。在刃磨时要经常冷却，以防车刀退火，失去硬度。它淬火后的硬度为 $62 \sim 65HRC$。

2. 硬质合金

硬质合金是用高溶点、高硬度的金属碳化物和金属粘结剂按粉末冶金工艺制成的刀具材料。

硬质合金的硬度高，能耐高温，有很好的红硬性，在 $1000℃$ 左右的高温下仍能保持良好的切削性能。硬质合金车刀的切削速度比高速钢高几倍至几十倍，并能切削高速钢刀具无法切削的难车削材料。

硬质合金的缺点是韧性较差、较脆、怕冲击。但这一缺陷可以通过刃磨合理的切削角度来弥补。所以硬质合金是目前应用较广泛的一种车刀材料。

按其成分不同，常用的硬质合金有钨钴合金和钨钛钴合金两类。

钨钴类硬质合金由碳化钨（WC）和钴组成，钴是粘结剂，它的代号是 YG。其韧度较好，适用于加工铸铁、脆性铜合金等脆性材料或用于冲击性较大的场合。

钨钴类硬质合金按其含钴量分为 YG3、YG6、YG8 等牌号。牌号后的数字表示含钴量的百分数，数字大的含钴量高，冲击韧度较好，但硬度较差。一般选用 YG8 做粗加工，YG6 做半精加工，YG3 做精加工。

钨钛钴类硬质合金以碳化钨为主体，加入碳化钛（TiC）元素，以钴为粘结剂。它的代号是 YT。这类硬质合金的耐磨性较好，能承受较高的切削温度，适用于加工钢件或韧性较大的塑性材料。由于它较硬而且较脆，不耐冲击，所以不宜加工脆性材料。

钨钛钴类硬质合金按其含钛量分为 YT5、YT15、YT30 等牌号，牌号的数字表示碳化钛含量的百分数。数字大的含钛量高，硬度大，耐磨性好，脆，不耐冲击。一般选用 YT5 做粗加工，YT15 做半精加工和精加工，YT30 只能做精加工。

八、影响刀具寿命的因素及提高刀具寿命的方法

1. 有关概念

（1）刀具总寿命。一把新磨好的刀具从开始切削，经过多次刃磨、使用，直至完全失去切削能力而报废的实际总切削时间称为刀具的总寿命。

（2）刀具寿命。一把新刃磨的刀具，从开始切削至磨损量达到磨钝标准为止所使用的切削时间，称为刀具寿命，用符号 t 表示，单位为 min。

在生产现场，利用刀具寿命 t 控制磨损量 VB 的大小，比用测量 VB 的高度来判别是否达到磨损限度要简便。因而在生产实际中广泛地采用刀具寿命 t。

刀具寿命是刀具磨损的另一种表示方法，刀具寿命 t 大，表示刀具磨损得慢。

2. 影响刀具寿命的因素

凡是影响刀具磨损的因素都是影响刀具寿命的因素。

（1）工件材料。工件材料的强度、硬度越高，材料的热导率越小，产生的切削温度就越高，因而刀具磨损越快，使刀具寿命降低。

（2）刀具材料。刀具材料的高温硬度越高，耐磨性越好，刀具寿命越长。切削部分的材料，是影响刀具寿命的主要因素。

（3）刀具几何参数。刀具前角 γ_o 增大，切削力将减小，切削温度降低，刀具寿命长。但是，前角太大，切削刃强度将下降，散热条件变差，刀具寿命反而下降。所以，前角的选择应合理。

减小主偏角或副偏角，加大刀尖圆弧半径，能增加刀具强度，改善散热条件，使刀具寿命延长。但是，要在加工中不产生振动和工件形状允许的条件下采用。

（4）切削用量。切削速度（v_c）对刀具寿命影响最大，其次是进给量（f），背吃刀量（a_p）的影响最小。生产中要提高切削效率，并保持刀具的寿命，应首先考虑增大 a_p，其次增大 f，然后确定合理的 v_c。

任务三 数控车削加工工艺的制定

在进行数控车削编程之前，必须认真制定数控车削加工工艺。制定数控车削加工工艺的主要工作内容有：确定加工顺序和走刀路线，选择夹具、刀具及切削用量等。下面分别

讨论这些问题。

一、加工顺序的确定

数控车削加工顺序一般按照下列两个原则来确定。

1. 先粗后精原则

所谓先粗后精，就是按照粗车→半精车→精车的顺序，逐步提高加工精度。粗车可在较短时间内将工件表面上的大部分加工余量切掉（如图 8-15 中双点划线内部分），一方面提高了加工效率，另一方面使精车的加工余量均匀。如粗车后所留余量的均匀性满足不了精车加工的要求，则应安排半精车。为保证加工精度，精车时，要按照图样尺寸一刀车出零件轮廓。

2. 先近后远原则

这里所指的远与近，是按加工部位相对于对刀点的距离而言的。离对刀点远的部位后加工，可以缩短刀具的移动距离，减少空行程时间，如图 8-16 所示。对于车削而言，先近后远还有利于保持零件的刚性，改善切削条件。

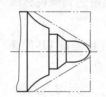

图 8-15　先粗后精示意图

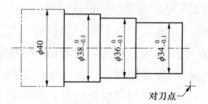

图 8-16　先近后远示意图

二、走刀路线的确定

精加工的走刀路线基本上是沿其零件轮廓顺序进行的。因此重点在于确定粗加工及空行程的走刀路线。

1. 最短空行程路线

如图 8-17（a）所示为采用矩形循环方式进行粗车的一般情况，其对刀点 A 设置在较远的位置，是考虑到加工过程中需方便换刀，同时，将起刀点与对刀点重合在一起。按三刀粗车的走刀路线安排：第一刀为 $A \rightarrow B \rightarrow C \rightarrow D \rightarrow A$；第二刀为 $A \rightarrow E \rightarrow F \rightarrow G \rightarrow A$；第三刀为 $A \rightarrow H \rightarrow I \rightarrow J \rightarrow A$。

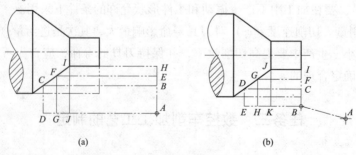

（a）　　　　　　　　　　　　　　（b）

图 8-17　最短行程路线示意图

（a）起刀点与对刀点重合时；（b）起刀点与对刀点分离时

如图 8-17 （b） 所示则是将起刀点与对刀点分离，并设于 B 点位置，仍按相同的切削用量进行三刀粗车，其走刀路线安排：对刀点 A 到起刀点 B 的空行程为 $A \rightarrow B$；第一刀为 $B \rightarrow C \rightarrow D \rightarrow E \rightarrow B$；第二刀为 $B \rightarrow F \rightarrow G \rightarrow H \rightarrow B$；第三刀为 $B \rightarrow I \rightarrow J \rightarrow K \rightarrow B$；起刀点 B 到对刀点 A 的空行程 $B \rightarrow A$。显然，如图 8-17 （b） 所示的走刀路线短。

2. 大余量毛坯的切削路线

如图 8-18 （a） 所示为车削大余量工件的走刀路线。在同样的背吃刀量情况下，按图 8-18 （a） 所示的 1~5 顺序切削，使每次所留余量相等。

按照数控车床加工的特点，还可以放弃常用的阶梯车削法，改用顺毛坯轮廓进给的走刀路线，如图 8-18 （b） 所示。

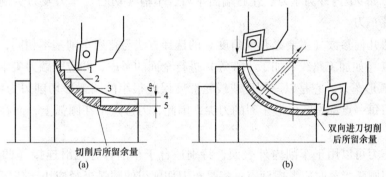

图 8-18　大余量毛坯的切削路线

（a）阶梯车削法；（b）顺毛坯轮廓车削法

三、夹具的选择

数控车床加工中的夹具除了使用通用的三爪自定心卡盘、四爪单动卡盘外，大批量生产中还使用便于自动控制的液压、电动以及气动夹具。此外，数控车床加工中还有其他相应的夹具，它们主要分为两大类，即用于轴类工件的夹具和用于盘类工件的夹具。

1. 用于轴类工件的夹具

用于轴类工件的夹具有自动夹紧拨动卡盘、拨齿顶尖、三爪拨动卡盘和快速可调万能卡盘等。如图 8-19 所示为加工实心轴所用的拨齿顶尖夹具。

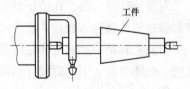

图 8-19　拨齿顶尖夹具

数控车床加工轴类零件时，坯件装夹在主轴顶尖和尾座顶尖之间，由主轴上的拨盘或拨齿顶尖带动旋转。这类夹具在粗车时可以传递足够大的转矩，以适应主轴的高速旋转车削。

2. 用于盘类工件的夹具

用于盘类工件的夹具主要有可调卡爪式卡盘和快速可调卡盘。这类夹具适用于无尾座的卡盘式数控车床。

四、刀具的选择

数控加工对刀具的要求较高，不仅需要刚性好，精度高，而且要求尺寸稳定，耐用度高，断屑和排屑性能好；同时要求安装、调整方便，以满足数控机床高效率的要求。数控机床上所选用的刀具常采用适应高速切削性能的刀具材料（如高速钢、超细粒度硬质合金），并使用可转位刀片。

1. 车削用刀具及其选择

数控车削常用的车刀一般分尖形车刀、圆弧形车刀以及成形车刀三类。

（1）尖形车刀。它是以直线形切削刃为特征的车刀。尖形车刀的刀尖由直线形的主副切削刃构成，如90°内外圆车刀、左右端面车刀、车槽（切断）车刀及刀尖倒棱很小的各种外圆和内孔车刀。

尖形车刀几何参数（主要是几何角度）的选择方法与普通车削基本相同，但应针对数控加工的特点（如加工路线、加工干涉等）进行全面的考虑，并应兼顾刀尖本身的强度。

（2）圆弧形车刀。它是以一圆度或线轮廓度误差很小的圆弧形切削刃为特征的车刀。该车刀圆弧刃每一点都是圆弧形车刀的刀尖，因此，刀位点不在圆弧上，而在该圆弧的圆心上。

圆弧形车刀可以用于车削内外表面，特别适合于车削各种光滑连接（凹形）的成形面。选择车刀圆弧半径时应考虑两点：一是车刀切削刃的圆弧半径应小于或等于零件凹形轮廓上的最小曲率半径，以免发生加工干涉；二是该半径不宜选得太小，否则不但制造困难，还会因刀具强度太弱或刀体散热能力差而导致车刀损坏。

（3）成形车刀。也称样板车刀，其加工零件的轮廓形状完全由车刀刀刃的形状和尺寸决定。数控车削加工中，常见的成形车刀有小半径圆弧车刀、非矩形车槽刀和螺纹刀等。在数控加工中，应尽量少用或不用成形车刀。

2. 标准化刀具

目前，数控机床上大多使用系列化、标准化刀具，对可转位机夹外圆车刀、端面车刀等的刀柄和刀头都有国家标准及系列化型号。

对所选择的刀具，在使用前都需对刀具尺寸进行严格的测量以获得精确资料，并由操作者将这些数据输入数控系统，经程序调用而完成加工过程，从而加工出合格的工件。

刀具尤其是刀片的选择是保证加工质量和提高生产效率的重要环节。工件材质的切削性能、毛坯余量、工件的尺寸精度和表面粗糙度、机床的自动化程度等都是选择刀片的重要依据。

数控车床能兼作粗精车削，因此粗车时，要选强度高、耐用度好的刀具，以便满足粗车时大背吃刀量、大进给量的要求。

精车时，要选精度高、耐用度好的刀具，以保证加工精度的要求。此外，为减少换刀时间和方便对刀，应尽可能采用机夹刀和机夹刀片。夹紧刀片的方式要选择合理，刀片最好选择涂层硬质合金刀片。目前，数控车床用得最普遍的是硬质合金刀具和高速钢刀具两种。

刀片的选择是根据工件的材料种类、硬度以及加工表面粗糙度要求和加工余量等已知条件来决定刀片的几何结构（如刀尖圆角）、进给量、切削速度和刀片牌号。具体选择时可参考切削用量手册。

五、切削用量的选择

数控车床加工中的切削用量包括背吃刀量、主轴转速或切削速度（用于恒线速度切削）、进给速度或进给量。

1. 背吃刀量 a_p 的确定

在工艺系统刚度和机床功率允许的情况下，尽可能选取较大的背吃刀量，以减少进给次数。当工件精度要求较高时，则应考虑留出精车余量，其所留的精车余量一般比普通车削时所留的余量少，常取 0.1~0.5mm。

2. 进给速度 v_f 的确定

进给速度 v_f 的选取应该与背吃刀量和主轴转速相适应。在保证工件加工质量的前提下，可以选择较高的进给速度（2000mm/min 以下）。在切断、车削深孔或精车时，应选择较低的进给速度。当刀具空行程特别是远距离"回零"时，可以设定尽量高的进给速度。

有些数控机床规定可以选用进给量 f 表示进给速度。

表 8-4 中列出了硬质合金车刀粗车外圆、端面的进给量参考值，表 8-5 中列出了按表面粗糙度选择半精车、精车的进给量参考值。粗车时，一般取 $f=0.3~0.8$mm/r；精车时，常取 $f=0.1~0.3$mm/r；切断时，$f=0.05~0.2$mm/r。

表 8-4 　　　　　　　　　　　硬质合金车刀粗车外圆、端面的进给量参考值

工件材料	车刀刀杆尺寸 ($B \times H$) (mm×mm)	工件直径 (d_w) / (mm)	背吃刀量 a_p (mm)				
			≤3	[3, 5]	[5, 8]	[8, 12]	>12
			进给量 f (mm/r)				
碳素结构钢、合金结构钢及耐热钢	16×25	20	0.3~0.4	—	—	—	—
		40	0.4~0.5	0.3~0.4	—	—	—
		60	0.5~0.7	0.4~0.6	0.3~0.5	—	—
		100	0.6~0.9	0.5~0.7	0.5~0.6	0.4~0.5	—
		400	0.8~1.2	0.7~1.0	0.6~0.8	0.5~0.6	—
	20×30 25×25	20	0.3~0.4	—	—	—	—
		40	0.4~0.5	0.3~0.4	—	—	—
		60	0.5~0.7	0.5~0.7	0.4~06	—	—
		100	0.8~1.0	0.7~0.9	0.5~0.7	0.4~0.7	—
		400	1.2~1.4	1.0~1.2	0.8~1.0	0.6~0.9	0.4~0.6
	16×25	40	0.4~0.5	—	—	—	—
		60	0.5~0.8	0.5~0.8	0.4~0.6	—	—
		100	0.8~1.2	0.7~1.0	0.6~0.8	0.5~0.7	—
		400	1.0~1.4	1.0~1.2	0.8~1.0	0.6~0.8	—

工件材料	车刀刀杆尺寸 （$B×H$） （mm×mm）	工件直径 （d_w）/（mm）	背吃刀量 a_p（mm）				
			≤3	[3, 5]	[5, 8]	[8, 12]	>12
			进给量 f（mm/r）				
铸铁铜合金	20×30 25×25	40	0.4~0.5	—	—	—	—
		60	0.5~0.9	0.5~0.8	0.4~0.7	—	—
		100	0.9~1.3	0.8~1.2	0.7~1.0	0.5~0.8	—
		400	1.2~1.8	1.2~1.6	1.0~1.3	0.9~1.1	0.7~0.9

注　1. 加工断续表面及有冲击的工件时，表内进给量应乘系数 K=0.75~0.85。

　　2. 在无外皮加工时，表内进给量应乘系数 K=1.1。

　　3. 加工耐热钢及其合金时，进给量不大于 1mm/r。

　　4. 加工淬硬钢时，进给量应减小。当钢的硬度为 44~56HRC 时，乘系数 K=0.8；当钢的硬度为 57~62HRC 时，乘系数 K=0.5。

表 8-5　　　　　　　　　　　按表面粗糙度选择半精车、精车的进给量参考值

工件材料	表面粗糙度 Ra（μm）	切削速度范围 v_c（m/min）	刀尖圆弧半径 r_ε（mm）		
			0.5	1.0	2.0
			进给量 f（mm/r）		
铸铁、青铜、 铝合金	5~10	不限	0.25~0.40	0.40~0.50	0.50~0.60
	2.5~5		0.15~0.25	0.25~0.40	0.40~0.60
	1.25~2.5		0.10~0.15	0.15~0.20	0.20~0.35
碳钢及 合金钢	5~10	<50	0.30~0.50	0.45~0.60	0.55~0.70
		>50	0.40~0.55	0.55~0.65	0.65~0.70
	2.5~5	<50	0.18~0.25	0.25~0.30	0.30~0.40
		>50	0.25~0.30	0.30~0.35	0.30~0.50
	1.25~2.5	<50	0.10	0.11~0.15	0.15~0.22
		50~100	0.11~0.16	0.16~0.25	0.25~0.35
		>100	0.16~0.20	0.20~0.25	0.25~0.35

注　r_ε=0.5mm，用于 12mm×12mm 及以下刀杆；r_ε=1.0mm，用于 30mm×30mm 及以下刀杆；r_ε=2.0mm，用于 30mm×45mm 及以上刀杆。

3. 主轴转速的确定

（1）光车外圆时主轴转速。光车外圆时主轴转速应根据零件上被加工部位的直径，并按零件和刀具材料以及加工性质等条件所允许的切削速度来确定。

切削速度除了计算和查表选取外，还可以根据实践经验确定。需要注意的是，交流变频调速的数控车床低速输出力矩小，因而切削速度不能太低。

切削速度确定之后，用公式 $n=1000v_c/\pi d$ 计算主轴转速。表 8-6 列出了硬质合金外圆车刀切削速度的参考值。

表 8-6　　　　　　　　　　　硬质合金外圆车刀切削速度的参考值

工件材料	热处理状态	a_p (mm)		
		[0.3, 2]	[2, 6]	[6, 10]
		f (mm/r)		
		[0.08, 0.3]	[0.3, 0.6]	[0.6, 1]
		v_c (m/min)		
低碳钢、易切钢	热轧	140~180	100~120	70~90
中碳钢	热轧	130~160	90~110	60~80
	调质	100~130	70~90	50~70
合金结构钢	热轧	100~130	70~90	50~70
	调质	80~110	50~70	40~60
工具钢	退火	90~120	60~80	50~70
灰铸铁	HBS<190	90~120	60~80	50~70
	HBS=190~225	80~110	50~70	40~60
高锰钢（ω_{Mn}13%）		10~20		
铜及铜合金		200~250	120~180	90~120
铝及铝合金		300~600	200~400	150~200
铸铝合金（ω_{si}13%）		100~180	80~150	60~100

注　切削钢及灰铸铁时刀具耐用度约为 60min。

（2）车螺纹时的主轴转速。在车螺纹时，车床的主轴转速将受到螺纹的螺距 P（或导程）大小、驱动电动机的升降频特性，以及螺纹插补运算速度等多种因素影响，故对于不同的数控系统，推荐不同的主轴转速选择范围。大多数经济型数控车床推荐车螺纹时的主轴转速为 $n \leqslant 1200/P-k$（k 为保险系数，一般取 80）。

六、数控车削加工工艺分析实例

下面以图 8-20 所示的零件为例，介绍其数控车削加工工艺。

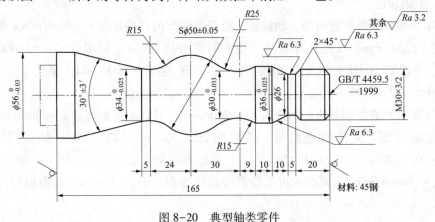

图 8-20　典型轴类零件

143

1. 零件工艺性分析

该零件表面由圆柱、圆锥、顺圆弧、逆圆弧及双线螺纹等组成。其中多个直径尺寸有较严的尺寸精度和表面粗糙度等要求；球面 $S\phi50mm$ 的尺寸公差还兼有控制该球面形状（线轮廓）误差的作用。尺寸标注完整，轮廓描述清楚。零件材料为 45 钢，无热处理和硬度要求。

通过上述分析，采取以下几点工艺措施。

（1）对图样上给定的几个精度（IT7～IT8）要求较高的尺寸，因其公差数值较小，故编程时不必取平均值，而全部取其基本尺寸即可。

（2）在轮廓曲线上，有三处为过象限圆弧，其中两处为既过象限又改变进给方向的轮廓曲线，因此在加工时应进行机械间隙补偿，以保证轮廓曲线的准确性。

（3）为便于装夹，坯件左端应预先车出夹持部分（双点划线部分），右端面也应先车出并钻好中心孔。毛坯选 $\phi60mm$ 棒料。

2. 确定装夹方案

确定坯件轴线和左端大端面（设计基准）为定位基准。左端采用三爪自定心卡盘定心夹紧，右端采用活动顶尖支承的装夹方式。

3. 确定加工顺序及进给路线

加工顺序按由粗到精、由近到远（由右到左）的原则确定，即先从右到左进行粗车（留 0.25mm 精车余量），然后从右到左进行精车，最后车螺纹。

4. 选择刀具

（1）粗车选用硬质合金 90° 外圆车刀，副偏角不能太小，以防与工件轮廓发生干涉，必要时应做图检验，本例取 $\kappa_r' = 35°$。

（2）精车和车螺纹选用硬质合金 60° 外螺纹车刀，取刀尖角 $\varepsilon_r = 59°30'$，取刀尖圆弧半径 $r_\varepsilon = 0.15 \sim 0.2mm$。

5. 选择切削用量

（1）背吃刀量粗车循环时，确定其背吃刀量 $a_p = 3mm$；精车时 $a_p = 0.25mm$。

（2）主轴转速。

1）车直线和圆弧轮廓时的主轴转速。查表取粗车的切削速度 $v_c = 90m/min$，精车的切削速度 $v_c = 120m/min$，根据坯件直径（精车时取平均直径），利用公式 $n = 1000v_c/\pi d$ 计算，并结合机床说明书选取。粗车时，主轴转速 $n = 500r/min$；精车时，主轴转速 $n = 1200r/min$。

2）车螺纹时的主轴转速。用公式 $n \leqslant 1200/p - k$ 计算，取主轴转速 $n = 320r/min$。

3）进给速度。先选取进给量，然后用公式 $v_f = nf$ 计算。粗车时，选取进给量 $f = 0.4mm/r$；精车时，选取 $f = 0.15mm/r$。计算得到粗车进给速度 $v_f = 200mm/min$；精车进给速度 $v_f = 180mm/min$。车螺纹的进给量等于螺纹导程，即 $f = 3mm/r$。短距离空行程的进给速度取 $v_f = 300mm/min$。

思 考 与 训 练

一、单项选择题

1. 在数控车床上车削工件，对表面粗糙度要求较高的表面，应采用（　　）切削。

　　A. 恒转速　　　　B. 恒进给量　　　　C. 恒线速　　　　　D. 恒背吃刀量

2. 数控车削确定进给路线的工作重点是确定（　　）的进给路线。

　　A. 粗加工和空行程　　　　　　　　B. 空行程

　　C. 粗加工　　　　　　　　　　　　D. 精加工

3. 数控车削加工遵循的原则之一是"先近后远"，所说的远与近是按加工部位先对于（　　）的距离大小而言。

　　A. 对刀点　　　　B. 刀具　　　　　　C. 夹具　　　　　　D. 定位面

4. 数控车削加工遵循的原则之一是"先近后远"，主要是为了减少（　　）时间。

　　A. 对刀时间　　　B. 刀具空行程　　　C. 装夹　　　　　　D. 切削行程

5. 数控车削中要合理安排"回零"路线，即应使前一刀的终点与（　　）的距离尽量减短。

　　A. 后一刀的起点　　　　　　　　　B. 对刀点

　　C. 装夹基准　　　　　　　　　　　D. 切削行程

6. 车削（　　）材料时，车刀可选择较大的前角。

　　A. 软性　　　　　B. 硬性　　　　　　C. 塑性　　　　　　D. 脆性

7. 用卡盘装夹悬臂较长的轴，容易产生（　　）误差。

　　A. 圆度　　　　　B. 圆柱度　　　　　C. 同轴度　　　　　D. 垂直度

8. 由外圆向中心进给车端面时，切削速度是（　　）。

　　A. 保持不变　　　B. 由高到低　　　　C. 由低到高　　　　D. 难以确定

9. 在车床上钻孔时，钻出的孔径偏大的主要原因是钻头的（　　）。

　　A. 后角太大　　　　　　　　　　　B. 两主切削刃长不等

　　C. 横刃太长　　　　　　　　　　　D. 前角不变

10. 高速钢刀具比硬质合金刀具韧性好，允许选用较大的前角，一般高速钢刀具比硬质合金刀具前角大（　　）。

　　A. 0°~5°　　　　B. 6°~10°　　　　C. 11°~15°　　　　D. 15°~20°

11. 选择刀具前角时，主要按加工材料确定。当加工塑性材料时，应取（　　）的前角。

　　A. 负值　　　　　B. 较小　　　　　　C. 较大　　　　　　D. 0°

12. 车削细长轴时，要使用（　　）和跟刀架来增大工件的刚性。

　　A. 中心架　　　　B. 花盘　　　　　　C. 四爪单动卡盘　　D. 三爪自定心卡盘

13. 前后两项尖装夹工件车外圆的特点是（　　）。

　　A. 精度高　　　　B. 刚性好　　　　　C. 可大切削量切削　D. 安全性好

14. 薄壁工件加工时应尽可能采取轴向夹紧的方法，以防工件产生（　　）。

A. 切向位移　　B. 弹性应变　　　　C. 径向变形　　　　D. 轴向变形

15. 车削时，增大（　　）可以减少走刀次数，从而缩短机动时间。

A. 切削速度　　B. 走刀量　　　　C. 吃刀量　　　　D. 转速

二、判断题（正确的打"√"，错误的打"×"）

1. 用三爪自定心卡盘或四爪单动卡盘装夹工件，可限制工件三个方向的移动。
（　　）

2. 车螺纹的加工速度应比车外圆的加工速度快。（　　）

3. 车削细长轴时，要使用中心架或跟刀架来增加工件的强度。（　　）

4. 车削薄壁零件的关键是解决工件的强度问题。（　　）

5. 半精加工原则：当粗加工后所留下余量的均匀性满足不了精加工要求时，作为过渡性加工工序安排半精加工，以使精加工余量小而均匀。（　　）

6. 车削时的进给量为工件沿刀具进给方向的相对位移。（　　）

7. 车床主轴转速在加工过程中应根据工件的直径进行调整。（　　）

8. 精车时为了减小工件表面粗糙度值，车刀的刃倾角应取负值。（　　）

9. 负前角仅适用于硬质合金车刀切削强度很高的钢材。（　　）

10. 粗加工、断续切削和承受冲击载荷时，为了保证切削刃的强度，应取较小的后角，甚至负前角。（　　）

三、制定如图 8-21 所示轴零件的数控车削加工工艺，材料为 45 钢，坯料尺寸为 ϕ48mm×90mm。

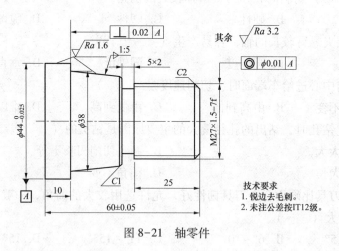

图 8-21　轴零件

项目九

加工简单轴类零件

📖 学习目标

（1）掌握数控车床编程基础知识。

（2）掌握 G00、G01、G90、G02、G03 指令的应用。

（3）掌握简单轴类零件的加工方法。

任务一　学习数控车床编程基础

如图 9-1 所示为常见简单轴类零件，这些轴类零件虽然简单，但是很常用，在数控车削加工中会经常遇到。在本项目中我们将训练简单轴类零件的编程与加工，在进行编程与加工之前，首先要学习数控车床编程基础知识。

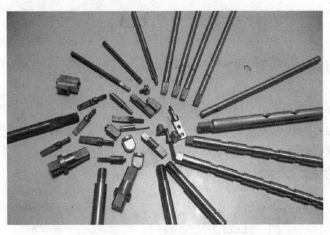

图 9-1　简单轴类零件

一、数控车床坐标系统

1. 机床的坐标轴

数控车床以机床主轴轴线方向为 Z 轴方向，以刀具远离工件的方向为 Z 轴的正方向。X 轴位于与工件装夹面相平行的水平面内，垂直于工件旋转轴线的方向，且刀具远离主轴轴线的方向为 X 轴的正方向。

2. 机床原点、参考点及机床坐标系

机床原点为机床上的一个固定点。车床的机床原点定义为主轴旋转中心线与车头端面的交点，如图9-2所示，O点即为机床原点。

参考点也是机床上的一个固定点。该点与机床原点的相对位置如图9-2所示（点O'即为参考点）。其位置由Z向与X向的机械挡块来确定。当进行回参考点的操作时，安装在纵向和横向滑板上的行程开关碰到相应的挡块后，由数控系统发出信号，控制滑板停止运动，完成回参考点的操作。

当机床回参考点后，显示的Z与X的坐标值均为零。当完成回参考点的操作后，马上显示此时的刀架中心（对刀参考点）在机床坐标系中的坐标值，就相当于数控系统内部建立了一个以机床原点为坐标原点的机床坐标系。

如图9-3所示为常见的数控车床坐标系统。主轴为Z轴，刀架平行于Z轴运动方向（即纵向），刀架前后运动方向（即横向）为X轴运动方向。

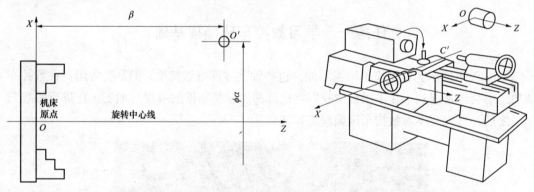

图9-2 机床原点和参考点　　　　　图9-3 数控车床坐标系统

常见的数控车床的刀架（刀塔）安装在靠近操作人员的一侧，其坐标系统如图9-4所示，X轴往前为负，往后为正；若刀塔安装在远离操作人员的一侧，则X轴往前为正，往后为负，如图9-5所示，这类车床常见的有带卧式刀塔的数控车床。有的厂家设定X轴往前为负，往后为正。

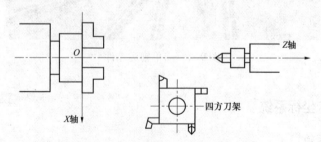

图9-4 常见的数控车床刀架坐标系统

3. 工件原点和工件坐标系

工件图样给出以后，首先应找出图样上的设计基准点。其主要尺寸均是以此点为基准

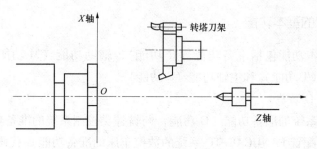

图 9-5　带卧式刀塔的数控车床坐标系统

进行标注的，该基准点称为工件原点。

以工件原点为坐标原点建立一个 Z 轴与 X 轴的直角坐标系，称为工件坐标系。

工件原点是人为设定的，设定的依据是既要符合图样尺寸的标注习惯，又要便于编程。通常工件原点选择在工件右端面、左端面或卡爪的前端面。工件坐标系的 Z 轴一般与主轴轴线重合，X 轴随工件原点位置不同而不同。各轴正方向与机床坐标系相同。如图 9-6 所示为以工件右端面为工件原点的工件坐标系。

4. 绝对编程与增量编程

X 轴和 Z 轴移动量的指令方法有绝对指令和增量指令两种。绝对指令是用各轴移动到终点的坐标值进行编程的方法，称为绝对编程法。增量指令是用各轴的移动量直接编程的方法，称为增量编程法，也称相对值编程。

绝对编程时，用 X、Z 表示 X 轴与 Z 轴的坐标值；增量编程时，用 U、W 表示在 X 轴和 Z 轴上的移动量。如图 9-7 所示，用增量指令时为 U40.0、W-60.0；用绝对指令时为 X70.0、Z40.0。绝对编程和增量编程可在同一程序中混合使用，这样可以免去编程时一些尺寸值的计算，如 X70.0、W-60.0。

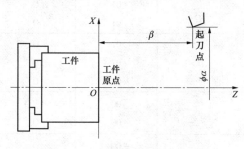

图 9-6　工件原点和工件坐标系

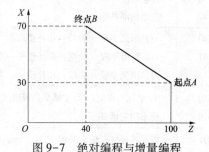

图 9-7　绝对编程与增量编程

5. 直径编程与半径编程

编制轴类工件的加工程序时，因其截面为圆形，所以尺寸有直径指定和半径指定两种方法，采用哪种方法要由系统的参数决定。采用直径编程时，称为直径编程法；采用半径编程时，称为半径编程法。车床出厂时均设定为直径编程，所以在编程时与 X 轴有关的各项尺寸一定要用直径值编程；如果需用半径编程，则要改变系统中相关的几项参数，使系统处于半径编程状态。

二、数控车床的基本功能

数控机床的基本功能包括准备功能（G 功能）、辅助功能（M 功能）、进给功能（F 功能）、刀具功能（T 功能）和主轴功能（S 功能）。

1. 准备功能（G 功能）

数控车床控制系统的准备功能（G 功能）与铣镗类控制系统的准备功能略有区别。如表 9-1 所示为一台配置 FANUC 0i-TC 系统的数控车床的准备功能 G 代码表。

表 9-1   G 代 码 表

G 代码	功　　能	组别	分类
G00	快速定位	01	B
G01	直线插补（直线切削）	01	B
G02	圆弧插补（圆弧切削），顺时针方向	01	B
G03	圆弧插补（圆弧切削），逆时针方向	01	B
G04	暂停（延时）	00	B
G10	补偿值设定	00	O
G20	英制输入单位	06	O
G21	公制输入单位	06	O
G22	存储型行程限位接通		O
G23	存储型行程限位断开		O
G27	自动返回参考点确认	00	O
G28	自动返回参考原点	00	O
G29	由参考点回到切削点	00	O
G32	螺纹切削	01	B
G36	自动切削补偿 X	01	O
G37	自动切削补偿 Z	01	O
G40	刀具圆弧半径（尖端）R 补偿取消	07	O
G41	刀具圆弧半径（尖端）R 补偿——左	07	O
G42	刀具圆弧半径（尖端）R 补偿——右	07	O
G50	① 坐标系设定；② 主轴最高速度设定	00	B、O
G70	精车固定循环	00	O
G71	粗车外径复合固定循环	00	O
G72	粗车端面复合固定循环	00	O
G73	固定形状粗加工复合固定循环（闭环路切削循环）	00	O
G74	Z 向深孔钻削循环	00	O
G75	外径断续切削循环（在 X 向切槽）	00	O
G76	螺纹切削循环	00	O
G90	切削循环（A）（单一形状固定循环）	01	O
G92	螺纹削循环	01	O
G94	切削循环（B）	01	O

G 代码	功　能	组别	分类
G96	恒速切削控制有效（指定）	02	O
G97	恒速切削控制取消（主轴转速直接指定）	02	B
G98	进给速度按每分钟指定（mm/min）	05	B
G99	进给速度按（主轴）每转进给量指定（mm/r）	05	B

注　1. 分类栏中（B）为基本机能，（O）为选择机能。
　　2. 00 组为非模态 G 代码，其他组均为模态指令。

2. 辅助功能（M 功能）

数控车床辅助功能，是用来指令机床辅助动作的一种功能。它由地址 M 及其后的两位数字组成。辅助功能也称 M 功能或 M 代码。表 9-2 所示是一台配有 FANUC6T、0T 数控系统的数控车床的 M 代码表。

表 9-2　　　　　　　　　　M　代　码　表

序号	代码	功　能	序号	代码	功　能
1	M00	程序停止	7	M08	切削液开
2	M01	选择停止	8	M09	切削液关
3	M02	程序结束	9	M30	程序结束
4	M03	主轴正转	10	M98	调用子程序
5	M04	主轴反转	11	M99	子程序结束并返回主程序
6	M05	主轴停止			

3. F、S、T 功能

（1）F 功能：用来指定进给速度，由地址 F 和其后面的数字组成。

在含有 G99 程序段的后面，在遇到 F 指令时，认为 F 所指定的进给速度单位为 mm/r。系统开机状态为 G99，只有输入 G98 指令后，G99 才被取消。而 G98 为每分钟进给，单位为 mm/min。

（2）S 功能：用来指定主轴转速或速度，由地址 S 和其后的数字组成。

G96 是接通恒线速度控制的指令，当 G96 执行后，S 后面的数值为切削速度。例如，G96 S100 表示切削速度为 100m/min。

G97 是取消 G96 的指令。执行 G97 后，S 后面的数值表示主轴每分钟转数。例如，G97 S800 表示主轴转速为 800r/min，系统开机状态为 G97 指令。

G50 除有坐标系设定功能外，还有主轴最高转速设定功能。例如，G50　S2000 表示主轴转速最高为 2000r/min。用恒线速度控制加工端面锥度和圆弧时，由于 X 坐标值不断变化，当刀具逐渐接近工件的旋转中心时，主轴转速会越来越高，工件有从卡盘飞出的危险，所以为防止事故发生，有时必须限定主轴最高转速。

（3）T 功能：用来控制数控系统进行选刀和换刀。用地址 T 和其后的数字来指定刀具号和刀具补偿号。车床上刀具号和刀具补偿号有两种形式，即 T1+1 或 T2+2，具体格式和含义如下：

在 FANUC 0i-TC 系统中，这两种形式均可采用，通常采用 T2+2 形式，如 T0202 表示采用 2 号刀具和 2 号刀具补偿。

三、程序的结构

1. 程序段的构成

N_ G_ X(U)_ Z(W)_ F_ S_ T_ M_;

说明：① N_ 为程序段顺序号；② G_ 为准备功能；③ X（U）_ 为 X 轴移动指令；④ Z（W）_ 为 Z 轴移动指令；⑤ F_ 为进给功能（mm/min 或 mm/r）；⑥ M_ 为辅助功能；⑦ S_ 为主轴功能；⑧ T_ 为刀具功能。

2. 程序的结构

一个数控程序由程序号、程序内容和程序结束指令组成。程序号由英文字母 O 加上 4 位数字构成，程序结束用 M02 或 M30 指令，如下所示：

```
O1000;                          //程序号
N10  G00  X30.0  Z5.0;          //N10~N30 为程序内容
N20…;
N30…;
N40  M02(或 M30);               // 程序结束指令
```

任务二　加 工 阶 梯 轴

本任务要求运用数控车床加工如图 9-8 所示的阶梯轴零件，毛坯为 ϕ30mm 棒料，材料为 45 钢。

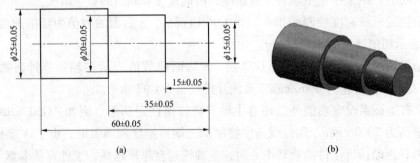

(a)　　　　　　　　　　　　　　(b)

图 9-8　阶梯轴类零件

（a）零件图；（b）实体图

本任务的学习目标是：掌握 G00、G01 和 G90 指令的用法，能应用这些指令编程并加工阶梯轴零件。

一、基础知识

1. 直线移动 G 指令的应用

（1）快速定位（G00）。定位指令命令刀具以点位控制方式从刀具所在点快速移动到目标位置，无运动轨迹要求，不需特别规定进给速度。

输入格式：

```
G00  X(U)  Z(W)  ;
```

说明：① "X（U）___ Z（W）___"为目标点的坐标（下文同）；② X（U）坐标按直径值输入；③ "；"表示一个程序段的结束。

如图 9-9 所示，工件坐标系设置在工件左端面，从 A 点快速运动到 C 点的程序为

```
G00  X40.0  Z212.0;          //绝对值指令编程
```

或

```
G00  U-160.0  W-51.0;        //相对值指令编程
```

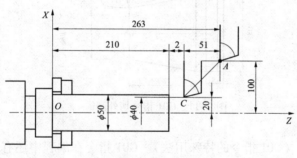

图 9-9　G00 指令的运用

在执行上述程序段时，刀具实际运动路线不是一条直线，而是一条折线。因此，在使用 G00 指令时，要注意刀具是否与工件和夹具发生干涉，对不适合联动的场合，两轴可分别运动。

■ 提示

G00 指令的运动轨迹是一条折线，在使用时要防止撞刀。

（2）直线插补指令（G01）。直线插补指令用于直线或斜线运动，可使数控车床沿 X 轴、Z 轴方向执行单轴运动，也可以沿 XZ 平面内任意斜率的直线运动。

输入格式：

```
G01  X(U)__ Z(W)__ F__;
```

例如，外圆柱切削（见图 9-10）程序为

```
G01  U0  W-80.0  F0.3;
```

或

```
G01  X60.0  Z-80.0  F0.3;
```

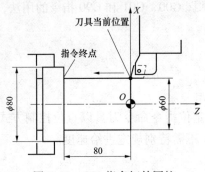

图 9-10　G01 指令切外圆柱

又如，外圆锥切削（见图 9-11）程序为

```
G01  X80.0  Z-80.0  F0.3;
```

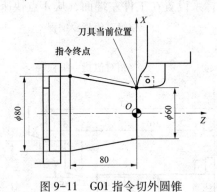

图 9-11　G01 指令切外圆锥

（3）倒角和倒圆（G01 指令的特殊用法）。G01 指令在编程中还有一种特殊用法，即倒角和倒圆。

例如，倒角（见图 9-12）程序如下。

绝对坐标编程：

```
N001  G01  Z-20  C4  F0.4;
N002  X50.  C-2;
N003  Z-40.;
```

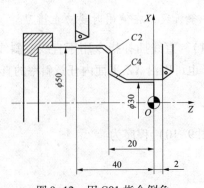

图 9-12　用 G01 指令倒角

相对坐标编程：

```
N001  G01  W-22  C4  F0.4;
N002  U20.  C-2;
N003  W-20.;
```

又如，倒圆（见图 9-13）程序如下。

绝对坐标编程：

```
N001  G01  Z-20.  R4  F0.4;
N002  X50.  R-2.;
N003  Z-40.;
```

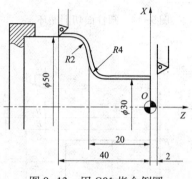

图 9-13 用 G01 指令倒圆

2. 模态代码与非模态代码

"模态代码"的功能在它被执行后会继续维持；"非模态代码"仅在收到该命令时起作用。

G00 和 G01 都是模态代码。连续执行 G01 时，后面的程序段可省略写 G01。例如：

```
G01  X36.  Z-20.;
(G01)  X40. Z-20.;
```

3. 外圆切削循环（G90）

功能：当零件的内、外圆柱面上毛坯余量较大时，用 G90 指令可以去除大部分毛坯余量。

切削圆柱面时，格式为：

```
G90  X(U)__ Z(W)__ F__;
```

如图 9-14 所示，刀具从循环起点开始按矩形循环，最后又回到循环起点。图 9-14 中虚线表示按 R 快速移动，实线表示按 F 指定的工件进给速度移动。X、Z 为圆柱面切削终点坐标值；U、W 为圆柱面切削终点相对循环起点的坐标分量。

如图 9-15 所示为圆柱面切削循环举例，程序如下：

```
G90  X40.0  Z20.0  F30;        //A→B→C→D→A
     X30.0;                     //A→E→F→D→A
     X20.0;                     //A→G→H→D→A
```

4. 端面切削循环（G94）

功能：当零件的端面上毛坯余量较大时，用 G94 指令可以去除大部分毛坯余量。

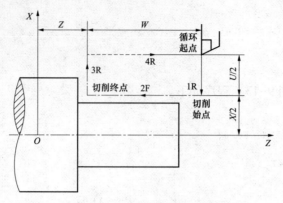

图 9-14　圆柱面切削循环

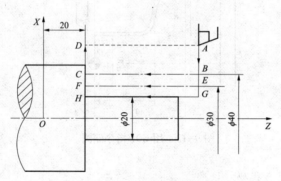

图 9-15　圆柱面切削循环举例

切削端平面时，格式为

G94　X(U)___ Z(W)___ F ___;

如图 9-16 所示，X、Z 为端平面切削终点坐标值，U、W 为端面切削终点相对循环起点的坐标分量。

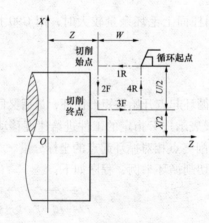

图 9-16　端平面切削循环

如图 9-17 所示为端平面切削循环举例，程序如下：

```
G94  X50.0  Z16.0  F30;          //A→B→C→D→A
     X13.0;                       //A→E→F→D→A
     X10.0;                       //A→G→H→D→A
```

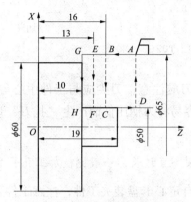

图 9-17 端平面切削循环举例

二、任务实施

（1）工艺分析与工艺设计

1）图样分析。如图 9-8 所示的零件由阶梯状的圆柱面组成，零件的尺寸精度要求一般。从右至左，零件的外径尺寸依次增大。

2）加工工艺路线设计：① 车端面；② 粗车 $\phi25$mm、$\phi20$mm、$\phi15$mm 外圆，留余量 0.5mm；③ 从右至左精加工各面；④ 切断。

3）刀具选择。

a）90° 外圆车刀 T0101：用于车端面和粗、精车外圆。

b）切槽刀（宽为 3mm）T0202：用于切断。

（2）程序编制。工件原点设在零件的右端面，程序如下：

```
O0001;                          //程序号
N10   M03  S600  T0101;         //换 1 号刀
N20   G00  X35.0  Z3.0;
N30   G94  X0  Z0  F100;        //车端面
N40   G90  X25.5  Z-62.0  F150; //粗车外圆
N50        X20.5  Z-34.5;
N60        X15.5  Z-14.5;
N70   G00  X15.0  Z2.0  S800;
N80   G01  X15.0  Z-15.0  F80;  //精车φ15mm外圆
N90        X20.0;
N100       Z-35.0;              //精车φ20mm外圆
N110       X25.0;
```

```
N120            Z-62.0;                        //精车φ25mm外圆
N130 G00 X50.0;
N140            Z50.0 T0100;                   //取消1号刀具补偿
N150 T0202;                                    //换2号切断刀,使用2号刀具补偿
N160 G00 X32.0 Z-63.0;
N170 G01 X1.0 F40;                             //切断
N180 G00 X50.0 Z50.0 T0200 M05;
N190 M02;
```

（3）安装刀具。安装车刀应注意,刀尖应与工件中心等高或稍高。如果装得低于中心,由于切削抗力的作用,容易将刀柄压低而产生"扎刀"现象。

■ 提示

加工孔时,刀柄伸出刀架不宜过长,一般比被加工孔长 5~6mm。

（4）装夹工件。用三爪自定心卡盘装夹工件,注意工件要和车床主轴同心。

（5）输入程序。

（6）对刀。使用前面介绍的试切法对刀,外圆刀作为设定工件坐标系的标准刀,切断刀通过与外圆刀比较,在机床刀具表中设定长度补偿。

（7）启动自动运行,加工零件。为防止出错,最好使用单段方式加工。

（8）测量零件,修正零件尺寸。

任 务 三　加 工 圆 锥 轴

本任务要求运用数控车床加工如图 9-18 所示的圆锥轴零件,毛坯为 φ32mm 棒料,材料为 45 钢。

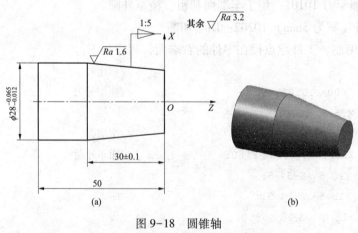

图 9-18　圆锥轴
（a）零件图；（b）实体图

本任务的学习目标是:掌握圆锥尺寸计算方法、圆锥轴的加工方法和锥度的测量方法。

一、基础知识

1. 圆锥尺寸计算

（1）圆锥各部分的名称。圆锥有 4 个基本参数，如图 9-19 所示。圆锥各部分的名称如下：① 圆锥半角（$\alpha/2$）或锥度（C）；② 最大圆锥直径（D）；③ 最小圆锥直径（d）；④ 圆锥长度（L）。

以上四个量中，只要知道任意三个量，其他一个未知量即可以求出。

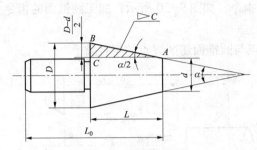

图 9-19　圆锥各部分的名称

D—最大圆锥直径（大端直径）；d—最小圆锥直径（小端直径）；α—圆锥角；

$\alpha/2$—圆锥半角；L—圆锥长度；L_0—工件全长；C—锥度

（2）锥度（C）。锥度是两个垂直圆锥轴截面的圆锥直径差与该两截面间的轴向距离之比。

$$C = \frac{D-d}{L}$$

D、α、L 三个量与 C 的关系为

$$D = d + CL$$
$$d = D - CL$$
$$L = \frac{D-d}{C}$$

（3）圆锥半角（$\alpha/2$）计算公式：

$$\tan(\alpha/2) = \frac{D-d}{2L}$$

其他三个量与圆锥半角（$\alpha/2$）的关系：

$$D = d + 2L\tan(\alpha/2)$$
$$d = D - 2L\tan(\alpha/2)$$
$$L = \frac{D-d}{2\tan(\alpha/2)}$$

计算圆锥半角（$\alpha/2$），必须查三角函数表。当圆锥半角 $\alpha/2 < 6°$ 时，可用下列近似公式计算：

$$\alpha/2 \approx 28.7° \times \frac{D-d}{L}$$

$$a/2 \approx 28.7° \times C$$

式中　C——锥度。

（4）圆锥半角（$a/2$）与锥度（C）的关系为

$$\tan(\alpha/2) = \frac{C}{2}$$

$$C = 2\tan(a/2)$$

2. 圆锥的加工方法

（1）圆锥面的加工指令。如图 9-20 所示，加工圆锥面的指令为

G90　X__ Z__ R__ F__;

说明：R 为切削始点与圆锥面切削终点的半径差。

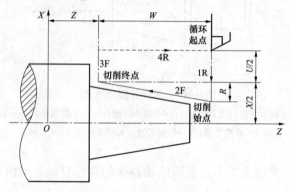

图 9-20　圆锥面切削循环

（2）圆锥的切削方法。圆锥的切削方法有两种，如图 9-21 所示。

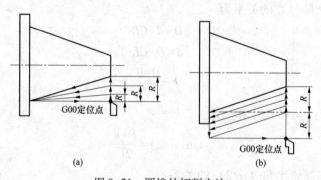

图 9-21　圆锥的切削方法

（a）改变 R 的尺寸；（b）改变 X 的尺寸

1）X、Z 终点坐标尺寸位置不变，每个程序段只改变 R 的尺寸，如图 9-21（a）所示。

2）R、Z 尺寸不变，每个程序段只改变 X 的尺寸，如图 9-21（b）所示。

■ 提示

为防止刀具和工件相撞，加工前对刀具定位时，刀具要保持和圆锥的端面有 1～2mm

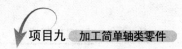

的距离。用 G90 指令粗加工，然后用 G01 指令精加工。

如图 9-22 所示为圆锥面切削循环举例，程序如下：

```
G90  X40.0  Z20.0  R-5.0  F30;          //A→B→C→D→A
     X30.0;                              //A→E→F→D→A
     X20.0;                              //A→G→H→D→A
```

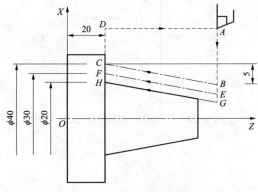

图 9-22　锥面切削循环举例

3. 带锥度的端面切削循环

切削带有锥度的端面时，格式为

```
G94  X(U)__ Z(W)__ R__ F__;
```

如图 9-23 所示，R 为端面切削始点至终点位移在 Z 轴方向的坐标增量。$R = Z_{切削始点} - Z_{切削终点}$

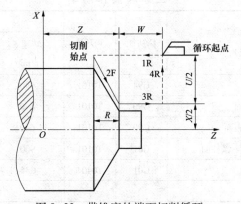

图 9-23　带锥度的端面切削循环

如图 9-24 所示为带锥度的端面切削循环举例，程序如下：

```
G94  X15.0  Z33.48  R-3.48  F30;        //A→B→C→D→A
     Z31.48;                            //A→E→F→D→A
     Z28.78;                            //A→G→H→D→A
```

161

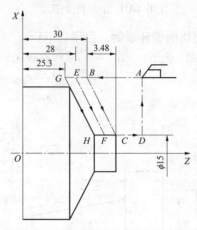

图 9-24 带锥度的端面切削循环举例

二、任务实施

（1）工艺分析与工艺设计。

1）图样分析。如图 9-18 所示的零件由圆柱面和圆锥面组成，零件的尺寸精度要求较高。

2）加工工艺路线设计。由于毛坯为棒料，用三爪自定心卡盘夹紧定位。由于工件较小，为了加工路径清晰，加工起点和换刀点可以设为同一点，放在 Z 方向距工件右端面 100mm、X 方向距轴心线 50mm 的位置。加工工艺路线的制定见表 9-3。

表 9-3   工 序 和 操 作 清 单

序号	工步内容（走刀路线）	G 功能	T 刀具	切削用量		
				转速 S（r/min）	进给速度 F（mm/r）	背吃刀量（mm）
1	车端面	G94	T0101	640	0.1	
2	自右向左粗车圆柱表面	G90	T0101	640	0.3	2
3	自右向左粗加工圆锥表面	G90	T0101	640	0.3	1.5
4	自右向左精加工圆锥面、圆柱面	G01	T0101	900	0.1	0.2
5	切断	G01	T0404	335	0.1	
6	检测、校核					

3）刀具选择。加工刀具的确定见表 9-4。

表 9-4   刀 具 卡

序号	刀具号	刀具名称及规格	数量	加工表面	备注
1	T0101	93°粗精右偏外圆刀	1	外表面、端面	
2	T0404	B=3mm 切断刀（刀位点为左刀尖）	1	切断	

（2）程序编制。

1）数值计算。当加工锥面的 Z 向起始点为 Z2，计算精加工圆锥面时，切削起始点的直径为 d。

根据公式 $C=\dfrac{D-d}{L}$，即 $C=\dfrac{1}{5}=\dfrac{28-d}{32}$，得 $d=21.6$。若采用 G90 指令进行加工，则 $R=\dfrac{21.6-28}{2}=-3.2$。

2）编程。使用 FANUC 0—TD 数控系统编程，程序如下：

```
O6001;                              //程序号
N010  G50  X100  Z100;              //建立工件坐标系
N020  M03  S640  T0101;             //主轴正转,选择1号外圆刀
N030  G99;                          //进给速度单位为mm/r
N040  G00  X35  Z2;                 //快速定位至φ35mm直径,距端面正向2mm
N050  G94  X0  Z0.2  F0.2;          //加工端面
N060       Z0  F0.1;
N070  G90  X28.4  Z-53  F0.3;       //粗加工φ28mm外圆,留0.2mm精加工余量
N080       X32  Z-30  R-3.2  F0.3;  // 粗加工锥面,留0.2mm精加工余量
N090       X28.4;
N100  G00  X21.6  Z2;               //快速定位至(X21.6,Z2),即精加工锥面的切削
                                      始点
N110  G01  X28  Z-30  F0.1;         //精加工圆锥面
N120       Z-53;                    //精加工φ28mm圆柱面
N130       X35;                     //径向退出
N140  G00  X100  Z100  T0100  M05;  //返回程序起点,取消刀具补偿,停主轴
N150  M01;                          //选择停止,以便检测工件
N160  M03  S335  T0404;             //换切断刀,主轴正传
N170  G00  X35  Z-53;               //快速定位至(X35,Z-53)
N180  G01  X0  F0.1;                //切断
N190  G00  X35;                     //径向退刀
N200  G00  X100  Z100  T0400  M05;  //返回刀具起始点,取消刀具补偿,停主轴
N210  T0100;                        //1号刀返回刀具起始点,取消刀具补偿
N220  M30;                          //程序结束
```

（3）安装刀具。安装注意事项同前。

（4）装夹工件。用三爪自定心卡盘装夹工件，注意工件要和车床主轴同心。

（5）输入程序。

（6）对刀。使用前面介绍的试切法对刀，外圆刀作为设定工件坐标系的标准刀。对刀时，切断刀左刀尖作为编程的刀位点。切断刀通过与外圆刀比较，在机床刀具表中设定长度补偿。

（7）启动自动运行，加工零件。

（8）测量零件，修正零件尺寸。

■ 提示

（1）车锥面时刀尖一定要与工件轴线等高，否则车出的工件素线不直，成双曲线形。

（2）设定循环起点时要注意循环中快进到位时不能撞刀。

（3）为了使圆锥面、圆柱面连接处无毛刺，应在最后精加工时连续加工圆锥面和圆柱面。

任务四　加工带圆弧面的轴类零件

本任务要求运用数控车床加工如图 9-25 所示带圆弧面的轴类零件，毛坯为 $\phi22mm$ 棒料，材料为 45 钢。

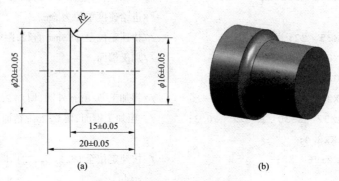

图 9-25　带圆弧面的轴类零件

（a）零件图；（b）实体图

本任务的学习目标是：掌握圆弧插补指令 G02 和 G03 的用法，掌握带圆弧面的轴类零件的编程和加工方法。

一、基础知识

1. 顺时针圆弧插补（G02）

如图 9-26 所示，顺时针圆弧插补的编程格式为

G02　X(U)＿ Z(W)＿ R(或 I,K)＿ F＿ ；

说明：① G02 为顺时针圆弧插补代码；② X、Z 为绝对值终点坐标尺寸；③ U、W 为相对值终点坐标尺寸；④ R 为圆弧半径（半径指定）；⑤ I 为从始点到圆心在 X 轴方向的距离；⑥ K 为从始点到圆心在 Z 轴方向的距离；⑦ F 为切削进给速度。

2. 逆时针圆弧插补（G03）

如图 9-27 所示，逆时针圆弧插补的编程格式为

G03　X(U)＿ Z(W)＿ R(或 I,K)＿ F＿ ；

说明：① G03 为逆时针圆弧插补代码；② X、Z 为绝对值终点坐标尺寸；③ U、W 为相对值终点坐标尺寸；④ R 为圆弧半径（半径指定）；⑤ I 为从始点到圆心在 X 轴方向的距离；⑥ K 为从始点到圆心在 Z 轴方向的距离；⑦ F 为切削进给速度。

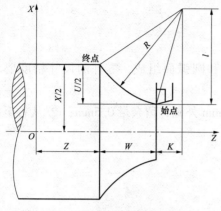

图 9-26 顺时针圆弧插补（G02）

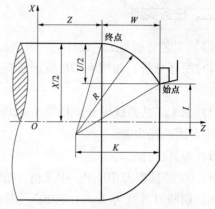

图 9-27 逆时针圆弧插补（G03）

3. R、I、K 值的使用

（1）G02、G03 指令的格式中都可以使用 R 或 I、K，格式如下：

```
G02  X__ Z__ I__ K__ F__;
G02  X__ Z__ R__ F__;
G03  X__ Z__ I__ K__ F__;
G03  X__ Z__ R__ F__;
```

（2）以下是如图 9-28 所示零件的相关程序。由于该图所示情况为前置刀架，故使用 G02 指令。

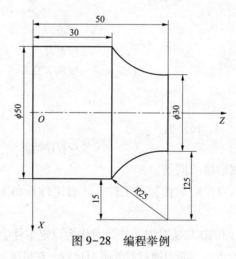

图 9-28 编程举例

```
 G02  X50  Z30  R25  F50;
 或
 G02  U20  W-20  R25  F50;
 G02  X50  W-20  I25  K0  F50;
 G02  U20  Z30  I25  K0  F50;
```

二、任务实施

（1）工艺分析与工艺设计

1）图样分析。如图 9-25 所示零件由圆柱面和圆弧面组成，零件的尺寸精度要求较高。

2）加工工艺路线设计。① 粗车 $\phi20$mm 和 $\phi16$mm 外圆，留余量 0.5mm；② 从右至左精加工各面；③ 切断。

3）刀具选择。

a）90° 外圆车刀 T0100：用于粗、精车外圆。

b）切断刀（宽为 3mm）T0202：用于切断。

（2）程序编制。工件坐标系建立在零件右端面，程序如下：

```
O0001;                               //程序号
N10   M03  S600  T0100;
N20   G00  X30.  Z2.0;               //定位
N30   G90  X20.5  Z-20.0  F150;
N40         X16.5  Z-13.0;
N50   G01  X16.0  Z2.0;              //定位
N60              Z-13.0  F100;
N70   G02  X20.0  Z-15.0  R2.0;
（或 N70  G02  X20.0  Z-15.0  I2.0  K0;）
N80   G01         Z-20.0;
N90   G00  X50.0;                    //退刀
N100  G00  Z100.0  M05;              //退刀
N110  T0202;                         //换 2 号刀
N120  G00  X25.0  Z-23.0;
N130  G01  X0  F20;                  //切断
N140  G00  X50.0  Z100.0  T0200;
N110  M30;                           //程序结束
```

（3）安装刀具。安装注意事项同前。

（4）装夹工件。用三爪自定心卡盘装夹工件，注意工件要和车床主轴同心。

（5）输入程序。

（6）对刀。使用前面介绍的试切法对刀，外圆刀作为设定工件坐标系的标准刀。对刀时，切断刀左刀尖作为编程的刀位点。切断刀通过与外圆刀比较，在机床刀具表中设定长度补偿。

（7）启动自动运行，加工零件。

（8）测量零件，修正零件尺寸。

三、拓展训练——倒角

1. 倒角的作用及种类

（1）倒角的作用。阶梯轴端面的毛刺，会影响零件装配及测量。为了便于装配及测量，常在轴端进行倒角。

（2）倒角的种类。倒角有斜角和圆弧角两种。

2. 倒角的常用车削方法

（1）倒小斜角可采用直线插补的方法切削（G01）。

（2）倒小圆弧角可采用圆弧插补的方法切削（G02、G03）。

（3）倒大斜角可采用切削圆锥的方法切削（G90、G94）。

（4）倒大圆弧角可采用切削圆弧的方法切削。

3. 倒角的车削方法及编程计算

车削倒角一般选用90°外圆车刀，先将刀尖移到倒角的延长线上，然后让车刀沿倒角轮廓进行车削。

如图9-29所示，为了加工出平滑的45°倒角，必须先将车刀刀尖移到倒角的延长线上，点 A（14，1）为倒角延长线上的一点。

工件原点设在工件右端面，倒角的程序如下：

```
G00  X20. Z5.;            //快速定位
G01  X14.Z1. F0.2;        //移到A 点
G01  X20. Z-2.;           //A→B，或G01  U6. W-3.;
......
```

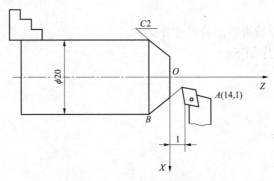

图 9-29 倒角的车削

4. 倒角训练

零件如图9-30所示，毛坯为 $\phi25mm$ 的棒料，材料为45钢，试编程并加工零件。

（1）加工工艺。

1）用三爪自定心卡盘装夹毛坯，伸出长度为限位位置尺寸+切断刀宽+工件长度，即10+3+22＝35（mm）。

2）选择两把高速钢车刀：外圆刀（T0100）、切断刀（T0200，刀宽3mm）。

3）选择试切对刀的方法对刀及检查。

4）调整车床主轴速度及进给量：粗车400r/min，F80；精车500r/min，F30。

5）外圆选用外圆车削循环（G90）的车削方法加工；车槽选用端面切削循环（G94）的车削方法加工；倒角 C1 选用直线插补（G01）的车削方法加工；圆弧角选用圆弧插补

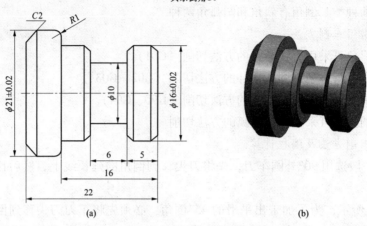

其余倒角C1

图 9-30 倒角零件图

（a）零件图；（b）实体图

（G02）的车削方法加工。

6）编写程序。

7）检查程序（空运行检查参数，翻页检查数字，仿真检查走刀路线）。

8）切削加工。

9）加工完毕，测量检查各部分尺寸并交验。

（2）编写程序。程序如下：

```
O1203;
N10   G50   X60   Z60;
N20   M03   S400   T0100;
N30   G00   X26   Z2;
N40   G90   X23   Z-25   F80;
N50   X21.2;
N60   X18   Z-16;
N70   X16.2;
N80   G00   X60   Z60;
N90   T0202;
N100  G00   X18   Z-8;
N110  G94   X10   Z-8   F50;
N120  Z-11   F30;
N130  G94   X14   Z-8   R2;
N140  G01   X18   Z-11   F100;
N150  G94   X14   Z-11   R-2   F30;
N160  G00   X60   Z60   T0200;
N170  T0100;
N180  G00   X14   Z2;
```

```
N190  G01  X14  Z0  F100;
N200  X16  Z-1  F30;
N210  Z-16;
N211  X19;
N220  G03  X21  Z-17  R1;
N230  G01  Z-21;
N240  G00  X60  Z60;
N250  T0202;
N260  G00  X23  Z-25.5;
N270  G94  X10  Z-25.5  F50;
N280  G01  X23  Z-22  F100;
N290  X17  Z-25  F30;
N300  X0  Z-25;
N310  G00  X23  Z-25;
N320  X60  Z60;
N330  M05  T0100;
N340  M30;
```

■ **提示**

使用 G94 指令倒角时，注意 R 值的正负，往 Z 轴正方向进刀的 R 值取负值，往 Z 轴负方向进刀的 R 值取正值。

思 考 与 训 练

一、单项选择题

1. 车工在工作结束后，应（　　）。

A. 装夹好下一个工件　　　　　　B. 清理机床

C. 戴好手套　　　　　　　　　　D. 迅速离开工作场地

2. 机床坐标系原点也称为（　　）。

A. 工件零点　　　B. 编程零点　　　C. 机械零点　　　D. 刀具零点

3. 在 G00 程序段中，（　　）值不起作用。

A. X　　　　　　B. S　　　　　　C. F　　　　　　D. T

4. 数控编程中，不能任意移动的坐标系为（　　）。

A. 机床坐标系　　B. 工件坐标系　　C. 相对坐标系　　D. 绝对坐标系

5. 在数控机床上加工零件时，刀具相对于工件运动的起点为（　　）。

A. 对刀点　　　　B. 换刀点　　　　C. 原点　　　　　D. 零点

6. 加工工件的程序中，G00 代替 G01，数控车床会（　　）。

A. 报警　　　　　B. 停机　　　　　C. 继续加工　　　D. 改正

7. M02 代码的作用是（　　）。

A. 程序停止　　　B. 计划停止　　　　C. 程序结束　　　　D. 不指定

8. 在一行指令中，对 G 代码、M 代码的书写顺序规定为（　　　）。

　　A. 先 G 代码，后 M 代码　　　　　B. 先 M 代码，后 G 代码

　　C. G 代码与 M 代码不许在同一行中　　D. 没有书写顺序要求

9. 数控车床指令 S2000 中，S 的单位为（　　　）。

　　A. r/min　　　　B. m/min　　　　C. rad/min　　　　D. m/s

10. 数控车床的指定刀具号是（　　　）。

　　A. G　　　　　B. T　　　　　　C. F　　　　　　D. D

二、判断题（正确的打"√"，错误的打"×"）

1. 数控车床的机床坐标系和工件坐标系零点相重合。　　　　　　　　　　（　　　）

2. 数控加工程序由程序号、程序段和程序结束符组成。　　　　　　　　　（　　　）

3. 数控车床的机械坐标系是唯一的。　　　　　　　　　　　　　　　　　（　　　）

4. 按 PROG 键表示显示程序显示与编辑页面。　　　　　　　　　　　　　（　　　）

5. 数控机床工件坐标系的零点位置可通过 MDI 方式任意设定。　　　　　　（　　　）

6. "循环启动"按钮用于程序的启动。　　　　　　　　　　　　　　　　　（　　　）

7. 从 M03 正转到 M04 反转时，要先用 M05 使主轴停止。　　　　　　　　（　　　）

8. M02 与 M30 功能完全一样，都是程序结束。　　　　　　　　　　　　　（　　　）

9. G00 命令与进给速度指定 F 无关。　　　　　　　　　　　　　　　　　（　　　）

10. 程序段 N003　G01　X-8　Y8 中由于没有 F 指令，因此是错误的。　　（　　　）

11. 数控车床的机床原点是由厂家设定的。　　　　　　　　　　　　　　　（　　　）

12. 进给功能指令又称 F 指令，用来指定刀具相对工件运动的速度。　　　　（　　　）

三、编程题

1. 零件如图 9-31 所示，材料为 ϕ36mm 的 45 钢棒料，编程并加工零件。

2. 零件如图 9-32 所示，材料为 ϕ24mm 的 45 钢棒料，编程并加工零件。

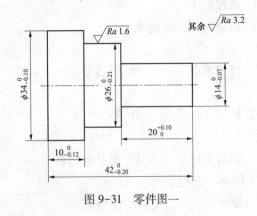

图 9-31　零件图一

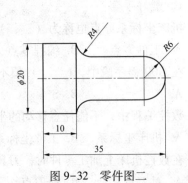

图 9-32　零件图二

项目十

加工中等复杂轴类零件

📖 学习目标

（1）掌握 G71、G73、G70 指令的应用。

（2）掌握子程序的应用。

（3）掌握刀尖圆弧半径补偿的应用方法。

（4）掌握中等复杂轴类零件的加工方法。

如图 10-1 所示为企业常见的中等复杂轴类零件，如何加工这些比较复杂的轴类零件呢？除了用到前面所学到的指令外，还要用到一些循环指令和子程序，在本项目中我们将学习数控车削循环指令和子程序的用法，将训练中等复杂轴类零件的编程与加工方法。

图 10-1　中等复杂轴类零件

任务一　加工中等复杂轴类零件一

本任务要求运用数控车床加工如图 10-2 所示的轴类零件，毛坯为 φ35mm 棒料，材料为 45 钢。

本任务的学习目标是：掌握 G71、G70 和 G72 指令的用法，了解车刀刀具半径补偿的用法，能应用这些指令编程并加工中等复杂轴类零件。

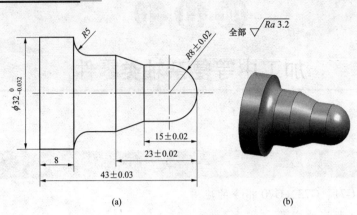

图 10-2 中等复杂轴类零件一

(a) 零件图；(b) 实体图

一、基础知识

1. 外圆粗切削循环（G71）

在使用 G90、G94 指令时，已使程序得到简化，但还有一类复合形固定循环，能使程序进一步得到简化。利用复合形固定循环，只要编制出最终加工路线，给出每次切除的深度或循环次数，机床即可自动地重复切削，直到工件加工完为止。

当给出如图 10-3 所示加工形状的路线 $A \rightarrow A' \rightarrow B$ 及背吃刀量时，就会进行平行于 Z 轴的多次切削，最后再按留有精加工切削余量 Δw 和 $\Delta u/2$ 之后的精加工形状进行加工。

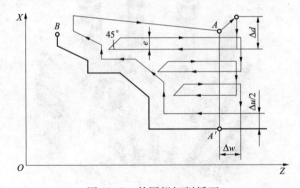

图 10-3 外圆粗切削循环

编程格式为

```
G71 U(Δd) R(e);
G71 P(ns) Q(nf) U(Δu) W(Δw) F(f) S(s) T(t);
```

说明：① Δd 为背吃刀量；② e 为退刀量；③ ns 为精加工形状程序段中的开始程序段号；④ nf 为精加工形状程序段中的结束程序段号；⑤ Δu 为 X 轴方向精加工余量；⑥ Δw 为 Z 轴方向的精加工余量；⑦ f、s、t 为 F、S、T 代码。

在此应注意以下几点。

（1）在使用 G71 指令进行粗加工循环时，只有含在 G71 程序段的 F、S、T 功能才有

172

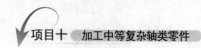

效。而包含在 ns→nf 程序段中的 F、S、T 功能，即使被指定对粗车循环也无效。

（2）A→B 之间必须符合 X 轴、Z 轴方向的共同单调增大或减少的模式。

（3）可以进行刀具补偿。

例如，在图 10-4 中，试按图示尺寸编写粗车循环加工程序。

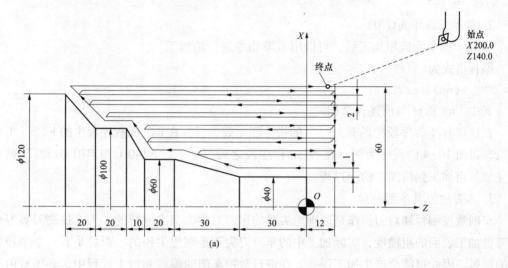

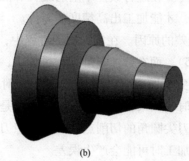

图 10-4 G71 指令的应用

（a）零件图；（b）实体图

```
O1000;
N10  G50  X200  Z140  T0101;
N20  G90  G97  S240  M03;
N30  G00  X120  Z10  M08;
N40  G96  S120;
N50  G71  U2  R0.1;
N60  G71  P70  Q130  U1.0  W0.5  F0.3;
N70  G00  X40;                          //ns
N80  G01  Z-30   F0.15  S150;
N90  X60  Z-60;
N100  Z-80;
N110  X100  Z-90;
```

```
N120  Z-110;
N130  X120  Z-130;                                    //nf
N140  G00  X125;
N150  X200  Z140  T0100  M09;
N160  M02;
```

2. 精加工循环（G70）

由 G71 指令完成粗加工后，可以用 G70 指令进行精加工。

编程格式为

```
G70  P(ns)Q(nf);
```

式中，ns 和 nf 与前述含义相同。

在这里 G71 程序段中的 F、S、T 的指令都无效，只有在 ns~nf 程序段中的 F、S、T 才有效，以图 10-4 的程序为例，在 N130 程序段之后再加上"N140 G70 P70 Q130;"就可以完成从粗加工到精加工的全过程。

3. 车刀的刀具半径补偿

车削数控编程和对刀操作是以理想尖锐的车刀刀尖为基准进行的。为了提高刀具寿命和降低加工表面的粗糙度，实际加工中的车刀刀尖不是理想尖锐的，而总是有一个半径不大的圆弧，因此可能会产生加工误差。在进行数控车削的编程和加工过程中，必须对由于车刀刀尖圆角产生的误差进行补偿，才能加工出高精度的零件。

（1）车刀刀尖圆角引起加工误差的原因。在实际加工过程中，所用车刀的刀尖都呈一个半径不大的圆弧形状（见图 10-5），而在数控车削编程过程中，为了编程方便，常把刀尖看作一个尖点，即所谓的假想刀尖（图 10-5 中的 O' 点）。在对刀时一般以车刀的假想刀尖作为刀位点，所以在车削零件时，如果不采取补偿措施，将是车刀的假想刀尖沿程序编制的轨迹运动，而实际切削的是刀尖圆角的切削点。由于假想刀尖的运动轨迹和刀尖圆角切削点的运动轨迹不一致，使得加工时可能会产生误差。

在上述情况下，用带刀尖圆角的车刀车削端面、外径、内径等与轴线平行的表面时，不会产生误差，但在进行倒角、锥面及圆弧切削时，会产生少切或过切现象，如图 10-6所示。

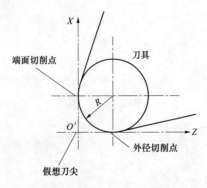

图 10-5 假想刀尖与刀尖圆角

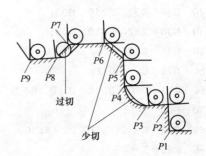

图 10-6 刀尖圆角造成的少切与过切

（2）消除车刀刀尖圆角所引起加工误差的方法。消除车刀刀尖圆角所引起加工误差的前提条件是要确定刀尖圆角半径。由于在数控车削中一般都使用可转位刀片，每种刀片的刀尖圆角半径是一定的，所以选定了刀片的型号，对应刀片的刀尖圆角半径即可确定。

当机床具备刀具半径补偿功能 G41、G42 时，可运用刀具半径补偿功能消除加工误差。

1）所用指令。为了进行车刀刀尖圆角半径补偿，需要使用以下指令：

G40：取消刀具半径补偿。按程序路径进给。

G41：左偏刀具半径补偿。按程序路径前进方向，刀具偏在零件左侧进给。

G42：右偏刀具半径补偿。按程序路径前进方向，刀具偏在零件右侧进给。

2）假想刀尖方位的确定。车刀假想刀尖相对刀尖圆角中心的方位和刀具移动方向有关，它直接影响刀尖圆角半径补偿的计算结果。如图 10-7 所示是车刀假想刀尖方位及代码。从图 10-7 中可以看出假想刀尖 A 的方位有 8 种，分别用 1~8 八个数字代码表示，同时规定，假想刀尖取圆角中心位置时，代码为 0 或 9，可以理解为没有半径补偿。

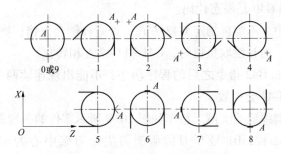

图 10-7　车刀假想刀尖方位及代码

（3）车刀刀具补偿值的确定和输入。车刀刀具补偿包括刀具位置补偿和刀尖圆角半径补偿两部分，刀具代码 T 中的补偿号对应的存储单元中（即刀具补偿表中）存放一组数据：X 轴和 Z 轴的位置补偿值、刀尖圆角半径值和假想刀尖方位（0~9）。操作时，按以下步骤进行。

1）确定车刀 X 轴和 Z 轴的位置补偿值。如果数控车床配置了标准刀架和对刀仪，在编程时可按照刀架中心编程，即将刀架中心设置在起始点，从该点到假想刀尖的距离设置为位置补偿值，如图 10-8 所示，该位置补偿值可用对刀进行测量。如果数控车床配置的是生产厂家所特供的特殊刀架，则刀具位置补偿值与刀杆在刀架上的安装位置有关，无法使用对刀仪，因此，必须采用分别试切工件外圆和端面的方法来确定刀具位置补偿值。

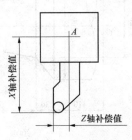

图 10-8　车刀位置补偿

2）确定刀尖圆角半径。根据所选用刀片的型号查出其刀尖圆角半径。

3）根据车刀的安装方位，对照图 10-7 所示的规定，确定假想刀尖方位代码。

4）将每把刀的上述 4 个数据分别输入车床刀具补偿表（注意和刀具补偿号对应，参见后面的实例）。

通过上述操作后，在数控车床加工中即可实现刀具自动补偿。

注意事项：

（1）G4l、G42 和 G40 指令不能与圆弧切削指令写在同一个程序段内，但可与 G01、G00 指令写在同一程序段内，即它是通过直线运动来建立或取消刀具补偿的。

（2）在调用新刀具前或要更改刀具补偿方向时，中间必须取消前一个刀具补偿，避免产生加工误差。

（3）在 G41 或 G42 程序段后面加 G40 程序段，便可以取消刀尖半径补偿，其格式为

G41（或 G42）…；

……

G40…；

程序的最后必须以取消偏置状态结束，否则刀具不能在终点定位，而是停在与终点位置偏移一个矢量的位置上。

（4）G41、G42 和 G40 是模态代码。

（5）在 G4l 方式中，不要再指定 G42 方式，否则补偿会出错；同样，在 G42 方式中，不要再指定 G41 方式。当补偿取负值时，G41 和 G42 互相转化。

（6）在使用 G41 和 G42 指令之后的程序段中，不能出现连续两个或两个以上的不移动指令，否则 G41 和 G42 会失效。

（7）应用刀具补偿编程的实例。精车如图 10-9 所示零件的一段圆锥外表面，使用 01 号车刀，按刀架中心编程，01 号车刀的假想刀尖距刀架中心的偏移量及安装方位如图 10-9 所示，刀尖圆角半径为 0.2mm。

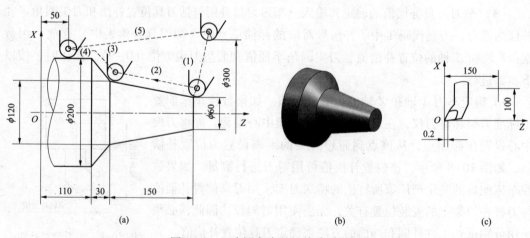

图 10-9　刀尖圆角半径补偿编程实例

（a）零件图；（b）实体图；（c）01 号刀

01 号车刀的刀具补偿值见表 10-1（R 为刀尖圆角半径，T 为假想刀尖方位代码）。

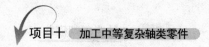

表 10-1 刀 具 补 偿 表

刀具补偿号	X	Z	R	T
01	100.0	150.0	0.2	3

数控加工程序如下：

……

```
N10  G00  X300  Z330  T0101;        、//调用 01 号刀和 1 号刀具补偿,刀具快速定位
N12  G42  G00  X60.0  Z290.0;        //刀具补偿引入程序段
N14  G01  X120.0  W-150.0  F0.3;     //车削圆锥外圆面
N16  X200.0  W-30.0;                 //车削锥形台阶
N18  Z50.0;                          //车削 φ200mm 外圆
N20  G40  G00  X300.0  Z330;         //取消刀具补偿
```

……

二、任务实施

（1）工艺分析与工艺设计

1）图样分析。如图 10-2 所示的零件由圆弧表面、圆柱面和圆锥面组成，零件的尺寸精度和表面粗糙度要求较高。从右至左，零件的外径尺寸逐渐放大。

2）加工工艺路线设计：① 粗车各表面；② 精车各表面；③ 切断。

3）刀具选择。选用 93°外圆车刀（机夹刀）和切断刀。

（2）程序编制。因零件精度要求较高，加工本零件时采用车刀的刀具半径补偿，使用 G71 指令进行粗加工，使用 G70 指令进行精加工。使用 FANUC 0i 系统编程，程序如下：

```
O0001;
N10   M03  S600  T0101;            //93°外圆车刀
N20   G00  G42  X40.  Z2.;         //建立车刀的刀具半径右补偿
N40   G71  U2.0  R1.0;
N50   G71  P60  Q130  U0.5  W0.5  F80;
N60   G00  X0  Z2  S900;
N70   G01  X0  Z0;
N80   G03  X16.0  Z-8.0  R8.0  F30;
N90   G01  Z-15;
N100  X22.  Z-23.;
N110  Z-30.;
N120  G02  X32.  Z-35.  R5.;
N130  G01  Z-43;
N140  G70  P60  Q130;
N150  G00  G40  X100.0  Z100.0  T0100;
N160  T0202;                        //换切断刀,设刀宽为 3mm
N170  G00  X35.0  Z-46.0;
```

```
N180  G01  X1.0  F20;                        //切断
N190  G00  X50.0;
N200  G00  Z100.0  T0200  M05;
N210  M30;
```

（3）安装刀具。安装车刀应注意以下问题。

1）刀尖应与工件中心等高或稍高。如果装得低于中心，由于切削抗力的作用，容易将刀柄压低而产生"扎刀"现象。

2）刀柄伸出刀架不宜过长，一般比被加工孔长 5~6mm。

（4）装夹工件。用三爪自定心卡盘装夹工件，注意工件要和车床主轴同心。

（5）输入程序。

（6）对刀。在刀具表 1 号补偿处输入外圆刀刀片的刀尖圆角半径值，将刀具方位设为 3，参考表 10-1。使用前面介绍的试切法对刀，外圆刀作为设定工件坐标系的标准刀，切断刀通过与外圆刀比较，在机床刀具表中设定长度补偿。在用外圆刀对刀时要考虑刀尖圆角半径值，以外圆车刀刀尖的圆心为刀位点。

（7）启动自动运行，加工零件。为防止出错，最好使用单段方式加工。

（8）测量零件，修正零件尺寸。

三、拓展训练——G72 指令的应用

1. 端面粗加工循环（G72）

G72 与 G71 均为粗加工循环指令，而 G72 指令是平行于 X 轴进行切削循环加工的（见图 10-10），编程格式为

G72 U(Δd) R(e);

G72 P(ns) Q(nf) U(Δu) W(Δw) F(f) S(s) T(t);

其中，参数的含义与 G71 相同。

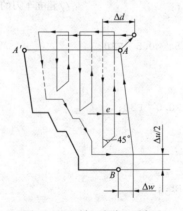

图 10-10　端面粗加工循环

2. 应用 G72 指令加工零件

应用 G72 指令加工如图 10-11 所示的零件。

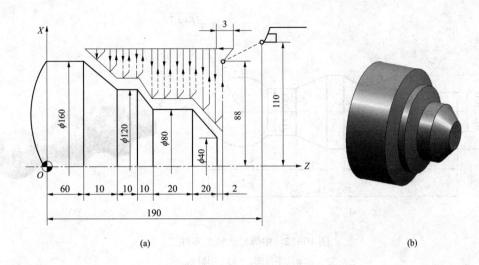

图 10-11 G72 指令的应用

(a) 零件图；(b) 实体图

加工程序如下：

```
N10  G50  X200  Z190  T0101;
N20  G90  G97  S220  M03;
N30  G00  X176  Z132  M08;
M40  G96  S120;
N50  G72  U3  R1.0;
N60  G72  P70  Q120  U2  W0.5  F0.3;
N70  G00  X160  Z60;                    //ns
N80  G01  X120  Z70  F0.15  S150;
N90  Z80;
N100  X80  Z90;
N110  X110;
N120  X36  Z132;                        //nf
N130  G00  X220  Z200  T0100  M09;
N140  M02;
```

任务二　加工中等复杂轴类零件二

本任务要求运用数控车床加工如图 10-12 所示的轴类零件，毛坯为 φ25mm 棒料，材料为 45 钢。

本任务的学习目标是：掌握 G73 指令的用法，能应用 G73 指令编程并加工中等复杂轴类零件，了解修正零件尺寸的方法。

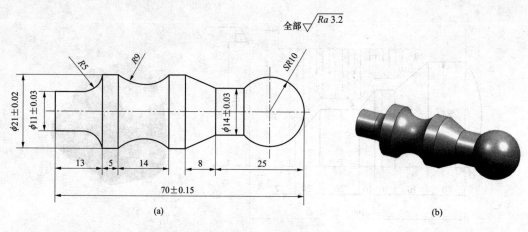

图 10-12　中等复杂轴类零件二

（a）零件图；（b）实体图

一、基础知识

1. 封闭切削循环（G73）

所谓封闭切削循环就是按照一定的切削形状逐渐地接近最终形状。这种方式对于铸造或锻造毛坯的切削是一种效率很高的方法。G73 循环方式如图 10-13 所示。

编程格式：

G73　U(i) W(k) R(d);

G73　P(ns) Q(nf) U(Δu) W(Δw) F(f) S(s) T(t);

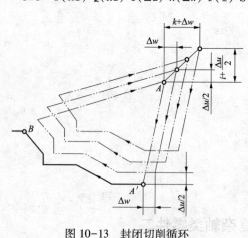

图 10-13　封闭切削循环

说明：①i 为 X 轴上总退刀量（半径值）；②k 为 Z 轴上总退刀量；③d 为重复加工次数。

其余参数与 G71 相同。使用 G73 指令时，与 G71、G72 指令一样，只有 G73 程序段中的 F、S、T 有效。

2. G73 指令中各参数的确定

（1）棒料毛坯。

i 的取值方法：i=（毛坯直径-工件最小处直径）/2

k 的取值方法：取 1 或 2。

d 的取值方法：铝合金材料 d=i/1.5，四舍五入，取整数；45 钢材料 d=i，四舍五入，取整数。

例如，铝合金棒料毛坯，直径 25mm，用 G73 指令编写下面零件程序，确定 i、k、d。

i 的取值：i=（毛坯直径-工件最小处直径）/2=（25-11）/2 =7

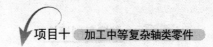

k 的取值：取 1。

d 的取值：d=7/1.5≈4.66，取 5。

（2）铸造（或锻造）毛坯。

i 的取值方法：i=毛坯在 X 轴方向的单边余量。

k 的取值方法：毛坯在 Z 轴方向的余量。

d 的取值方法：铝合金材料 d=i/1.5，　四舍五入，取整数；45 钢材料 d=i，四舍五入，取整数。

3. G73 指令应用举例

应用 G73 指令加工如图 10-14 所示的零件，毛坯为铸造件。程序如下：

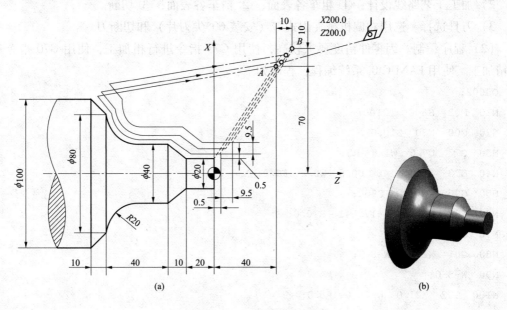

图 10-14　G73 指令的应用

（a）零件图；（b）实体图

```
 N10   G50   X200   Z200   T0101;
 N20   G90   G97   S200   M03;
 N30   G00   X140   Z40   M08;
 M40   G96   S120;
 N50   G73   U9.5   W9.5   R3;
 N60   G73   P70   Q130   U1.0   W0.5   F0.3;
 N70   G00   X20   Z0;              //ns
 N80   G01   Z-20   F0.15   S150;
 N90   X40   Z-30;
 N100   Z-50;
 N110   G02   X80   Z-70   R20;
 N120   G01   X100   Z-80;
```

```
N130  X105;                                    //nf
N140  G00  X200  Z200  T0100;
N150  M02;
```

二、任务实施

（1）工艺分析与工艺设计

1）图样分析。如图 10-12 所示的零件由球面、圆弧表面、圆柱面和圆锥面组成，零件的尺寸精度和表面粗糙度要求较高。从右至左，零件的外径尺寸有时增大，有时减小。

2）加工工艺路线设计：① 粗车各表面；② 精车各表面；③ 切断。

3）刀具选择。选用右偏机械夹固式刀（安装 60°尖刀片）和切断刀。

（2）程序编制。因零件精度要求较高，使用 G73 指令进行粗加工，使用 G70 指令进行精加工。使用 FANUC 0i 系统编程，程序如下：

```
O0002;
N10   M03  S600  T0100;
N20   G00  X30  Z10.0;
N30   G73  U7.0  W1.0  R5;
N40   G73  P50  Q140  U0.5  W0.2  F0.2;
N50   G00  X0  Z0  S900;
N60   G03  X14.0  Z-17.141  R10.0;
N70   G01  Z-25.0;
N80   G01  X21.0  W-8.0;
N90   W-5.0;
N100  G02  X21.0  W-14.0  R9.0;
N110  G01  W-5.0;
N120  G02  X11  W-5  R5.0;
N130  G01  X-71;
N140  G01  X25.0;
N150  G70  P50  Q140;
N160  G00  X100  Z100;
N170  T0202;                                 //换切断刀,设刀宽为 3mm
N180  G00  Z-73.0;
N190  G00  X15.0;
N200  G01  X1.0  F20;                         //切断
N210  G00  X50.0;
N200  G00  Z100.0  T0200  M05;
N210  M30;
```

（3）安装刀具。注意事项同前。

（4）装夹工件。用三爪自定心卡盘装夹工件，注意工件要和车床主轴同心。

182

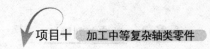

（5）输入程序。

（6）对刀。使用试切法对刀，外圆刀作为设定工件坐标系的标准刀，切断刀通过与外圆刀比较，在机床刀具表中设定长度补偿。

（7）启动自动运行，加工零件。为防止出错，最好使用单段方式加工。

（8）测量零件，修正零件尺寸。

任务三　加工中等复杂轴类零件三

本任务要求运用数控车床加工如图 10-15 所示的轴类零件，毛坯为 $\phi40\text{mm} \times 220\text{mm}$ 的棒料，材料为 45 钢。

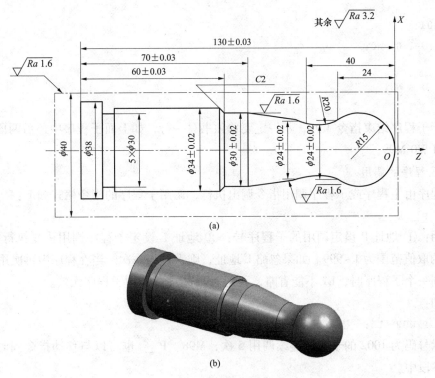

图 10-15　中等复杂轴类零件三
（a）零件图；（b）实体图

本任务的学习目标是：掌握子程序的用法，能应用子程序编程并加工中等复杂轴类零件。

一、基础知识

1. 子程序的概念

机床的加工程序可以分为主程序和子程序两种。主程序是一个完整的零件加工程序，或是零件加工程序的主体部分。它与被加工零件或加工要求一一对应，不同的零件或不同的加工要求都有唯一的主程序。

在编制加工程序中，有时会遇到一组程序段在一个程序中多次出现，或者在几个程序中都要使用它。那么这个典型的加工程序可以做成固定程序，并单独加以命名，这组程序段就称为子程序。

子程序一般不可以作为独立的加工程序使用，它只能通过主程序进行调用，实现加工中的局部动作。子程序执行结束后，能自动返回到调用它的主程序中。

2. 子程序的格式

在大多数数控系统中，子程序和主程序并无本质区别。子程序和主程序在程序号及程序内容方面基本相同，仅结束标记不同。主程序用 M02 或 M30 表示结束，而子程序在 FANUC 系统中用 M99 表示子程序结束，并实现自动返回主程序功能，如下所示。

```
O000401;
G01  U-1.0  W0;
......
G28  U0  W0;
M99;
```

对于子程序结束指令 M99，不一定要单独书写一行，如上面子程序中最后两段可写成"G28 U0 W0 M99;"。

3. 子程序的调用

子程序由主程序或子程序调用指令调出执行，调用子程序的指令格式如下：

```
M98  P__  L__;
```

说明：① 地址 P 设定调用的子程序号；② 地址 L 设定子程序调用重复执行的次数，地址 L 的取值范围为 1~999。如果忽略 L 地址，则默认为一次。当在程序中再次用 M98 指令调用同一个子程序时，L1 不能省略，否则 M98 程序段调用子程序无效。

例如：

```
M98  P1002  L5;
```

表示号码为 1002 的子程序连续调用 5 次，M98 P__ 也可以与移动指令同时存在于一个程序段中。

例如：

```
X1000  M98  P1200;
```

此时，X 轴移动完成后，调用 1200 号子程序。

主程序调用子程序的形式如图 10-16 所示。

4. 子程序的嵌套

为了进一步简化加工程序，可以允许其子程序再调用另一个子程序，这一功能称为子程序的嵌套。

当主程序调用子程序时，该子程序被认为是一级子程序，FANUC0 系统中的子程序允许 4 级嵌套（见图 10-17）。

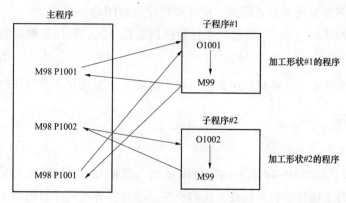

图 10-16　子程序的调用

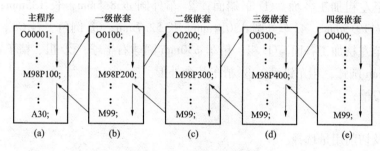

图 10-17　子程序的嵌套

（a）主程序；（b）一级嵌套；（c）二级嵌套；（d）三级嵌套；（e）四级嵌套

5. 子程序调用的特殊用法

（1）子程序返回到主程序中的某一程序段。如果在子程序的返回指令中加上 Pn 指令，则子程序在返回主程序时，将返回到主程序中程序段段号为 n 的那个程序段，而不直接返回主程序。其程序格式如下：

M99　Pn；

M99　P100；//返回到 N100 程序段

（2）自动返回到程序开始段。如果在主程序中执行 M99，则程序将返回到主程序的开始程序段并继续执行主程序；也可以在主程序中插入 M99　Pn，用于返回到指定的程序段。为了能够执行后面的程序，通常在该指令前加"/"，以便在不需要返回执行时，跳过该程序段。

（3）强制改变子程序重复执行的次数。用 M99　L×× 指令可强制改变子程序重复执行的次数，其中 L×× 表示子程序调用的次数。例如，如果主程序用 M98P　××L99，而子程序采用 M99　L2 返回，则子程序重复执行的次数为 2 次。

6. 使用子程序的注意事项

（1）编程时应注意子程序与主程序之间的衔接问题。

（2）在试切阶段，如果遇到应用子程序指令的加工程序，应特别注意车床的安全问题。

（3）子程序多数是增量方式编制，应注意程序是否闭合。

（4）使用 G90/G91（绝对/增量）坐标转换的数控系统，要注意确定编程方式。

■ 提示

子程序多使用增量方式编制，在使用子程序时要注意主程序和子程序的衔接。

二、任务实施

1. 工艺分析与工艺设计

1）图样分析。如图 10-14 所示的零件由球面、圆弧表面、圆柱面和圆锥面组成，零件的尺寸精度和表面粗糙度要求较高。从右至左，零件的外径尺寸有时增大，有时减小。

2）加工工艺路线设计。

a）自右至左粗加工各面。① 车端面；② 车外圆 ϕ38.5mm，长 135mm；③ 车外圆 ϕ34.4mm，长 119.5mm；④ 车外圆 ϕ30.4mm，长 52.7mm；⑤ 倒角去料 C8。

b）自右至左精加工各面。① 粗、精车 ϕ30mm 圆球右半球；② 粗、精车 ϕ30mm 圆球左半球、R20mm 圆弧，粗车锥度；③ 精车其余外形。

3）切退刀槽；

4）切断。

5）刀具及切削用量选择。

a）刀具选择。

外圆刀 T1：半粗车、精车。

切断刀 T2：宽 3mm。

圆弧刀 T3：车圆弧。

b）选择切削用量（单位：转速 r/min、进给量 mm/min）：粗车外圆 S500、F50，精车外圆 S900、F15；切槽 S250、F8；粗车圆弧 S500、F30，精车圆弧 S800、F15；切断 S200、F10。

2. 程序编制

粗加工和精加工分为 2 个程序，R15mm 球左半部分、R20mm 圆弧和圆锥面的加工用子程序编程。程序如下。

（1）粗加工：

```
O0001;
N010  G50  X80  Z50;                //设定工件坐标系
N015  T0100;                        //选用01号车刀,01号车刀为标准刀
N020  S300  M03;                    //主轴正转,转速为300r/min
N030  G00  X50  Z8;                 //车刀快速移至X50、Z8定位
N040  G94  X1  Z0  F20;             //粗车外端面循环,进给量为20mm/min;
N050  S500;                         //提高主轴转速至500r/min
N060  G90  X38.4  Z-135  F50;       //车外圆φ38.5mm、Z-135,进给量为50mm/min
N070  X34.2  Z-119.5;               //车外圆(X34.2,Z-119.5)
```

```
N080    X30.2  Z-69.5;                  //车外圆(X30.2, Z-69.5)
N090    G00  X40  Z2                    //车刀快速移至(X40, Z2)定位
N100    G90  X32  Z-5  R-7  F40         //倒角
N110    X32  Z-90;
N120    G00  X80  Z50;                  //回坐标系设定点,取消刀具补偿
N130    M05;                            //主轴停转
N140    M30;                            //程序结束
```

（2）精加工：

```
N010    G50  X80  Z50;                  //设定工件坐标系
N020    T0100;                          //选用 01 号车刀
N030    S500  M03;                      //主轴正转,转速为 500r/min
N040    G00  X0  Z5;                    //车刀快速移到(X0, Z5)定位
N050    G01  Z1  F30;
N060    G03  X32  Z-15  R16;            //粗加工R15mm 圆球的右半部分
N070    G01  X36;
N080    G00  X36  Z5;
N090    X0  Z5  S900;                   // 提高转速到 900r/min
N100    G01  Z0  F15;                   //精加工R15mm 圆球的右半部分
N110    G03  X30  Z-15  R15;
N120    G01  X36;
N130    G00  X80  Z50;                  //回换刀起始点
N140    T0303;                          //选用 3 号刀,刀具补偿号为 03
N150    S500;                           //改变转速为 500r/min
N160    G00  X45  Z-15;                 //车刀快速移到(X45, Z-15)定位
N170    G01  X36  F30;
N180    M98  P0009;                     //调用子程序粗加工R15mm 球
N190    G01  X32.5;                        左半部分,R20mm 圆弧和圆锥
N200    M98  P0009;
N210    G01  X30.10  S900  F15;
N220    M98  P0009;                     //调用子程序精加工
N230    G01  X30;
N240    M98  P0009;
N250    G00  X80  Z50;                  //回换刀起始点
N260    T0300;                          //取消 03 号刀具补偿
N270    T0100;                          //选用 01 号刀
N280    G00  X36  Z-58;                 //快速移到(X36, Z-58)定位
N290    G01  X30  F15;                  //精加工外形
N300    Z-70;
N310    X31;
N320    X34  Z-71.5;
```

N330 Z-120;

N340 X38;

N350 Z-133;

N360 X42;

N370 G00 X80 Z50;   //回换刀起始点

N380 T0202;   //选用 02 号刀,刀具补偿号为 02

N390 M08 S250;   //打开切削液,转速为 250r/min

N400 G00 X42 Z-120;

N410 G01 X30 F8;

N420 X38 F15;

N430 W2;   //切削退刀槽

N440 X30 F8;

N450 X42 F15;

N460 G00 X45 Z-133 S200;   //快速移到(X45,Z-133)

N470 G01 X2 F10;   //切断,进给率为 4mm/min

N480 X42 F15;   // 退刀,进给率为 15mm/min

N490 G00 X80 Z50;   //回换刀起始点

N500 T0200 M09;   //取消 02 号刀具补偿,关闭切削液

N510 M05;   //停止主轴

N520 M30;   //结束程序

（子程序）

O0009;   //子程序号

N010 G03 U-6 W-9 R15;   //走 R15mm 圆弧,增量编程

N020 G02 U0 W-16 R20;   //走 R20mm 圆弧,增量编程

N030 G01 U4 W-20;   //走锥度,增量编程

N040 X42;   //退刀

N050 G00 Z-15;   //回起始进刀点

N060 M99;   //结束子程序

三、拓展训练——使用子程序切槽

零件如图 10-18 所示，毛坯为 ϕ42mm 的棒料，材料为 45 钢，使用子程序编程并加工零件。

对刀点距工件原点 $X = 50$mm，$Z = 20$mm，1 号外圆车刀为基准刀，2 号刀为车槽刀，主切削刃宽 3mm，刀位点取在左刀尖。加工程序如下：

//程序   //程序说明

O1000;

N01 G50 X50 Z20;   //设定工件坐标系

N02 T0100;

N03 M03 S500;

N04 G98 G00 X40 Z2;   //设定单位为 mm/min,快速点定位起刀点

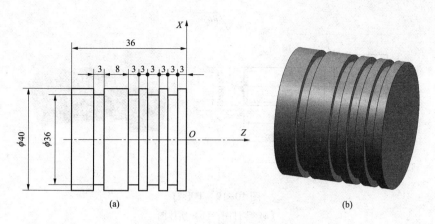

图 10-18 用子程序切槽

（a）零件图；（b）实体图

N05 G01 Z-36 F150;	//车 ϕ40mm 外圆,进给率为 150mm/min
N06 G00 X50 Z20;	//快速点定位返回对刀点,准备换刀
N07 T0202;	//选择 2 号车槽刀,调用 2 号刀具补偿
N08 G00 X42 Z0;	//快速点定位
N09 M98 P2000 L3;	//调用子程序号为 O2000 的子程序,重复 3 次
N10 Z-5;	
N11 M98 P2000 L1;	//再调用一次子程序 O2000(L1 不能省略)
N12 G00 X50 Z20;	//绝对值编程,快速点定位退回到对刀点
N13 T0200;	//取消 2 号刀的刀具补偿
N14 M05;	
N15 M02;	//主程序结束
（子程序）	
O2000;	//子程序号
N100 U0 W-6;	//增量值编程,快速点定位到车槽刀进给起点
N200 G01 U-6 F15;	//车槽,进给率为 15mm/min
N300 G04 U2;	//车槽刀暂停进给,车槽底
N400 G00 U6;	//退刀
N500 M99;	//子程序结束,返回主程序执行 N10 或 N12 程序段

任务四　加工中等复杂轴类零件四

本任务要求运用数控车床加工如图 10-19 所示的 T 形钉,毛坯为 ϕ34mm 的棒料,材料为 45 钢。

本任务的学习目标是：掌握三角形螺纹零件的加工工艺和测量方法,熟悉三角形螺纹车削指令,能编制三角形螺纹零件的数控车削程序并加工出合格的零件。

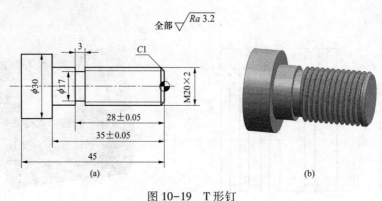

图 10-19　T 形钉

（a）零件图；（b）实体图

一、基础知识

1. 普通螺纹的尺寸计算

普通螺纹是我国应用较为广泛的一种三角形螺纹，牙型角为 60°。普通螺纹分粗牙普通螺纹和细牙普通螺纹。粗牙普通螺纹螺距是标准螺距，其代号用字母"M"及公称直径表示，如 M16、M12 等。粗牙普通螺纹的螺距不标注，可查表得出，常用粗牙普通螺纹直径与螺距的关系见表 10-2。细牙普通螺纹代号用字母"M"及公称直径×螺距表示，如 M24×1.5、M27×2 等。

表 10-2　　　　　　　　　　螺纹直径与螺距的关系（最常用部分）

直径 D（mm）	6	8	10	12	14	16	18	20	22	24	27
螺距 P（mm）	1	1.25	1.5	1.75	2	2	2.5	2.5	2.5	3	3

普通螺纹有左旋螺纹和右旋螺纹之分，左旋螺纹应在螺纹标记的末尾处加注"LH"字样，如 M20×1.5LH 等，未注明的是右旋螺纹。普通螺纹的标注举例如下：

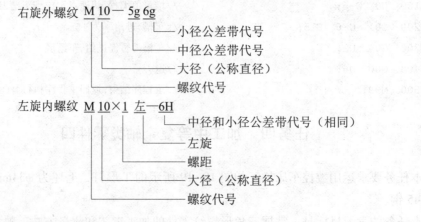

说明：未标注螺距则表示为粗牙螺纹，查表 10-2 可知，M10 螺纹的螺距为 1.5mm。

（1）螺纹大径（D、d）。螺纹大径的基本尺寸与螺纹的公称直径相同。外螺纹大径在螺纹加工前，由外圆的车削得到，该外圆的实际直径通过其大径公差带或借用其中径公差带进行控制。

（2）螺纹中径（D_2、d_2）。

$$D_2(d_2) = D(d) - (3H/8) \times 2 = D(d) - 0.649\,5P$$

在数控车床上，螺纹中径是通过控制螺纹的削平高度（由螺纹车刀的刀尖体现）、牙型高度、牙型角和小径来综合控制的。

（3）螺纹小径（D_1、d_1）。

$$D_1(d_1) = D(d) - (5H/8) \times 2 = D(d) - 1.08P$$

（4）螺纹的牙型高度（h）。普通螺纹的基本牙型如图10-20所示，从图的基本牙型上，可以看出"H"表示为原始三角形高度。当它的牙顶和牙底分别规定应削平$H/8$及$H/4$后，余下的$5H/8$即称为牙型高度，即$h = 5H/8 = 0.541\,25P$，取$h = 0.54P$。

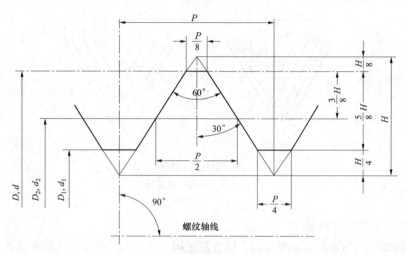

图10-20　普通螺纹的基本牙型

在编制螺纹加工程序或车螺纹时，其牙型高度则是控制螺纹中径以及确定螺纹实际径向终点（指外螺纹的小径和内螺纹的大径，即底径）尺寸的重要参数（即总切深量应等于牙型高度加上中径尺寸的公差中值）。由于在实际加工时，因受到螺纹车刀刀尖形状及其尺寸刃磨精度的影响，为保证螺纹中径达到要求，在编程或车削过程中应据实调整其通过牙型高度h并经计算后得到的小径尺寸。这种调整常常通过试切方式进行。当螺纹车刀的切削刃形状与标准形状（基本牙型）间的误差不大时，也可由以下经验公式进行调整或确定其编程小径（d_1'、D_1'）：

$$d_1' = d - 1.3P（车削外螺纹时）$$

$$D_1' = D - P（车削塑性金属的内螺纹）$$

$$D_1' = D - 1.05P（车削脆性金属的内螺纹）$$

普通螺纹主要尺寸计算公式见表10-3。

表 10-3 普通螺纹主要尺寸计算公式

名　称	计算公式	名　称	计算公式
螺纹螺距	P	螺纹中径（d_2、D_2）	$d2 = D2 = d - 0.649\,5P$
原始三角形高度（H）	$H = 0.866P$	螺纹小径（d_1、D_1）	$d1 = d - 1.0825P$
螺纹大径（D、d）	螺纹大径的基本尺寸=公称直径	螺纹的牙型高度（h）	$h = 0.54P$

2. 螺纹的切削方法

由于螺纹加工属于成形加工，为了保证螺纹的导程，加工时主轴旋转一周，车刀的进给量必须等于螺纹的导程，进给量较大。另外，螺纹车刀的强度一般较差，故螺纹牙型往往不是一次加工而成的，需要进行多次切削，如欲提高螺纹的表面质量，可增加几次光整加工。在数控车床上加工螺纹的方法有斜进法、直进法两种，如图 10-21 所示。直进法适合加工导程较小的螺纹，斜进法适合加工导程较大的螺纹。

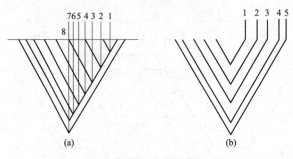

图 10-21　螺纹进刀切削方法

（a）斜进法；（b）直进法

3. 螺纹加工的多刀切削

加工螺距较大、牙型较深的螺纹时，通常是采用多次走刀、分层切入的办法进行加工。每次粗切余量按递减规律自动分配。常用螺纹加工走刀次数与实际吃刀量可参考表 10-4 选取。

表 10-4 常用螺纹加工走刀次数与吃刀量　　　　　（单位：mm）

米　制　螺　纹							
螺　距	1.0	1.5	2.0	2.5	3.0	3.5	4.0
牙深（半径值）	0.649	0.977	1.299	1.624	1.949	2.273	2.598
走刀次数及吃刀量（直径值）　1 次	0.7	0.8	0.9	1.0	1.2	1.5	1.5
2 次	0.4	0.5	0.6	0.7	0.7	0.7	0.8
3 次	0.2	0.4	0.6	0.6	0.6	0.6	0.6
4 次		0.16	0.4	0.4	0.4	0.6	0.6
5 次			0.1	0.4	0.4	0.4	0.4
6 次				0.15	0.4	0.4	0.4
7 次					0.2	0.2	0.4
8 次						0.15	0.3
9 次							0.2

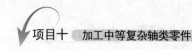
续表

英 制 螺 纹							
牙/in	24牙	18牙	16牙	14牙	12牙	10牙	8牙
牙深（半径值）	0.678	0.904	1.016	1.162	1.355	1.626	2.033
走刀次数 及吃刀量 （直径值） 1次	0.8	0.8	0.8	0.8	0.9	1.0	1.2
2次	0.4	0.6	0.6	0.6	0.6	0.7	0.7
3次	0.16	0.3	0.4	0.5	0.6	0.6	0.6
4次		0.11	0.14	0.3	0.4	0.4	0.5
5次				0.13	0.21	0.4	0.5
6次						0.16	0.4
7次							0.2

4. 螺纹轴向起点和终点尺寸的确定

在数控机床上车螺纹时，沿螺距方向的 Z 向进给应和机床主轴的旋转保持严格的速比关系。但在实际车螺纹的开始阶段，伺服系统不可避免地有一个加速的过程，结束前也相应有一个减速的过程。在这两段时间内，螺距得不到有效保证。为了避免在进给机构加速或减速过程中切削，故在安排其工艺时要尽可能考虑合理的导入距离 δ_1 和导出距离 δ_2，如图 10-22 所示。

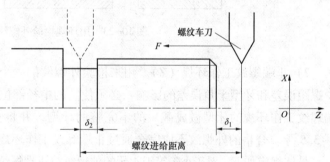

图 10-22　螺纹切削的导入/导出距离

δ_1 和 δ_2 的数值与机床拖动系统的动态特性有关，还与螺纹的螺距和螺纹的精度有关。一般 δ_1 取 $2P \sim 3P$，对大螺距和高精度的螺纹则取较大值；δ_2 一般取 $1P \sim 2P$。若螺纹退尾处没有退刀槽，其 $\delta_2 = 0$。这时，该处的收尾形状由数控系统的功能设定或确定。

5. 螺纹的综合检验

综合检验是指同时检验螺纹的几个参数，采用螺纹极限量规来检验内、外螺纹的合格性。即按螺纹的最大实体牙型做成通端螺纹量规，以检验螺纹的旋合性；再按螺纹中径的最小实体尺寸做成止端螺纹量规，以控制螺纹连接的可靠性，从而保证螺纹结合件的互换性。螺纹综合检验只能评定内、外螺纹的合格性，不能测出实际参数的具体数值，但检验效率高，适用于批量生产的中等精度螺纹。

（1）用螺纹工作量规检验外螺纹。车间生产中，检验螺纹所用的量规称为螺纹工作量规，如图 10-23 所示，这些量规都有通规和止规，它们的检验项目如下。

1）通端螺纹工作环规（T）。主要用来检验外螺纹的作用中径（$d_{2作用}$），其次是控制外螺纹小径的最大极限尺寸（$d_{1\max}$），属于综合检验。通端螺纹工作环规应有完整的牙型，其长度等于被检螺纹的旋合长度。合格的外螺纹都应被通端螺纹工作环规顺利的旋入，这样就保证了外螺纹的作用中径未超出最大实体牙型的中径，即 $d_{2作用}<d_{2max}$。同时，外螺纹的小径也不超出它的最大极限尺寸。

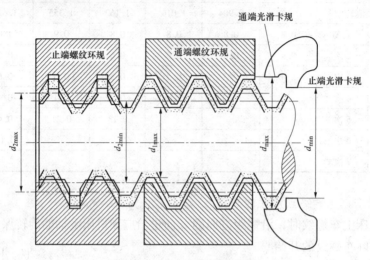

图 10-23　用环规检验外螺纹

2）止端螺纹工作环规（Z）。用来检验外螺纹的一个参数，即单一中径。为了尽量减少螺距误差和牙型半角误差的影响，必须使它的中径部位与被检验的外螺纹接触，因此止端螺纹工作环规的牙型做成截短的不完整的牙型，并将止端螺纹工作环规的长度缩短到 2~3.5 牙。合格的外螺纹不应完全通过止端螺纹工作环规，但仍允许旋合一部分。

具体规定如下：对于小于等于 4 牙的外螺纹，止端螺纹工作环规的旋合量不得多于 2 牙；对于大于 4 牙的外螺纹，止端螺纹工作环规的旋合量不得多于 3.5 牙。这些没有完全通过止端螺纹工作环规的外螺纹，说明它的单一中径没有超出最小实体牙型的中径，即 $d_{2单一}>d_{2min}$。

3）光滑极限卡规。用来检验外螺纹的大径尺寸。通端光滑卡规应该通过被检验外螺纹的大径，这样可以保证外螺纹大径不超过它的最大极限尺寸；止端光滑卡规不应该通过被检验的外螺纹大径，这样就可以保证外螺纹大径不小于它的最小极限尺寸。

（2）用螺纹工作量规检验内螺纹。如图 10-24 所示是检验内螺纹小径用的光滑塞规和检验内螺纹用的螺纹塞规。这些量规也都有通规和止规，它们对应的检验项目如下。

1）通端螺纹工作塞规（T）。主要用来检验内螺纹的作用中径（$D_{2作用}$），其次是控制内螺纹大径的最小极限尺寸（D_{min}），也是综合检验。因此通端螺纹工作塞规应有完整的牙型，其长度等于被检螺纹的旋合长度。合格的内螺纹都应被通端螺纹工作塞规顺利的旋入，这样就保证了内螺纹的作用中径及内螺纹的大径不小于它们的最小极限尺寸，即 $D_{2作用}>D_{2min}$。

2）止端螺纹工作塞规（Z）。用来检验内螺纹的一个参数，即单一中径。为了尽量减少螺距误差和牙型半角误差的影响，止端螺纹工作塞规缩短到 2~3.5 牙，并做成截短的不完整的牙型。合格的内螺纹不完全通过止端螺纹工作塞规，但仍允许旋合一部分，即对于小于等于 4 牙的内螺纹，止端螺纹工作塞规从两端旋合量之和不得多于 2 牙；对于大于 4

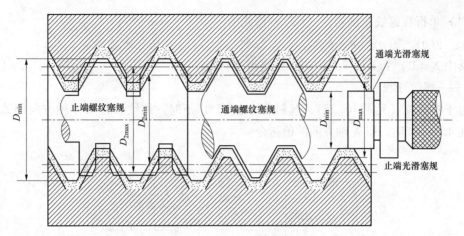

图 10-24　用塞规检验内螺纹

牙的内螺纹，量规旋合量不得多于 2 牙，这些没有完全通过止端螺纹工作塞规的内螺纹，说明它的单一中径没有超过最小实体牙型的中径，即 $D_{2作用} < D_{2min}$。

3）光滑极限塞规。用来检验内螺纹的小径。通端光滑塞规应通过被检验内螺纹小径，这样保证内螺纹小径不小于它的最小极限尺寸；止端光滑塞规不应通过被检验内螺纹小径，这样就可以保证内螺纹小径不超过它的最大极限尺寸。

6. 螺纹加工尺寸计算示例

在数控车床上加工 M24×2-7h 的外螺纹，计算其螺纹中径及编程小径。

$$螺纹中径\ d_2 = d - 0.649\ 5P = 24 - 0.649\ 5×2 = 22.701(mm)$$

查公差表，中径公差带 7h 为（-0.221，0），其公差中值（$T_{中值}$）经计算为 0.110 5，取为 0.11

$$牙型高度\ h = 0.54P = 0.54×2 = 1.08$$

则编程小径 $d'_1 = d - (2×h + T_{中值}) = 24 - (2×1.08 + 0.11) = 21.73(mm)$。

■ **注意**

在实际加工螺纹时，根据加工材料、切削条件等，要考虑以下两种情况。

（1）高速车削三角形螺纹时，受车刀挤压后会使螺纹大径尺寸胀大，因此车螺纹前的外圆直径应比螺纹大径小。当螺距为 1.5~3.5mm 时，外径一般可以小 0.2~0.4mm。

（2）车削三角形内螺纹时，因为车刀切削时的挤压作用，内孔直径会缩小，（车削塑性材料较明显），所以车削内螺纹前的孔径（$D_{孔}$）应比内螺纹小径（D_1）略大些，又由于内螺纹加工后的实际顶径允许大于 D_1 的基本尺寸，实际生产中，普通螺纹在车内螺纹前的孔径尺寸，按前面所讲的经验公式计算。

7. 螺纹车削指令

在数控车床上加工螺纹，可以分为单行程螺纹车削、简单螺纹车削循环和螺纹车削复合循环。

（1）单行程螺纹车削指令（G32）格式为

G32 X(U)__ Z(W)__ F__;

其中 X（U）和 Z（W）——螺纹终点坐标；

F——螺纹导程。

对于锥螺纹（见图 10-25），其斜角 α 在 45°以下时，螺纹导程以 Z 轴方向的值指令；斜角在 45°~90°时，以 X 轴方向的值指令。

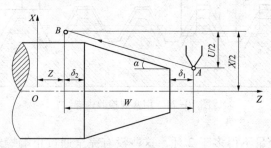

图 10-25　螺纹车削 G32

圆柱螺纹车削时，X（U）指令省略，格式为

G32 Z(W)__ F__;

端面螺纹车削时，Z（W）指令省略，格式为

G32 X(U)__ F__;

螺纹车削应注意在两端设置足够的升速进刀段 δ_1 和降速退刀段 δ_2。

（2）螺纹车削循环指令（G92）格式为

G92 X(U)__ Z(W)__ R__ F__;

该指令可车圆柱螺纹（见图 10-26）和圆锥螺纹（见图 10-27）。刀具从循环起点开始按梯形循环，最后又回到循环起点。图 10-26 和图 10-27 中虚线表示按 R 指令快速移动，实线表示按 F 指令的工件进给速度移动；X、Z 为螺纹终点坐标值，U、W 为螺纹终点相对循环起点的坐标分量，R 为锥螺纹始点与终点的半径差。加工圆柱螺纹时，R 为零，可省略，其格式为

G92 X(U)__ Z(W)__ F__;

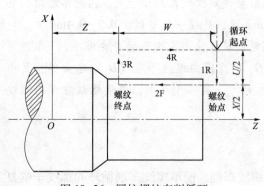

图 10-26　圆柱螺纹车削循环

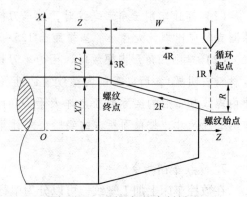

图 10-27　圆锥螺纹车削循环

（3）螺纹车削复合循环指令（G76）。该指令用于多次自动循环车螺纹，数控加工程序中只需指定一次，并在指令中定义好有关参数，则能自动进行加工。车削过程中，除第一次车削深度外，其余各次车削深度自动计算，该指令的执行过程如图 10-28 所示。

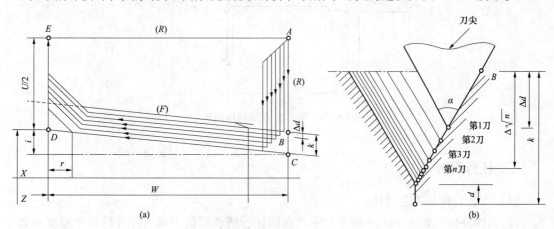

图 10-28　螺纹车削复合循环示意图
（a）切削轨迹；（b）参数定义

G76 指令的编程需要同时用两条指令定义，其格式为

```
G76 Pm r α QΔd_min Rd;
G76 X(U)__ Z(W)__ Ri Pk QΔd FL;
```

说明：

① m 是精车重复次数，从 1~99，该参数为模态量。② r 是螺纹尾端倒角值，该值的大小可设置在 0.0L~9.9L 之间，系数应为 0.1 的整数倍，用 00~99 之间的两位整数来表示，其中 L 为螺距。该参数为模态量。③ α 是刀具角度，可从 80°、60°、55°、30°、29°、0° 六个角度中选择，用两位整数来表示。该参数为模态量。m、r、α 用地址 P 同时指定。例如，m=2，r=1.2L，α=60°，表示为 P021260。④ Δd_{min} 是最小车削深度，用半径值编程，车削过程中每次的车削深度为（$\Delta d\sqrt{n}-\Delta d\sqrt{n-1}$），当计算深度小于这个极限值时，车削深度锁定在这个值。该参数为模态量。⑤ d 是精车余量，用半径值编程，该参数为模态量。⑥ X（U）、Z（W）是螺纹终点坐标值。⑦ i 是螺纹锥度值，用半径值编程。若 i=0，则为直螺纹。⑧ k 是螺纹高度，用半径值编程。⑨ Δd 是第一次车削深度，用半径值编程。i、k、Δd 的数值应以无小数点形式表示。⑩ L 是螺距。

例如，如图 10-29 所示，用 G76 指令进行圆柱螺纹切削，螺纹小径为 27.4mm。

```
……
G00 X40 Z5;                             //刀具定位到循环起点
G76 P011060 Q100 R0.2;                  //车螺纹
G76 X27.4 Z-42.0 R0 P1299 Q900 F2.0;
//螺纹高度为 1.299mm，第一次车削深度为 0.9mm，螺距为 2mm
G00 X150 Z150;                          //刀具回换刀点
……
```

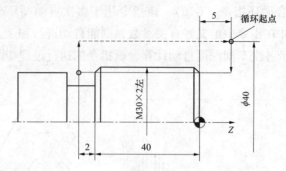

图 10-29　用 G76 车削圆柱螺纹

二、任务实施

（1）工艺分析与工艺设计。

1）图样分析。如图 10-19 所示的零件由圆柱、槽和螺纹组成，零件的尺寸精度和表面粗糙度要求一般。

2）加工工艺路线设计。零件的加工工艺路线见表 10-5。

表 10-5　　　　　　　　　　　工序和操作清单

操作序号	工步内容（走刀路线）	G 功能	T 刀具	切削用量		
				速度 S（r/min）	进给速度 F（mm/min）	背吃刀量（mm）
1	夹住棒料一头，留出长度大约 65mm（手动操作），调用主程序加工					
1）	车端面	G01	T0101	640	0.1	
2）	自右向左粗车外表面	G90	T0101	640	0.3	2
3）	自右向左精加工外表面	G01	T0101	900	0.1	0.5
4）	切端面沟槽	G01	T0404	335	0.1	0
5）	车螺纹	G92	T0202	335		
6）	切断	G01	T0404	335	0.1	
7）	检测、校核					

3）刀具选择。加工刀具的确定见表 10-6。

表 10-6　　　　　　　　　　　刀 具 卡

序号	刀具号	刀具名称及规格	刀尖半径	数量	加工表面	备注
1	T0101	93° 粗精右偏外圆刀	0.4mm	1	外表面、端面	
2	T0202	60° 外螺纹车刀	0.4mm	1	外螺纹	
3	T0404	$B=3$mm 切断刀（刀位点为左刀尖）	0.3mm	1	切槽、切断	

（2）程序编制。

1）数值计算。

a）设定程序原点，以工件右端面与轴线的交点为程序原点建立工件坐标系。

b）计算各节点位置坐标值，略。

c）计算螺纹加工前轴径的尺寸：$d_{前} = 20 - 0.2 = 19.8$

d）计算螺纹小径：当螺距 $P = 2$ 时，查螺纹参数表得牙深 $h = 1.299$，则小径尺寸为 $d \approx 17.4$。

2）编制程序，工件的程序如下。

//程序	//程序说明
O1001;	//程序号
N010　G50　X200　Z200;	//建立工件坐标系
N020　M03　S640　T0101;	//主轴正转，选择 1 号外圆刀
N030　G99;	//进给速度单位为 mm/r
N040　G00　X38　Z2;	//快速定位至 φ38mm 直径，距端面正向 2mm
N050　G01　Z0　F0.1;	//刀具与端面对齐
N060　X-1;	//加工端面
N070　G00　X38　Z2;	//定位至 φ38mm 直径，距端面正向 2mm
N080　G90　X30.4　Z-48　F0.3;	//粗车 φ30mm 外圆，留 0.2mm 余量
N090　X26.4　Z-34.8;	//粗车 φ20mm 外圆，留 0.2mm 余量
N100　X22.4;	
N110　X20.4;	
N120　M00;	//程序暂停，检测工件
N130　M03　S900;	//换速
N140　G00　X16　Z1;	//快速定位至 (X16, Z1)
N150　G01　X19.8　Z-1　F0.1;	//精加工倒角 C1
N160　Z-35;	//精加工 M20 直径外圆至 φ19.8mm
N170　X30;	//精加工 φ30mm 右端面
N180　Z-48;	//精加工 φ30mm 外圆
N190　X38;	//平端面
N200　G00　X200　Z200　T0100　M05;	//返回 1 换刀点，取消刀具补偿，停主轴
N210　M00;	//程序暂停，检测工件
N220　M03　S335　T0404;	//换切槽刀，降低转速
N230　G00　X22　Z-28;	//快速定位，准备切槽
N240　G01　X17　F0.1;	//切槽至 φ17mm
N250　G04　X0.5;	//暂停 0.5s
N260　G01　X22;	//退出加工槽
N270　G00　X200　Z200　T0400　M05;	//返回刀具起始点，取消刀具补偿，停主轴
N280　M00;	//程序暂停，检测工件
N290　M03　S335　T0202;	//换转速，正转，换螺纹车刀
N300　G00　X25　Z5;	//快速定位至循环起点 (X25, Z5)
N310　G92　X19.1　Z-26.5　F2;	//加工螺纹
N320　X18.5;	
N330　X17.9;	
N340　X17.5;	

```
N350  X17.4;
N360  G00  X200  Z200  T0200  M05;        //返回刀具起始点,取消刀具补偿,停主轴
N370  M00;                                //程序暂停,检测工件
N380  M03  S335  T0404;                   //换切断刀,主轴正传
N390  G00  X38  Z-48;                     //快速定位至(X38,Z-48)
N400  G01  X0  F0.1;                      //切断
N410  G00  X38;                           //径向退刀
N420  G00  X200  Z200  T0400  M05;        //返回刀具起始点,取消刀具补偿,停主轴
N430  T0100;                              //取消1号刀具补偿
N440  M30;                                //程序结束
```

(3) 安装刀具。注意事项同前。

(4) 装夹工件。用三爪自定心卡盘装夹工件,注意工件要和车床主轴同心。

(5) 输入程序。

(6) 对刀。使用试切法对刀,外圆刀作为设定工件坐标系的标准刀,螺纹刀和切断刀通过与外圆刀比较,在机床刀具表中设定长度补偿。

(7) 启动自动运行,加工零件。为防止出错,最好使用单段方式加工。

(8) 测量零件,修正零件尺寸。

思 考 与 训 练

一、单项选择题

1. 关于固定循环编程,以下说法不正确的是(   )。

    A. 固定循环是预先设定好的一系列连续加工动作

    B. 利用固定循环编程,可大大缩短程序的长度,减少程序所占内存

    C. 利用固定循环编程,可以减少加工时的换刀次数,提高加工效率

    D. 固定循环编程,可分为单一形状与多重(复合)固定循环两种类型

2. 用刀具半径补偿功能时,如刀具半径补偿值设置为负值,刀具轨迹是(   )。

    A. 左补偿

    B. 右补偿

    C. 不能补偿

    D. 实际补偿方向与程序中指定的补偿方向相反

3. FANUC 系统型车削复合循环"G73 U (Δi) W (Δk) R (d); G73 P (ns) Q (nf) U (Δu) W (Δw) F __ S __ T __;"中的 d 是指(   )。

    A. X 方向的退刀量   B. Z 方向的退刀量

    C. X 和 Z 两个方向的退刀量   D. 粗车重复加工次数

4. 如图 10-30 所示,其中刀具 1 与刀具 2 的刀沿号分别是(   )号。

    A. 2、3   B. 1、4   C. 3、2   D. 8、6

5. 如图 10-30 所示,其中刀具 1 与刀具 2 的轨迹分别是(   )刀具补偿轨迹。

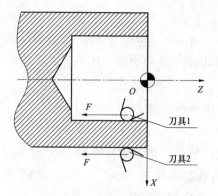

图 10-30　刀具切削示意图

 A. 左、右   B. 左、左   C. 右、左   D. 右、右

6. 指令 "G71 U（Δd）R（e）；G71 P（ns）Q（nf）U（Δu）W（Δw）F＿S＿T＿；" 中的 "Δd" 表示（　　）。

 A. X 方向每次进刀量，半径量   B. X 方向每次进刀量，直径量

 C. X 方向精加工余量，半径量   D. X 方向精加工余量，直径量

7. 指令 "G71 U（Δd）R（e）；G71 P（ns）Q（nf）U（Δu）W（Δw）F＿S＿T＿；" 中的 "Δu" 表示（　　）。

 A. X 方向每次进刀量，半径量   B. X 方向每次进刀量，直径量

 C. X 方向精加工余量，半径量   D. X 方向精加工余量，直径量

8. 对于 G71 指令中的精加工余量，当使用硬质合金刀具加工 45 钢材料内孔时，通常取（　　）mm 较为合适。

 A. 0.5   B. −0.5   C. 0.05   D. −0.05

9. 在 FANUC 系列的 G72 循环中，顺序号 "ns" 程序段必须（　　）。

 A. 沿 X 方向进刀，且不能出现 Z 坐标

 B. 沿 Z 方向进刀，且不能出现 X 坐标

 C. 同时沿 X 方向和 Z 方向进刀

 D. 无特殊的要求

10. FANUC 数控车床复合固定循环指令中的 "ns" ～ "nf" 程序段出现（　　）指令时，不会出现程序报警。

 A. 固定循环 B. 回参考点   C. 螺纹切削   D. 90°～180°圆弧加工

11. 为了高效切削铸造成形、粗车成形的工件，避免较多的空走刀，选用（　　）指令作为粗加工循环指令较为合适。

 A. G71   B. G72   C. G73   D. G74

12. G73 指令中的 R 是指（　　）。

 A. X 方向退刀量   B. Z 方向退刀量

 C. 总退刀量   D. 分层切削次数

13. 下列指令中，可用于加工端面槽的指令是（　　）。

A. G73   B. G74   C. G75   D. G76

14. （ ） 指令适用于多次自动循环车螺纹。

     A. G32   B. G92   C. G76   D. G34

15. 对于程序段 "G76 P m r α QΔd$_{min}$Rd；G76 X （U） __ Z （W） __ Ri P k QΔd FL；" （ ） 表示螺纹高度，用半径值编程。

     A. d   B. k   C. L   D. Δd

二、判断题（正确的打"√"，错误的打"×"）

1. FANUC 0T 系统的 G71 指令中的 "ns" ～ "nf" 程序段编写了非单调变化的轮廓，则在 G71 指令执行过程中会产生程序报警。（   ）

2. G71 指令中和程序段段号 "ns" ～ "nf" 中同时指定了 F 和 S 值时，则粗加工循环切削过程中，程序段段号 "ns" ～ "nf" 中指定的 F 和 S 值有效。 （   ）

3. 如果程序段号 "ns" ～ "nf" 之间没有给出 F、S 值，则 G70 指令执行过程中沿用 G71 指令执行过程中的 F、S 值。 （   ）

4. G71 指令中的 R 值是指粗加工过程中 X 方向的退刀量，该值为半径量。 （   ）

5. 车螺纹时，必须设置升速段和降速段。 （   ）

6. 车螺纹期间的进给速度倍率、主轴速度倍率有效。 （   ）

7. 在 FANUC 系统的 G71 循环指令中，顺序号 "ns" 所指程序段必须沿 X 方向进刀，且不能出现 Z 轴的运动指令，否则会出现程序报警。 （   ）

8. FANUC 数控车床复合固定循环指令中能进行子程序的调用。 （   ）

9. G73 循环加工的轮廓形状，没有单调递增或单调递减形式的限制。 （   ）

10. 螺纹加工中的走刀次数和背吃刀量会直接影响螺纹的加工质量。 （   ）

三、编程题

1. 零件如图 10-31 所示，材料为 φ24mm 的 45 钢棒料，编程并加工零件。

2. 零件如图 10-32 示，材料为 φ25mm 的 45 钢棒料，编程并加工零件。

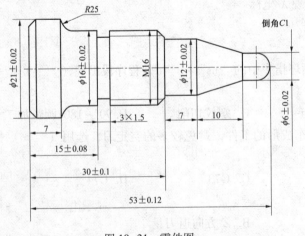

图 10-31 零件图一

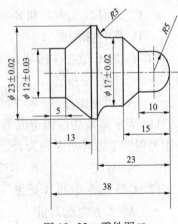

图 10-32 零件图二

项目十一

加工内孔零件

📖 学习目标

（1）学习孔加工的基础知识。

（2）掌握通孔、盲孔和薄壁孔的编程加工方法。

　　如图 11-1 所示是一些内孔零件，内孔零件是数控车床上常见的加工对象。那么如何加工内孔零件呢？加工内孔零件要用到哪些刀具？在本项目中我们将学习孔加工的基础知识，训练通孔、盲孔和薄壁孔的编程和加工方法。

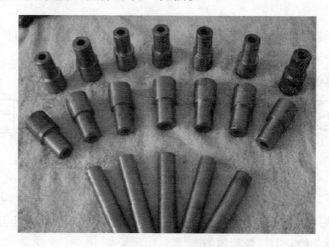

图 11-1　内孔零件

任务一　学习孔加工基础知识

孔的种类有盲孔、通孔、锥孔和薄壁孔等，下面将介绍孔加工的相关知识。

一、孔加工刀具

1. 麻花钻

要在实心材料上加工出孔，必须先用钻头钻出一个孔来。常用的钻头是麻花钻。

麻花钻由切削部分、工作部分、颈和钻柄等组成，如图 11-2 所示。钻柄有锥柄和直柄两种，一般直径在 12mm 以下的麻花钻用直柄，12mm 以上用锥柄。

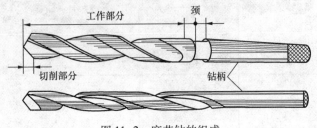

图 11-2　麻花钻的组成

2. 中心钻

中心钻用于加工中心孔，有 3 种形式：中心钻、无护锥 60°复合中心钻和带护锥 60°复合中心钻。为节约刀具材料，复合中心钻常制成双端的，钻沟一般制成直的。复合中心钻的工作部分由钻孔部分和锪孔部分组成，钻孔部分与麻花钻相同，有倒锥度及钻尖几何参数，锪孔部分制成 60°锥度，保护锥制成 120°锥度。

复合中心钻工作部分的外圆需经斜向铲磨，才能保证锪孔部分及锪孔部分与钻孔部分的过渡部分具有后角。

3. 深孔钻

一般深径比（孔深与孔径比）在 5~10 范围内的孔为深孔，加工深孔可用深孔钻。深孔钻的结构有多种，常用的主要有外排屑深孔钻、内排屑深孔钻和喷吸钻等。

4. 扩孔钻

在实心零件上钻孔时，如果孔径较大，钻头直径也较大，横刃加长，轴向切削力增大，钻削时会很费力，这时可以钻削后用扩孔钻对孔进行扩大加工。

扩孔钻有高速钢扩孔钻和硬质合金扩孔钻两种，如图 11-3 所示。

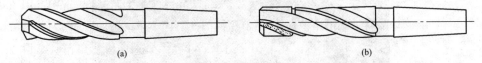

(a)　　　　　　　　　　　　　　(b)

图 11-3　扩孔钻

（a）高速钢扩孔钻；（b）硬质合金扩孔钻

5. 镗刀

铸孔、锻孔或用钻头钻出来的孔，内孔表面还很粗糙，需要用内孔刀车削。车削内孔用的车刀，一般称为镗孔刀，简称镗刀。

常用镗刀有整体式和机夹式两种，如图 11-4 所示。

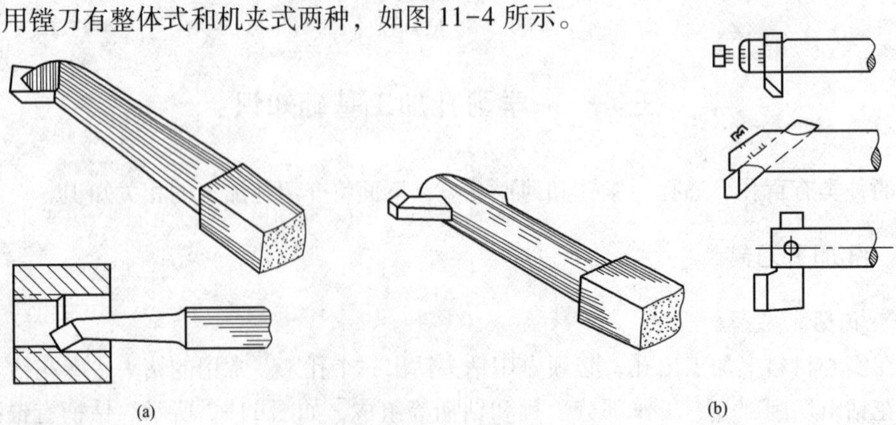

(a)　　　　　　　　　　　　　　(b)

图 11-4　常用镗刀

（a）整体式镗刀；（b）机夹式镗刀

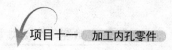

6. 铰刀

精度要求较高的内孔，除了采用高速精镗之外，一般经过镗孔后用铰刀铰削。

铰刀有机用铰刀和手用铰刀两种，由工作部分、颈和柄等组成，如图 11-5 所示。

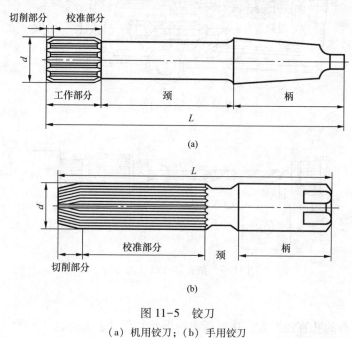

图 11-5　铰刀

（a）机用铰刀；（b）手用铰刀

二、孔加工特点

（1）孔加工是在工件内部进行的，观察切削情况比较困难，尤其是小孔、深孔更为突出。

（2）刀杆尺寸由于受孔径和孔深的限制，既不能粗，又不能短，所以在加工小而深的孔时，刀杆刚性很差。

（3）排屑和冷却困难。

（4）当工件壁较薄时，加工时工件容易变形。

（5）测量孔比测量外圆困难。

三、孔加工方法

1. 钻孔

钻孔前，先车平零件端面，钻出一个中心孔（用短钻头钻孔时，只要车平端面，不一定要钻出中心孔）。将钻头装在车床尾座套筒内，并把尾座固定在适当位置上，这时开动车床就可以用手动进刀钻孔，如图 11-6 所示。

用较长钻头钻孔时，为了防止钻头跳动，把孔钻大或折断钻头，可以在刀架上夹一铜棒或垫铁片，如图 11-7 所示，支住钻头头部（不能用力太大），然后钻孔。当钻头头部进入孔中时，立即退出铜棒。

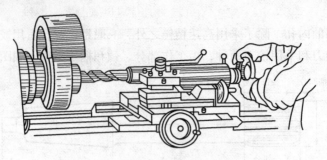

图 11-6 钻孔的方法

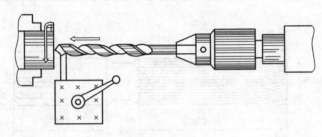

图 11-7 防止钻头跳动的方法

2. 镗孔

镗孔是把已有的孔直径扩大，达到所需的形状和尺寸。

（1）镗刀的几何形状。镗刀可分为通孔镗刀、不通孔（盲孔）镗刀和内孔切槽刀（内槽刀）3 种。

1）通孔镗刀切削部分的几何形状与外圆车刀基本相似。

2）盲孔镗刀用来车不通孔和台阶、圆弧等形状的。切削部分的几何形状与偏刀基本相似，它的主偏角大于 90°。

3）内槽刀用于切削各种内槽。常见的内槽有退刀用槽、密封用槽、定位用槽。内槽刀的大小、形状要根据孔径和槽形及槽的大小确定。

（2）镗孔的关键点如下。

1）尽量增加刀杆的截面积（但不能碰到孔壁）。

2）刀杆伸出的长度尽可能缩短，即应根据孔径、孔深来选择刀杆的大小和长度。

3）控制切屑流出方向，通孔用前排屑，盲孔用后排屑。

（3）镗孔的方法如下。

1）车削孔径要求不高、孔径又小的（如螺纹孔），可直接用钻头钻削。

2）车削孔径要求较高的圆柱孔或深孔，可采用端面深孔加工循环（G74）的车削方法加工，或采用外圆、内圆车削循环（G90）的车削方法加工。

3）车削有圆弧、台阶、圆锥的内孔，可采用外圆粗车循环（G71）、端面粗车循环（G72）的车削方法加工。

4）车削内槽可采用端面车削循环（G94）或外圆、内圆切槽循环（G75）的车削方法加工。

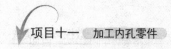

3. 铰孔

铰孔是对较小和未淬火孔的精加工方法之一，在成批生产中已被广泛采用。铰孔之前，一般先镗孔，镗孔后留些余量，一般粗铰为0.15~0.3mm，精铰为0.04~0.15mm，余量大小直接影响铰孔的质量。

在车床上铰孔时，先把铰刀安装在床尾套筒内，并把床尾固定在适当位置，用手动进行铰削。进刀应均匀，并加切削液。

■ 提示

如果条件许可，铰刀可从孔的另一端取下，而不应从孔中退出，否则会在表面刻出印痕。

四、孔加工方法的选择

在车床中，孔的加工方法与孔的精度要求、孔径以及孔深有很大的关系。一般来讲，在精度等级为 IT12、IT13 时，一次钻孔就可以实现。在精度等级为 IT11，孔径≤10mm时，采用一次钻孔方式；当孔径为 10~30mm 时，采用钻孔和扩孔方式；孔径为30~80mm时，采用钻孔、扩钻、扩孔刀或车刀镗孔方式。在精度等级为 IT10、IT9，孔径≤10mm时，采用钻孔以及铰孔方式；当孔径为 10~30mm 时，采用钻孔、扩孔和铰孔方式；孔径为 30~80mm 时，采用钻孔、扩孔、铰孔、或者用扩孔刀镗孔方式。在精度等级为 IT8、IT7，孔径≤10mm 时，采用钻孔及一次或二次铰孔方式；当孔径为 10~30mm 时，采用钻孔、扩孔、一次或二次铰孔方式；当孔径为 30~80mm 时，采用钻孔、扩钻（或者用扩孔刀镗孔）以及一次或二次铰孔方式。

除此之外，孔的加工要求还与孔的位置精度有关。当孔的位置精度要求较高时，可以通过在车床上镗孔实现。在车床上镗孔时，合理安排孔的加工路线比较重要，安排不当可能会把坐标轴的反向间隙带入到加工中，从而直接影响孔的位置精度。

五、车内孔的关键技术

车孔是常用的孔加工方法之一，可用作粗加工，也可用作精加工。车孔精度一般可达 IT7~IT8，表面粗糙度可达 $Ra1.6~3.2\mu m$。车孔的关键技术是解决内孔车刀的刚性问题和内孔车削过程中的排屑问题。

为了增加车削刚性，防止产生振动，要尽量选择粗的刀杆，安装时刀杆伸出长度尽可能短，只要略大于孔深即可。刀尖要对准工件中心，刀杆与轴心线平行。精车内孔时，应保持刀刃锋利，否则容易产生让刀，把孔车成锥形。

在内孔加工过程中，主要通过控制切屑流出方向来解决排屑问题。精车孔时要求切屑流向待加工表面（前排屑），前排屑主要采用正刃倾角内孔车刀。加工盲孔时，应采用负的刃倾角，使切屑从孔口排出。

六、孔加工指令

（1）G01 指令。在数控车床上加工孔，无论是钻孔还是镗孔，都可以用 G01 指令来实现。

（2）固定循环指令（G71、G72、G90、G94）。前面学过的外圆粗车循环（G71）、端面粗车循环（G72）、外圆（内圆）车削循环（G90）和端面车削循环（G94）等指令都可以用于孔的加工。详见前面所述的"孔加工的方法"。

（3）深孔钻削循环指令（G74）。指令格式：

G74 Re;

G74 Z(W)__ QΔK;

说明：① e 为退刀量；② Z（W）为定义钻削总深度；③ ΔK 为每次钻削深度，不加符号。

例如，使用 G74 指令加工如图 11-8 所示的深孔。

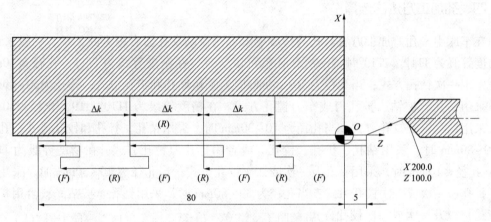

图 11-8　深孔钻削循环加工

程序如下：

```
O0003;
N10  G50  X200.0  Z1000.0  T0202;      //建立工件坐标系,选择 2 号刀和 2 号刀具补偿
N20  M03  S600;
N30  G00  X0  Z1.0;                    //快速移到起刀点
N40  G74  R1;
N50  G74  Z-80.0  Q20.0  F0.1;         //钻孔,深 80mm,每次钻 20mm
N60  G00  X200.0  Z1000.0  T0200;      //快速退刀,取消 2 号刀具补偿
N70  M05;
N80  M30;                              //程序结束并返回
```

七、加工孔的注意事项

（1）内孔车刀的刀尖应尽量与车床主轴的轴线等高。

（2）刀杆的粗细应根据孔径的大小来选择，刀杆粗会碰孔壁，刀杆细则刚性差，刀杆应在不碰孔壁的前提下尽量大些。

（3）刀杆伸出刀架的距离应尽可能短些，以改善刀杆刚性，减少切削过程中可能产生

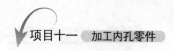

的振动。

（4）精车内孔时，应保持刀刃锋利，否则容易产生让刀，把孔车出锥度。

（5）精车后应检查内孔尺寸是否符合要求，如有误差应修改后重复精车到尺寸。

（6）使用量具要正确，以保证尺寸的准确性。

任务二　加　工　盲　孔

本任务要求编程并加工如图 11-9 所示的盲孔零件，毛坯为 $\phi53\text{mm} \times 100\text{mm}$ 的棒料，材料为 45 钢。

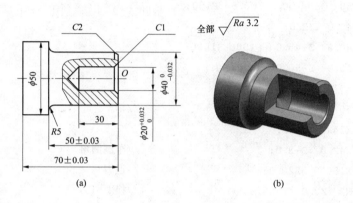

图 11-9　盲孔零件

（a）零件图；（b）实体图

（1）工艺分析与工艺设计

1）图样分析。如图 11-9 所示的零件由圆柱面、圆角和盲孔组成，零件的尺寸精度和表面粗糙度要求较高。

2）加工工艺路线设计。

a）粗车外轮廓。

b）精车外轮廓。

c）倒角 $C2$。

d）钻 $\phi3\text{mm}$ 的小孔，深为 4mm。

e）钻 $\phi16\text{mm}$ 的孔，深为 30mm。

f）镗 $\phi18\text{mm}$ 的孔，深 28mm。

g）镗 $\phi20\text{mm}$ 的孔，深 30mm。

h）倒内孔的倒角 $C1$。

i）切断。

3）刀具选择。

a）外圆刀，设为 1 号刀。

b）$\phi3\text{mm}$ 钻头，设为 2 号刀。

c）切断刀，设为 3 号刀。

d）ϕ16mm 钻头，设为 4 号刀。

e）镗刀，设为 6 号刀。

（2）程序编制

选取工件轴线与工件右端面的交点 O 为工件坐标原点，程序如下：

```
O00001;
N10   M03  S800  T0100;                          //选 1 号刀
N20   G00  X60.0  Z2.0;
N30   G71  U1.5  R1.0;                            //N30～N80 为粗车外轮廓
N40   G71  P50  Q80  U0.5  W0.5  F150;
N50   G00  X40.0  Z2.0;
N60   G01  X40.0  Z-45.0  F100  S1000;
N70   G02  X50.0  Z-50.0  R5.0;
N80   G01  X50.0  Z-73.0;
N90   G70  P50  Q80;                             //精车外轮廓
N100  G00  X34.0  Z1.0;
N110  G01  X42.0  Z-3.0;                         //车削倒角
N120  G00  X150.0  Z20.0;                        //退刀
N130  G00  X0  Z2.0  T0202;                      //换 2 号刀
N140  G01  Z-4.0  F0.12;                         //钻 φ3mm 的孔
N150  G00  Z2.0;
N160  X150.0  Z20.0  T0200;                      //取消 2 号刀具补偿
N170  T0404  M08;                                //换 4 号刀具，开切削液
N180  G00  X0  Z2.0;
N190  G01  W-15.0  F1.2;                         //第一次钻 φ16mm 的孔，深 15mm
N200  G00  W5.0;                                 //刀具抬出，排小屑
N210  G01  W-15.0  F0.12;                        //第二次钻 φ16mm 的孔，深 10mm
N220  G00  W5.0;
N230  G01  W-15.0  F0.12;                        //第三次钻 φ16mm 的孔，深 10mm
N240  G00  W5.0;
N250  G01  W-10.0  F0.12;                        //第四次钻 φ16mm 的孔，深 10mm
N260  G00  W40.0;
N270  M09;                                       //关切削液
N280  G00  X150.0  Z20.0  T0400;                 //退刀，取消 4 号刀具补偿
N290  X18.0  Z2.0  T0606  M08;                   //换 6 号刀，开切削液
N300  G01  Z-30.0  S1000  F0.1;                  //镗 φ18mm 的孔，深 28mm
N310  G00  X16.0;
N320  Z2.0;
N330  X20.0;
```

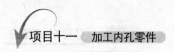

```
N340  G01  Z-30.0  F0.1;              //镗φ20mm的孔
N350  G00  X18.0;
N360  Z2.0;
N370  X22.0;
N380  G01  Z0  F0.3;
N390  X20.0  Z-1.0;                   //倒内孔的倒角C1
N400  G00  Z2.0;
N410  X150.0  Z20.0  T0600;          //取消6号刀具补偿
N420  G00  X52.0  Z-70.0  S500  T0303;  //换3号刀
N430  G01  G98  X-1.0  F0.1;          //切断
N440  G00  X55.0;
N450  X150.0  Z20.0  T0300;          //取消3号刀具补偿
N460  M05;
N470  M09;
N480  M30;                            //程序结束并返回
```

（3）安装刀具。注意事项同前。

（4）装夹工件。用三爪自定心卡盘装夹工件，注意工件要和车床主轴同心。

（5）输入程序。

（6）对刀。使用试切法对刀。

（7）启动自动运行，加工零件。

（8）测量零件，修正零件尺寸。

任务三 加 工 通 孔

本任务要求编程并加工如图11-10所示的通孔零件，毛坯为φ45mm×35mm的棒料，材料为45钢。

（1）加工工艺设计。

1）加工工艺路线设计。

a）用卡盘装夹φ60mm工件毛坯外圆车右端面。

b）调头装夹φ60mm工件毛坯外圆，车左端并保证长度35mm。

c）用φ10mm麻花钻头钻通孔。

d）用90°不通孔内镗刀粗车，内孔径向留0.8mm精车余量，轴向留0.5mm精车余量，精车各孔径至尺寸。

2）刀具选择。

a）有断屑槽的90°内孔镗刀。

b）45°端面刀。

c）φ10mm麻花钻头。

（2）编制程序。程序如下：

211

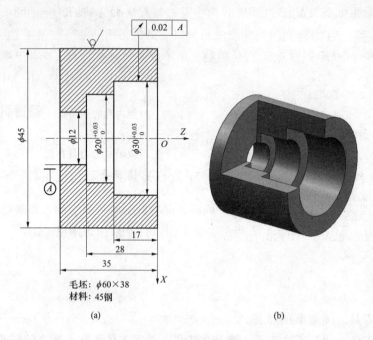

图 11-10 通孔零件

(a) 零件图；(b) 实体图

```
O0030;
    T0101;
    G40  G97  G99  S700  M03;
    G00  X10.0  Z2.0  M08;                //到内孔循环点
    G71  U2.0  R0.5;
    G71  P10  Q20  U-0.8  W0.5  F0.2;     //内端面粗车循环加工
N10 G00  X30.015;                         //移动到精车起点处
    G01  Z-17.0;        ⎫
    X20.015;           ⎪
    Z-28.0;             ⎬                  //精车零件各部分尺寸
    X12.0;             ⎪
    Z-36.0;            ⎭
N20 G00  X10.0;
    G70  P10  Q20;
    G28  U0  W0  T0  M05;                  //返回参考点，主轴停转
    M30;
```

（3）安装刀具。

（4）装夹工件。

用三爪自定心卡盘装夹工件，注意工件要和车床主轴同心。

（5）输入程序。

（6）对刀。使用试切法对刀。

（7）启动自动运行，加工零件。

（8）测量零件，修正零件尺寸。

任务四　加工薄壁孔

本任务要求编程并加工如图 11-11 所示的薄壁孔零件，工件材料为 HT200，毛坯为铸造件，毛坯长度为 56mm。

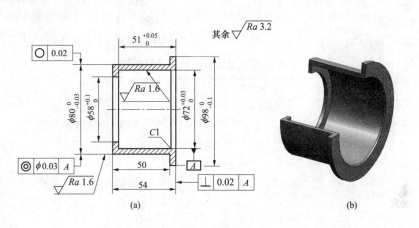

图 11-11　薄壁孔零件

（a）零件图；（b）实体图

（1）工艺分析与工艺设计。

1）图样分析。如图 11-11 所示的零件为薄壁零件，其刚性较差，零件的尺寸精度和表面粗糙度要求都较高。

该零件表面由内外圆柱面组成，其中有的尺寸有较严格的精度要求，因其公差方向不同，故编程时取中间值，即取其平均尺寸偏差。

2）加工工艺路线设计。确定加工顺序，加工顺序由粗到精，留余量 0.5mm。

a）三爪自定心卡盘夹持外圆小头，粗车内孔、大端面。

b）夹持内孔，粗车外圆及小端面。

c）扇形软卡爪装夹外圆小头，精车内孔、大端面。

d）以内孔和大端面定位，心轴夹紧，精车外圆。

3）确定工件原点。

a）粗、精车内孔、大端面，以工件左端面中心线交点为工件原点。

b）粗、精车外圆、小端面，以工件右端面中心线交点为工件原点。

4）刀具选择。

a）T01：端面车刀。

b）T02：内孔车刀。

（2）程序编制。

1）粗车内孔及大端面，程序如下：

```
O0001;                                      //主程序
N10  G50  X150.0  Z100.0;                   //设置工件坐标系
N20  T0101;                                 //换 1 号刀（端面车刀）
N30  S500  M03;                             //主轴正转
N40  G00  X100.0  Z55.0;                    //快速到达切削起点
N50  G01  X60.0  F0.2;                      //粗车大端面
N60  G00  X150.0  Z100.0  T0100;           //退回换刀点，取消 1 号刀具补偿
N70  T0202;                                 //换 2 号刀
N80  G00  X74.015  Z54.5;                   //快速到达切削起点
N90  G01  X72.5  Z53.0  F0.2;              //车倒角
N100  W-50.515;                             //车内孔φ72mm
N110  X59.05;                               //车内孔端面
N120  W-2.0;                                //车内小孔φ58mm
N130  G00  X20.0;                           //退刀
N140  X60.0;
N150  X150.0  Z100.0  T0200;               //返回起刀点，取消 2 号刀具补偿
N160  M05;                                  //主轴停
N170  M02;                                  //程序结束
```

2）粗车外圆及小端面，程序如下：

```
O0002;                                      //主程序
N10  G50  X150.0  Z100.0;                   //设置工件坐标系
N20  T0101;                                 //换 1 号刀（端面车刀）
N30  S600  M03;                             //主轴正转
N40  G00  X82.0  Z54.5;                     //快速到达切削起点
N50  G01  X54.0  F0.2;                      //切削端面
N60  G00  X150.0  Z100.0  T0100;           //退回换刀点，取消 1 号刀具补偿
N70  T0202;                                 //换 2 号刀
N80  G00  X81.985  Z55.0;                   //快速到达切削起点
N90  G01  Z4.0  F0.2;                       //车外圆φ80mm
N100  X98.95;                               //车外圆端面
N110  W-4.0;                                //车外圆φ98mm
N120  X150.0  Z100.0  T0200;               //返回起刀点，取消 2 号刀具补偿
N130  M05;                                  //主轴停
N140  M02;                                  //程序结束
```

3）精车内孔及大端面，程序如下：

```
O0003;                                      //主程序
N10  G50  X150.0  Z100.0;                   //设置工件坐标系
N20  T0101;                                 //换 1 号刀（端面车刀）
N30  S500  M03;                             //主轴正转
```

```
N40  G00  X100.0  Z54.5;                          //快速到达切削起点
N50  G01  X60.0  F0.1;                            //切削端面
N60  G00  X150.0  Z100.0  T0100;                  //退回换刀点,取消1号刀具补偿
N70  T0202;                                       //换2号刀
N80  G00  X75.015  Z54.5;                         //快速到达切削起点
N90  G01  X72.015  Z53.0  F0.15;                  //车倒角
N100  W-50.025;                                   //车内孔 φ72mm
N110  X58.05;                                     //车内孔端面
N120  Z-2.0;                                      //车内小孔 φ58mm
N130  G00  X20.0  T0200;                          //退刀,取消2号刀具补偿
N140  Z60.0;
N150  M05;
N160  M02;
```

4）精车外圆及小端面，程序如下：

```
O0004;
N10  G50  X150.0  Z100.0;                         //设置工件坐标系
N20  T0101;                                       //换1号刀(端面车刀)
N30  S800  M03;                                   //主轴正转
N40  G00  X82.0  Z54.0;                           //快速到达切削起点
N50  G01  X55.0  F0.15;                           //切削端面
N60  G00  X150.0  Z100.0  T0100;                  //退回换刀点,取消1号刀具补偿
N70  T0202;                                       //换2号刀
N80  G00  X79.985  Z55.0;                         //快速到达切削起点
N90  G01  Z4.0  F0.15;                            //车外圆 φ80mm
N100  X97.95;                                     //车外圆端面
N110  Z-2.0;                                      //车外圆 φ98mm
N120  X150.0  Z100.0  T0200;                      //返回起刀点,取消2号刀具补偿
N130  M05;                                        //主轴停
N140  M02;                                        //程序结束
```

（3）安装刀具。

（4）装夹工件。

用三爪自定心卡盘装夹工件，注意工件要和车床主轴同心。

（5）输入程序。

（6）对刀。使用试切法对刀。

（7）启动自动运行，加工零件。

（8）测量零件，修正零件尺寸。

思考与训练

一、单项选择题

1. 在程序段 G32 X(U)__ Z(W)__F __中，F 表示（　　）。

    A. 主轴转速　　　　B. 进给速度　　　　C. 螺纹螺距　　　　D. 背吃刀量

2. 车螺纹期间要使用（　　）指令进行主轴转速的控制。

    A. G96　　　　　　B. G97　　　　　　C. G98　　　　　　D. G99

3. （　　）适用于对直螺纹和锥螺纹进行循环切削，每指定一次，螺纹切削自动进行一次循环。

    A. G92　　　　　　B. G76　　　　　　C. G32　　　　　　D. G99

4. FANUC 系统螺纹复合循环指令"G76 P m r α QΔd_{min} Rd；G76 X(U)__ Z(W)__ Ri P k QΔd F L；"中的 d 是指（　　）。

    A. X 方向的精加工余量　　　　　　B. X 方向的退刀量

    C. 第一刀背吃刀量　　　　　　　　D. 螺纹总背吃刀量

5. 在数控车床上车削工件，对表面粗糙度要求较高的表面，应采用（　　）切削。

    A. 恒转速　　　　　B. 恒进给量　　　　C. 恒线速　　　　　D. 恒背吃刀量

6. 加工程序段出现 G01 时，必须在本段或本段之前指定（　　）值。

    A. R　　　　　　　B. T　　　　　　　C. F　　　　　　　D. P

7. 数控车床的操作面板中，删除键是（　　）。

    A. CAN　　　　　　B. POS　　　　　　C. CUSOR　　　　　D. INSRT

8. 在数控车床上，用刀具半径补偿编程加工直径 20mm 圆柱体，试切后为直径为 21mm。若程序和刀具半径不变，则设置刀具半径补偿量应（　　）。

    A. 增加 1mm　　B. 减少 1mm　　C. 增加 0.5mm　　D. 减少 0.5mm

9. 当用 G50 指令或自动坐标系设定的坐标系与编程时使用的工件坐标系不同时，可通过（　　）偏置，使其统一。

    A. 工件原点　　　　B. 刀偏量　　　　　C. 程序原点　　　　D. 坐标系

10. 程序执行结束，同时使记忆回复到起始状态的指令是（　　）。

    A. M00　　　　　　B. M10　　　　　　C. M20　　　　　　D. M30

二、判断题（正确的打"√"，错误的打"×"）

1. 车孔精度一般可达 IT7~IT8，表面粗糙度可达 $Ra1.6 \sim 3.2 \mu m$。　　　　（　　）

2. 在数控车床上加工工件时，调头装夹应垫铜皮或用软卡爪，夹紧力要适当，不要将已加工好的外圆夹伤。　　　　（　　）

3. 装夹内孔镗刀时，要注意主切削刃应稍高于主轴线。　　　　（　　）

4. 端面车槽刀的一侧副后面应磨成圆弧形，以防与槽壁产生摩擦。　　　　（　　）

5. 薄壁类零件承受不了较大的径向夹紧力，一般使用通用夹具装夹。　　　　（　　）

6. 测量孔比测量外圆困难。　　　　（　　）

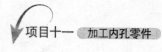

7. 加工孔时排屑和冷却困难。 （　　）

8. 在数控车床上镗孔不需钻底孔。 （　　）

9. 车削内孔用的车刀，一般称为镗孔刀，简称镗刀。常用镗刀有整体式和机械夹固式两种。 （　　）

10. 精度要求较高的内孔，一般经过镗孔后即可达到要求。 （　　）

三、实训题

通孔零件如图 11-12 所示，毛坯为 45 钢棒料，编程并加工零件。

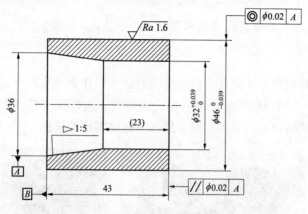

图 11-12　通孔零件加工实训

加工内型腔、内螺纹零件

📖 **学习目标**

掌握内型腔零件和内螺纹零件的编程与加工方法。

在项目十一中我们学习了内孔零件的加工方法，但在企业生产中还会遇到内型腔、内螺纹零件，如图 12-1 所示即为生产中常用的内型腔、内螺纹零件，如何加工这一类零件呢？在本项目中我们将训练加工内型腔零件和内螺纹零件的技能。

图 12-1　内型腔、内螺纹零件

任 务 一　加 工 内 圆 锥 零 件

本任务要求加工如图 12-2 所示的内圆锥零件，毛坯为 $\phi60mm×30mm$ 的棒料，外表面不需要加工，材料为 45 钢。

（1）工艺分析与工艺设计。

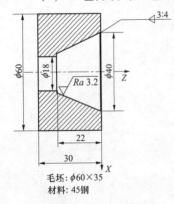

毛坯：$\phi60×35$
材料：45钢

图 12-2　内圆锥面零件

1）图样分析。如图 12-2 所示的零件结构形状比较简单，加工的难点在于内圆锥面，其表面粗糙度要求为 $3.2\mu m$，加工时先钻 $\phi12mm$ 通孔，再用镗刀粗镗和精镗。

2）加工工艺路线设计。

a）用卡盘装夹 $\phi60mm$ 工件毛坯外圆，车右端面。

b）调头装夹 $\phi60mm$ 工件毛坯外圆，车左端并保证长度 30mm。

c）用 $\phi12mm$ 麻花钻头钻通孔，用 90°内镗刀（内孔径向留 0.6mm 精车余量，轴向留 0.4mm 精车余量）精车各孔径至尺寸。

3）刀具选择。

a）有断屑槽的 90°重磨镗刀。

b）45°端面刀。

c）ϕ12mm 麻花钻头。

（2）相关计算。计算圆锥小端直径 d：

$$(D-d)/L=3\text{mm}/4=0.75\text{mm}$$

所以

$$d=D-CL=40\text{mm}-0.75\text{mm}\times22\text{mm}=23.5\text{mm}$$

车削内锥孔时应加工到内锥延长线处，即 $Z=3$ 处，该点 $X=43$。

（3）程序编制。程序如下：

O0001;	
N10 T0101;	//调 1 号内镗刀,确定坐标系
N20 G00 X100 Z100;	//到程序起点
N30 M03 S700;	//主轴正转,转速为 700r/min
N40 G40 X10 Z2;	//到内孔循环起点,取消刀具补偿
N50 G72 U1.1 R1;	
N60 G72 P70 Q120 U-0.6 W0.4 F200;	//内端面粗车循环加工
N70 G00 Z-32;	//到内径延长线
N80 G01 X18;	
N90 Z-22;	//精车零件各部分尺寸
N100 X23.5;	
N110 X43;	
N120 Z3;	//到内锥延长线
N130 G00 X100 Z100;	//返回对刀位置
N140 M30;	

（4）安装刀具。

（5）装夹工件。用三爪自定心卡盘装夹工件，注意工件要和车床主轴同心。

（6）输入程序。

（7）对刀。使用试切法对刀。

（8）启动自动运行，加工零件。

（9）测量零件，修正零件尺寸。

任务二 加 工 内 球

本任务要求加工如图 12-3 所示的内球零件，毛坯尺寸为 ϕ60mm×35mm，材料为 45 钢。

（1）工艺分析与工艺设计。

1）加工工艺路线设计。

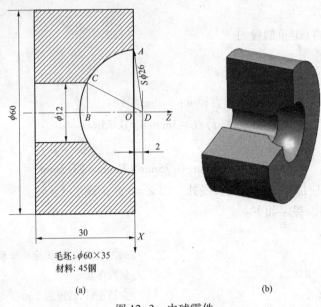

毛坯：$\phi60\times35$
材料：45钢

(a)　　　　　　　　　　　(b)

图 12-3　内球零件

(a) 零件图；(b) 实体图

a) 用卡盘装夹 $\phi60$mm 工件毛坯外圆，车右端面。

b) 调头装夹 $\phi60$mm 工件毛坯外圆，车左端并保证长度 30mm。

c) 用 $\phi10$mm 麻花钻头钻通孔。

d) 用90°不通孔内镗刀粗车内孔，径向留 0.6mm 精车余量，轴向留 0.4mm 精车余量。

e) 粗车与精车用同一把刀，精车各孔径至尺寸。

2) 刀具选择。

a) 有断屑槽的90°不通孔内镗刀。

b) 45°端面刀。

c) $\phi10$mm 麻花钻头。

(2) 数值计算。

1) 求 A 点坐标：连接 DA 即可计算出 OA 的长度：

$$OA=\sqrt{DA^2-OD^2}=\sqrt{13^2-2^2}=12.845\ (\text{mm})$$

即 A 点的直径量为 $2\times12.69=25.69$

所以，A 点坐标为 (25.69，0)。

2) 求 C 点坐标：过 C 点作垂线 CB，连接 CD。

$$BD=\sqrt{CD^2-CB^2}=\sqrt{13^2-6^2}=11.532$$

即　$OB=BD-OD=11.532-2=9.532\ (\text{mm})$

故 C 点坐标为 (12，9.532)。

车削内锥孔时，应加工到内锥延长线处，即 Z=3 处，该点 X=43。

(3) 程序编制。程序如下：

```
O0002;
T0101;                              //调1号内镗刀,确定坐标系
G00 X100 Z100;                      //到程序起点
M03 S700;                           //主轴正转,转速为700r/min
G01 X9 Z2 M08;                      //到内孔循环起点
G72 U1.5 R1.0;
G72 P10 Q20 U-0.6 W0.4 F200;        //内端面粗车循环加工
N10 G00 Z-32;                       //到精车起点处,内径延长线
G01 X12;                            //精车零件φ12mm内径
Z-9.532;                            //精车零件各部分尺寸
G02 X25.69 Z0 R13;
N20 G01 Z2 M09;                     //精车终点处,内球延长线
G00 X100 Z100;                      //返回对刀位置
M02;
```

（4）安装刀具。

（5）装夹工件。用三爪自定心卡盘装夹工件,注意工件要和车床主轴同心。

（6）输入程序。

（7）对刀。使用试切法对刀。

（8）启动自动运行,加工零件。

（9）测量零件,修正零件尺寸。

任务三 加工内螺纹零件

编程并加工如图12-4所示的零件,毛坯为φ62mm×30mm的棒料,左右两端面和外圆已加工过,材料为45钢。

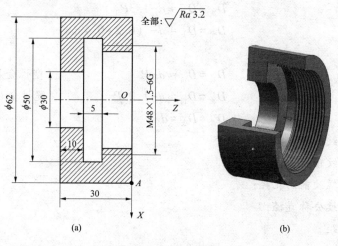

图12-4 内螺纹零件

(a) 零件图；(b) 实体图

（1）工艺分析与工艺设计。

1）图样分析。该零件由内孔、内槽和内螺纹组成。

2）加工工艺路线设计。该零件为典型的车床加工零件，轴心线及左端面为工艺基准，用三爪自定心卡盘及工件左端面定位工件，用三爪自定心卡盘夹持外圆，一次装夹完成所有加工。

工步顺序如下：

a）手动钻中心孔及 ϕ30mm 孔。

b）粗加工螺纹底孔。

c）车螺纹退刀槽。

d）精加工螺纹底孔。

e）车螺纹。

3）刀具选择。根据加工要求，选用六把刀具，T01 为盲孔车刀，粗加工 M48×1.5-6G 螺纹底孔；T02 为精加工 M48×1.5-6G 螺纹底孔用盲孔车刀；T03 为内槽车刀，刀宽为 5mm；T04 为 60°内螺纹车刀；T05 为中心钻，钻中心孔；T06 为 ϕ30mm 的钻头。

（2）程序编制。

1）数值计算。螺纹大径（螺纹底径）：$D_大 = D_底 = d = 48\text{mm}$。

车内螺纹前的孔径，毛坯材料为 45 钢，为塑性金属，$D_孔 = d - P = 48 - 1.5 = 46.5$（mm）

⊃ 知识链接：加工螺纹时各项参数的计算

车外螺纹时，由于受车刀挤压会使螺纹大径尺寸胀大，所以车螺纹前大径一般应车得比基本尺寸小 0.2~0.4mm（约 0.13P），车好螺纹后牙顶处有 0.125P 的宽度（P 为螺距）。同理，车削三角形内螺纹时，内孔直径会缩小，所以车削内螺纹前的孔径要比内螺纹小径略大些，可采用下列近似公式计算。

车削外螺纹：

$$D_底 = D_小 \approx d - 1.3P$$
$$D_顶 = D_大 \approx d - (0.2 \sim 0.4\text{mm})$$

车削内螺纹：

$$D_孔 = D_顶 \approx d - P \qquad\qquad （塑性金属）$$
$$D_孔 = D_顶 \approx d - 1.05P \qquad （脆性金属）$$
$$D_底 = D_大 = d$$

式中　$D_底$——螺纹底径；

　　　$D_顶$——螺纹顶径；

　　　$D_孔$——车螺纹前的孔径；

　　　d——螺纹公称直径；

　　　P——螺距。

2）编制程序。程序如下：

```
O0003;
N10  M03  S600  T0101;                    //换粗加工用盲孔车刀
N20  G00  X80.0  Z65.0;                   //设置换刀点
N30  M08;                                  //冷却液开
N40  G00  X32.0  Z2.0;
N50  G90  X34.0  Z-18.0  F80;             //加工M48×1.5-6G螺纹底孔
N60  X36.0;
N70  X38.0;
N80  X40.0;
N90  X42.0;
N100  X44.0;
N110  X46.0;
N120  G00  X80.0  Z65.0  T0100;          //回换刀点
N130  T0303;                              //换内槽车刀
N140  G00  X28.0  Z2.0  S400;
N150  Z-20.0;
N160  G01  X50.0  F50;                    //车螺纹退刀槽
N170  G00  X28.0;                         //退刀
N180  Z2.0;                               //退刀
N190  X80.0  Z65.0  T0300;               //回换刀点
N200  T0202;                              //换精加工用盲孔车刀
N210  G00  X46.5  Z2.0  S800;
N220  G90  X46.5  Z-16.0  F50;           //精加工M48×1.5-6G螺纹底孔
N230  G00  X80.0  Z65.0  T0200;          //回换刀点
N240  T0404;                              //换内螺纹车刀
N250  G00  X45.0  Z3.0  S200;
N260  G92  X47.1  Z-16.5  F1.5;          //车削内螺纹
N270  X47.8  Z-16.5  F1.5;
N280  X48.0  Z-16.5  F1.5;
N290  X48.0;                              //光整加工一次
N300  G00  X80.0  Z65.0  T0400;          //回换刀点
N310  M09  M05;
N320  M30;
```

任务四　加工内型腔

本任务要求加工如图12-5所示的内型腔零件；毛坯尺寸为 $\phi95mm×50mm$，材料为Q235。

（1）工艺分析与工艺设计。

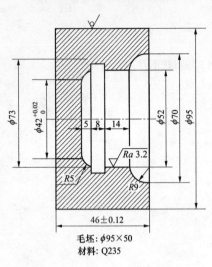

毛坯: φ95×50
材料: Q235

图 12-5 内型腔零件

1）图样分析。如图 12-5 所示的内型腔零件，内腔轮廓由圆柱面、圆弧面和槽组成，尺寸精度和表面粗糙度要求都较高，要采用先粗车后精车的工艺。

2）加工工艺路线设计。

a）用卡盘装夹 φ95mm 工件毛坯外圆，车右端面。

b）调头装夹 φ95mm 工件毛坯外圆，车左端并保证长度 46mm。

c）用 φ35mm 麻花钻头钻通孔。

d）用 90° 不通孔内镗刀粗车内孔，径向留 0.8mm 精车余量，轴向留 0.6mm 精车余量。

e）粗车与精车用同一把刀，精车各孔径至尺寸及车内沟槽。

3）刀具选择。

a）有断屑槽的 90°不通孔内镗刀。

b）45°端面刀。

c）内沟槽车刀刀宽 4.0mm。

d）φ35mm 麻花钻头。

（2）程序编制。内轮廓用 G71 和 G70 指令车削编程，略。

……

T0202;	//调 2 号内槽刀,确定坐标系
M03 S500;	//主轴正转,转速为 800r/min
G00 X48;	
Z-31;	//到内槽起点处
G01 X55.5 F20;	
G00 X48;	//车削内槽
Z-27;	
G01 X55 F20;	//车削内槽
Z-31;	
G00 X20;	
Z100 X100;	//返回对刀位置
M02;	

（3）注意事项。

1）内沟槽的车削方法与外沟槽的车削方法相似，对于宽度比较小的内沟槽，可以将内沟槽刀宽度磨成与槽宽相等，用直进法一次车削完成。对于宽度较大的则采用排刀法分几次完成。

2）内槽加工属加工难点，主要原因是刀具刚性差，切削条件差。但一般内槽的加工

精度要求不高，表面粗糙度要求较低，所以其加工和编程不难。影响精度的因素主要在于刀具的刃磨和对刀。

3）用内槽刀排切时应有压刀和最后精车。

4）由于内槽刀前端刀头悬出，其强度很差，因此应十分注意进给量要非常小，转速不要太高。

思 考 与 训 练

一、单项选择题

1. 切削用量中对切削力影响最大的是（　　）。

    A. 背吃刀量　　　　　　　　　　B. 进给量

    C. 切削速度　　　　　　　　　　D. 影响相同

2. 车削（　　）材料时，车刀可选择较大的前角大。

    A. 软性　　　　　B. 硬性　　　　　C. 塑性　　　　　D. 脆性

3. 切削金属材料时，属于正常磨损中最常见的情况是（　　）磨损。

    A. 前面　　　　　B. 后面　　　　　C. 前、后面同时　　D. 基面

4. 切断刀由于受刀头强度的限制，副后角应取（　　）。

    A. 较大　　　　　B. 一般　　　　　C. 较小　　　　　D. 负值

5. 切削液的作用主要是（　　）。

    A. 提高尺寸精度 B. 方便机床清洁　 C. 冷却和润滑　　 D. 降低切削效率

二、实训题

1. 内型腔零件如图 12-6 所示，毛坯为 45 钢的棒料，编程并加工零件。

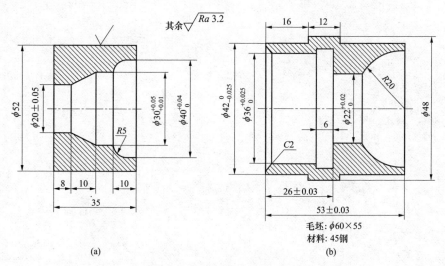

图 12-6　内型腔零件加工实训

（a）内型腔零件（一）；（b）内型腔零件（二）

2. 内螺纹零件如图 12-7 所示，毛坯为 45 钢的棒料，编程并加工零件。

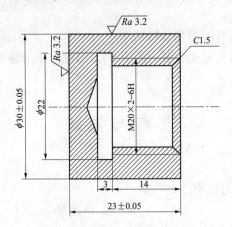

图 12-7　内螺纹零件加工实训

分析典型零件的数控车削工艺

📖 学习目标

能对较复杂车削零件进行数控加工工艺分析并制定工艺。

任务一 分析轴类零件的数控车削工艺

任务：典型轴类零件如图 13-1 所示，零件材料为 45 钢，无热处理和硬度要求，试对该零件进行数控车削工艺分析。

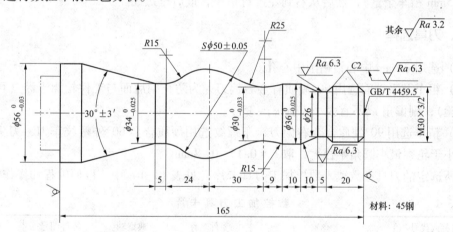

图 13-1 典型轴类零件

一、零件工艺分析

该零件表面由圆柱、圆锥、顺圆弧、逆圆弧及螺纹等组成。其中多个直径尺寸有较严的尺寸精度和表面粗糙度等要求；球面 $S\phi50$mm 的尺寸公差还兼有控制该球面形状（线轮廓）误差的作用。尺寸标注完整，轮廓描述清楚。零件材料为 45 钢，无热处理和硬度要求。

通过上述分析，可采用以下几点工艺措施。

（1）对图样上给定的几个精度要求较高的尺寸，因其公差数值较小，故编程时不必取平均值，而全部取其基本尺寸即可。

227

（2）在轮廓曲线上，有 3 处为圆弧，其中两处为既过象限又改变进给方向的轮廓曲线，因此在加工时应进行机械间隙补偿，以保证轮廓曲线的准确性。

（3）为便于装夹，坯件左端应预先车出夹持部分（双点划线部分），右端面也应先粗车出并钻好中心孔。毛坯选 $\phi60mm$ 的棒料。

二、选择设备

根据被加工零件的外形和材料等条件，选用 TND360 数控车床。

三、确定零件的定位基准和装夹方式

（1）定位基准。确定坯料轴线和左端大端面（设计基准）为定位基准。

（2）装夹方法。左端采用三爪自定心卡盘定心夹紧，右端采用活动顶尖支承的装夹方式。

四、确定加工顺序及进给路线

加工顺序按由粗到精、由近到远（由右到左）的原则确定。即先从右到左进行粗车（留 0.25mm 精车余量），然后从右到左进行精车，最后车螺纹。

五、刀具选择

（1）选用 $\phi5mm$ 中心钻钻削中心孔。

（2）粗车及平端面选用 90° 硬质合金右偏刀，为防止副后面与工件轮廓干涉（可用作图法检验），副偏角 κ_r' 不宜太小，选 $\kappa_r' = 35°$。

（3）精车选用 90° 硬质合金右偏刀，车螺纹选用硬质合金 60° 外螺纹车刀，刀尖圆弧半径应小于轮廓最小圆角半径 r_ε，取 $r_\varepsilon = 0.15 \sim 0.2mm$。

将所选定的刀具参数填入数控加工刀具卡片（见表 13-1）中，以便编程和操作管理。

表 13-1　　　　　　　　　　　　数控加工刀具卡片

产品名称或代号		×××		零件名称	典型轴	零件图号	×××
序号	刀具号	刀具规格名称		数量	加工表面		备注
1	T01	$\phi5mm$ 中心钻		1	钻 $\phi5mm$ 中心孔		
2	T02	硬质合金 90° 外圆车刀		1	车端面及粗车轮廓		右偏刀
3	T03	硬质合金 90° 外圆车刀		1	精车轮廓		右偏刀
4	T04	硬质合金 60° 外螺纹车刀		1	车螺纹		
编制		×××	审核	×××	批准	×××	共　页	第　页

六、切削用量选择

（1）背吃刀量的选择。轮廓粗车循环时选 $a_p = 3mm$，精车选 $a_p = 0.25mm$；螺纹粗车时选 $a_p = 0.4mm$，逐刀减少，精车选 $a_p = 0.1mm$。

（2）主轴转速的选择。车直线和圆弧时，选粗车切削速度 $v_c = 90\text{m/min}$、精车切削速度 $v_c = 120\text{m/min}$，然后利用公式 $v_c = \pi dn/1000$ 计算主轴转速 n（粗车直径 $d = 60\text{mm}$，精车工件直径取平均值）：粗车为 500r/min、精车为 1200r/min。

（3）进给速度的选择。根据加工的实际情况确定粗车进给量为 0.4mm/r，精车进给量为 0.15mm/r，最后根据公式 $v_f = nf$ 计算粗车、精车进给速度分别为 200mm/min 和 180mm/min。

综合前面分析的各项内容，将其填入表 13-2 所示的数控加工工艺卡片。此卡片是编制加工程序的主要依据和操作人员配合数控程序进行数控加工的指导性文件，主要内容包括工步顺序、工步内容、各工步所用的刀具及切削用量等。

表 13-2　　　　　　　　　　典型轴类零件数控加工工艺卡片

单位名称	×××	产品名称或代号		零件名称		零件图号	
		×××		典型轴		×××	
工序号	程序编号	夹具名称		使用设备		车间	
001	×××	三爪自定心卡盘和活动顶尖		TND360 数控车床		数控中心	
工序号	工步内容		刀具号	刀具规格（mm）	主轴转速（r/min）	进给速度（mm/min）	背吃刀量（mm）	备注
1	平端面		T02	25×25	500			手动
2	钻中心孔		T01	φ5	950			手动
3	粗车轮廓		T02	25×25	500	200	3	自动
4	精车轮廓		T03	25×25	1200	180	0.25	自动
5	粗车螺纹		T04	25×25	320	960	0.4	自动
6	精车螺纹		T04	25×25	320	960	0.1	自动
编制	×××	审核	×××	批准	×××	年　月　日	共　页	第　页

任务二　分析套类零件的数控车削工艺

任务：套类零件如图 13-2 所示，单件小批量生产，分析其数控车削加工工艺。

一、零件工艺分析

该零件表面由内外圆柱面、圆锥面、顺圆弧、逆圆弧及内螺纹等组成，其中多个直径尺寸与轴向尺寸有较高的尺寸精度、表面粗糙度和几何公差要求。零件图样尺寸标注完整，符合数控加工尺寸标注要求；轮廓描述清楚完整；零件材料为 45 钢，切削加工性能较好，无热处理和硬度要求。

通过上述分析，采取以下几点工艺措施。

（1）零件图样上带公差的尺寸，除内螺纹退刀槽尺寸 $25_{-0.084}^{0}$ 公差值较大，编程时可取平均值 24.958 外，其他尺寸因公差值较小，故编程时不必取其平均值，取基本尺寸即可。

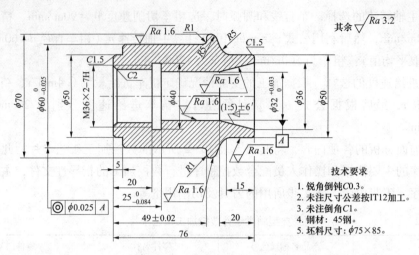

图 13-2　锥孔螺母套零件图

（2）左右端面均为多个尺寸的设计基准，相应工序加工前，应先将左右端面车出来。

（3）内孔圆锥面加工完后，需掉头再加工内螺纹。

二、确定装夹方案

内孔加工时以外圆定位，用三爪自定心卡盘夹紧。加工外轮廓时，为保证同轴度要求和便于装夹，以坯件左端面和轴心线为定位基准，为此需要设计一心轴装置（如图 13-3 所示双点划线部分），用三爪自定心卡盘夹持心轴左端，心轴右端留有中心孔并用尾座顶尖顶紧以提高工艺系统的刚性。

三、确定加工顺序及进给路线

加工顺序的确定按由内到外、由粗到精、由远到近的原则确定，在一次装夹中尽可能加工出较多的工件表面。结合本零件的结构特征，可先粗、精加工内孔各表面，然后粗、精加工外轮廓表面。由于该零件为单件小批量生产，进给路线设计不必考虑最短进给路线或最短空行程路线，外轮廓表面车削进给路线可沿零件轮廓顺序进行，如图 13-4 所示。

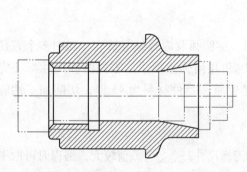

图 13-3　外轮廓车削心轴定位装夹方案

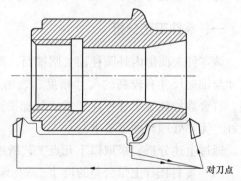

图 13-4　外轮廓车削进给路线

四、刀具选择

（1）车削端面选用 45°硬质合金端面车刀。

（2）ϕ4mm 中心钻，钻中心孔以利于钻削底孔时刀具找正。

（3）ϕ31.5mm 高速钢钻头，钻内孔底孔。

（4）粗镗内孔选用内孔镗刀。

（5）内孔精加工选用 ϕ32mm 铰刀。

（6）螺纹退刀槽加工选用 5mm 内槽车刀。

（7）内螺纹切削选用 60°内螺纹车刀。

（8）选用 93°硬质合金右偏刀，副偏角选 35°，自右到左车削外圆表面。

（9）选用 93°硬质合金左偏刀，副偏角选 35°，自左到右车削外圆表面。

五、确定切削用量

根据被加工表面质量要求、刀具材料和工件材料，参考切削用量手册或有关资料选取切削速度与每转进给量，然后根据公式 $n = 1000v_c/\pi d$ 和 $v_f = fn$ 计算主轴转速与进给速度（计算过程略），计算结果填入表 13-3 所示的工序卡中。车螺纹时主轴转速根据公式 $n \leqslant 1200/p-k$ 计算，进给速度由系统根据螺距与主轴转速自动确定。

背吃刀量的选择因粗、精加工而有所不同。粗加工时，在工艺系统刚性和机床功率允许的情况下，尽可能取较大的背吃刀量，以减少进给次数；精加工时，为保证零件表面粗糙度要求，背吃刀量一般取 0.1~0.4mm 较为合适。

六、填写工艺文件

（1）按加工顺序将各工步的加工内容、所用刀具及切削用量等填入表 13-3 所示的数控加工工序卡片中。

（2）将选定的各工步所用刀具的刀具型号、刀片型号、刀片牌号及刀尖圆弧半径等填入表 13-4 所示的数控加工刀具卡片中。

（3）将各工步的进给路线绘成文件形式的进给路线图。

上述两卡一图是编制该轴套零件数控车削加工程序的主要依据。

表 13-3　　　　　　　　　数 控 加 工 工 序 卡 片

（单位名称）	数控加工工序卡片	产品名称或代号		零件名称	材料	零件图号
		数控车工艺分析实例		锥孔螺母套	45 钢	
工序号	程序编号	夹具编号		使用设备	车间	
				CJK6240	数控中心	
工步号	工步内容		刀具号	刀具规格（mm）	主轴转速（r/min）	进给速度（mm/min）	背吃刀量（mm）	备注
1	平端面		T01	25×25	320		1	手动

工步号	工步内容	刀具号	刀具规格（mm）	主轴转速（r/min）	进给速度（mm/min）	背吃刀量（mm）	备注
2	钻中心孔	T02	$\phi 4$	950		2	手动
3	钻孔	T03	$\phi 32.5$	200		15.75	手动
4	镗通孔至尺寸 $\phi 31.9$mm	T04	20×20	320	40	0.2	自动
5	铰孔至尺寸 $\phi 32_0^{+0.033}$mm	T05	$\phi 32$	32		0.1	手动
6	粗镗内孔斜面	T04	20×20	320	40	0.8	自动
7	精镗内孔斜面保证（1:5）±6′	T04	20×20	320	40	0.2	自动
8	粗车外圆至尺寸 $\phi 71$mm 光轴	T08	25×25	320		1	手动
9	调头车另一端面，保证长度尺寸 76mm	T01	25×25	320			自动
10	粗镗螺纹底孔至尺寸 $\phi 34$mm	T04	20×20	320	40	0.5	自动
11	精镗螺纹底孔至尺寸 $\phi 34.2$mm	T04	20×20	320	25	0.1	手动
12	切 5mm 内孔退刀槽	T06	16×16	320			手动
13	$\phi 34.2$mm 孔边倒角 C2	T07	16×16	320			自动
14	粗车内孔螺纹	T07	16×16	320		0.4	自动
15	精车内孔螺纹至 M36×2-7H	T07	16×16	320		0.1	自动
16	自右至左车外表面	T08	25×25	320	30	0.2	自动
17	自左至右车外表面	T09	25×25	320	30	0.2	自动
编制		审核		批准		共 1 页	第 1 页

表 13-4　数控加工刀具卡片

产品名称或代号	数控车工艺分析实例	零件名称	锥孔螺母套	零件图号		程序编号	
工步号	刀具号	刀具规格名称		数量	加工表面	刀尖半径（mm）	备注
1	T01	45°硬质合金端面车刀		1	车端面	0.5	
2	T02	$\phi 4$mm 中心钻		1	钻 $\phi 4$mm 中心孔		
3	T03	$\phi 31.5$mm 钻头		1	钻孔		
4	T04	镗刀		1	镗孔及镗内孔锥面	0.4	
5	T05	$\phi 32$mm 铰刀		1	铰孔		
6	T06	5mm 内槽车刀		1	切 5mm 宽螺纹退刀槽	0.4	
7	T07	60°内螺纹车刀		1	车内螺纹及螺纹孔倒角	0.3	
8	T08	93°硬质合金右偏刀		1	自右至左车外表面	0.2	
9	T09	93°硬质合金左偏刀		1	自左至右车外表面	0.2	
编制		审核			批准	共 1 页	第 1 页

任务三　分析盘类零件的数控车削工艺

任务：带孔圆盘如图 13-5 所示，材料为 45 钢，分析其数控车削工艺。

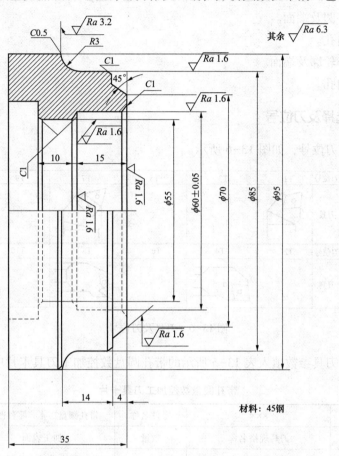

图 13-5　带孔圆盘

一、零件工艺分析

图 13-5 所示的零件属于典型的盘类零件，材料为 45 钢，可选用圆钢为毛坯，为保证在进行数控加工时工件能可靠的定位，可在数控加工前将左侧端面、ϕ95mm 外圆加工，同时将 ϕ55mm 内孔钻 ϕ53mm 孔。

二、选择设备

根据被加工零件的外形和材料等条件，选定 Vturn—20 型数控车床。

三、确定零件的定位基准和装夹方式

（1）定位基准。以已加工出的 ϕ95mm 外圆及左端面为工艺基准。

233

（2）装夹方法。采用三爪自定心卡盘自定心夹紧。

四、制定加工方案

根据图样要求，毛坯及前道工序加工情况，确定工艺方案及加工路线。

（1）粗车外圆及端面。

（2）粗车内孔。

（3）精车外轮廓及端面。

（4）精车内孔。

五、刀具选择及刀位号

选择刀具及刀位号，如图 13-6 所示。

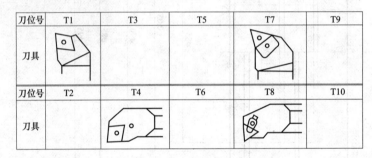

刀位号	T1	T3	T5	T7	T9
刀具					
刀位号	T2	T4	T6	T8	T10
刀具					

图 13-6　刀具及刀位号

将所选定的刀具参数填入表 13-5 所示的带孔圆盘数控加工刀具卡片中。

表 13-5　　　　　　　　　　带孔圆盘数控加工刀具卡片

产品名称或代号		×××		零件名称	带孔圆盘	零件图号	×××
序号	刀具号	刀具规格名称	数量		加工表面		备注
1	T01	硬质合金外圆车刀	1		粗车端面、外圆		
2	T04	硬质合金内孔车刀	1		粗车内孔		
3	T07	硬质合金外圆车刀	1		精车端面、外轮廓		
4	T08	硬质合金内孔车刀	1		精车内孔		
编制	×××	审核	×××	批准	×××	共　页	第　页

六、确定切削用量（略）

七、拟订数控加工工艺卡片

以工件右端面为工件原点，换刀点定为（X200，Z200）。数控加工工艺卡片见表 13-6。

表 13-6 带孔圆盘的数控加工工艺卡片

单位名称	×××	产品名称或代号		零件名称		零件图号	
		×××		带孔圆盘		×××	
工序号	程序编号	夹具名称		使用设备		车间	
001	×××	三爪自定心卡盘		Vturn—20 数控车床		数控中心	
工步号	工步内容		刀具号	刀柄规格（mm）	主轴转速（r/min）	进给速度（mm/min）	背吃刀量（mm）	备注
1	粗车端面		T01	20×20	400	80		
2	粗车外圆		T01	20×20	400	80		
3	粗车内孔		T04	φ20	400	60		
4	精车外轮廓及端面		T07	20×20	1100	110		
5	精车内孔		T08	φ32	1000	100		
编制	×××	审核	××	批准	×××	年 月 日	共 页	第 页

思 考 与 训 练

一、单项选择题

1. 制定工艺卡，首先要看清零件图样和各项技术要求，对加工零件进行（　　）分析。

　　A. 工艺　　　　　B. 选用机床　　　　C. 填写工艺文件　　D. 切削余量

2. 总结合理的加工方法和工艺内容，规定产品或零部件制造工艺过程和操作方法等的工艺文件称为（　　）。

　　A. 工艺规程　　B. 加工工艺卡片　　C. 加工工序卡片　　D. 工艺路线

3. 夹具装置的基本要求就是使工件占有正确的加工位置，并使其在加工过程中（　　）。

　　A. 保持不变　　B. 灵活调整　　　　C. 相对滑动　　　　D. 便于安装

4. 薄壁工件加工时应尽可能采取轴向夹紧的方法，以防工件产生（　　）。

　　A. 切向位移　　B. 弹性应变　　　　C. 径向变形　　　　D. 轴向变形

5. 车削时，增大（　　）可以减少走刀次数，从而缩短机动时间。

　　A. 切削速度　　B. 走刀量　　　　　C. 背吃刀量　　　　D. 转速

6. 在数控车床上加工零件，应按（　　）的原则划分工序。

　　A. 工步分散　　B. 工步集中　　　　C. 工序分散　　　　D. 工序集中

7. 数控车削确定进给路线的工作重点主要是确定（　　）的进给路线。

　　A. 粗加工和空行程　　　　　　　　B. 空行程

　　C. 粗加工　　　　　　　　　　　　D. 精加工

8. 数控车削中要合理安排"回零"路线，即应使前一刀的终点与（　　）的距离尽量减短。

    A. 后一刀的起点　　　　　　　　B. 对刀点

    C. 装夹基准　　　　　　　　　　D. 切削行程

二、判断题（正确的打"√"，错误的打"×"）

1. 半精加工原则：当粗加工后所留下余量的均匀性满足不了精加工要求时，作为过渡性加工工序安排半精加工，以便使精加工余量小而均匀。　　　　　　　（　　）

2. 加工工艺的主要内容有：① 制定工序、工步及走刀路线等加工方案；② 确定切削用量（包括主轴转速 S、进给速度 F、背吃刀量等）；③ 制定补偿方案。　（　　）

3. 数控车床车削用的车刀分三类：尖形车刀、圆弧车刀和端面车刀。　　　（　　）

4. 所谓前面磨损就是形成月牙洼的磨损，一般在切削速度较高、切削厚度较大的情况下，加工塑性金属材料时引起。　　　　　　　　　　　　　　　　　（　　）

5. 车削时的进给量为工件沿刀具进给方向的相对位移。　　　　　　　　（　　）

6. 精车时为了减小工件表面粗糙度值，车刀的刃倾角应取负值。　　　　（　　）

7. 为防工件变形，夹紧部位要与支承件对应，尽可能不在悬空处夹紧。　（　　）

8. 硬质合金是一种耐磨性好，耐热性高，抗弯强度和冲击韧度较高的一种材料。

                                                        （　　）

9. 切削用量包括进给量、背吃刀量和主轴转速。　　　　　　　　　　　（　　）

10. 影响切削温度的主要因素有工件材料、切削用量、刀具几何参数和冷却条件等。

                                                         （　　）

三、实训题

在数控车床上加工如图 13-7 所示的零件，试编制其加工工艺。

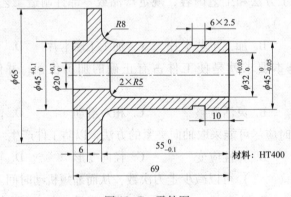

图 13-7　零件图

项目十四

数控车床技能综合训练

📖 **学习目标**

(1) 培养数控车床综合零件编程和加工的能力。

(2) 能应用数控车床加工出合格的中级工和高级工水平零件。

轴类零件广泛应用于汽车、机床和各种机械设备中，机械加工企业经常要加工大量轴类零件。数控车床操作工是企业急需的技能人才。如图14-1所示是一些数控车床中高级工加工的零件。数控车床中、高级工是重要的职业技能鉴定工种，在本项目中我们将进行数控车床技能综合训练，培养数控车床综合零件编程和加工的能力，通过本项目的训练，希望学员能达到数控车床高级工的水平。

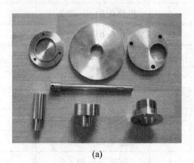

(a)   (b)

图14-1　数控车床中、高级工加工的零件

(a) 数控车床中级工加工的零件；(b) 数控车床高级工加工的零件

任务一　数控车床中级工技能综合训练一

零件如图14-2所示，毛坯为φ44mm×110mm的45钢，试编写其数控车床加工程序并进行加工。

综合训练评分表见表14-1。为使叙述简练，后面的综合训练实例中将省略评分表。

(1) 工艺分析与工艺设计。

1) 图样分析。

如图14-2所示的零件由圆弧面、圆柱面、外螺纹和内孔组成，零件的尺寸精度和同轴度要求都较高。

2) 加工工艺路线设计。

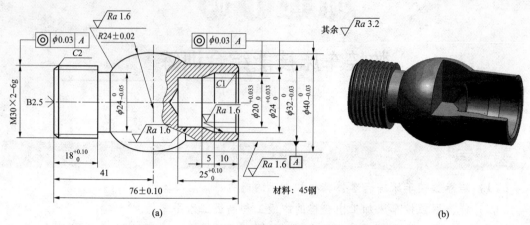

图 14-2　数控车床中级工技能综合训练一零件图

（a）零件图；（b）实体图

表 14-1　　　　　　　　中级工职业技能综合训练一评分表

工件编号			总得分				
项目与分配		序号	技术要求	配分	平分标准	检测记录	得分
工件加工评分（80%）	外形轮廓	1	$\phi 32_{-0.03}^{0}$ mm	5	超差 0.01mm 扣 2 分		
		2	$\phi 40_{-0.03}^{0}$ mm	5	超差 0.01mm 扣 2 分		
		3	$\phi 24_{-0.05}^{0}$ mm	4	超差 0.01mm 扣 2 分		
		4	（76±0.10）mm	4	超差 0.02mm 扣 1 分		
		5	$18_{0}^{+0.10}$ mm	4	超差 0.02mm 扣 1 分		
		6	$R24$mm±0.02mm	5	超差 0.01mm 扣 2 分		
		7	M30×2—6g	5	超差全扣		
		8	同轴度 ϕ0.03mm	3×2	超差 0.01mm 扣 1 分		
		9	Ra1.6μm	3	每错一处扣 1 分		
		10	Ra3.2μm	4	每错一处扣 1 分		
	内轮廓	11	$\phi 20_{0}^{+0.033}$ mm/1.6μm	5/1	超差 0.01mm 扣 2 分		
		12	$25_{0}^{+0.10}$ mm	4	超差 0.02mm 扣 1 分		
		13	$\phi 24_{0}^{+0.033}$ mm/1.6μm	5/1	超差 0.01mm 扣 2 分		
		14	Ra3.2μm	3	每错一处扣 1 分		
		15	同轴度 ϕ0.03mm	3×2	超差 0.01 扣 1 分		
	其他	16	一般尺寸及倒角	6	每错一处扣 1 分		
		17	按时完成无缺陷	4	酌扣 4～20 分		
程序与工艺（10%）		18	程序正确合理	5	不合理每处扣 2 分		
		19	加工工序卡片填写合理	5	不合理每处扣 2 分		
机床操作（10%）		20	机床操作规范	5	出错一次扣 2 分		
		21	工件装夹、刀具安装	5	出错一次扣 2 分		
安全文明生产（倒扣分）		22	安全操作	倒扣	酌扣 5～30 分		

a）手动钻 $\phi18mm$ 底孔，预切除内孔余量。

b）粗、精车右端内孔，到达图样各项要求，粗加工时留 0.2~0.5mm 精加工余量。

c）车槽加工。

d）粗、精车右端外圆表面（包括圆弧轮廓），达到图样要求，加工时最好用顶尖顶住内孔，以提高刚性。

e）调头手动车削端面，钻中心孔，装夹，找正夹紧。

f）粗、精车左端螺纹表面外圆轮廓，粗加工时留 0.2~0.5mm 精加工余量。

g）粗、精加工螺纹达图样要求。

h）去毛倒刺，检测工件各项尺寸是否符合要求。

（2）程序编制。选择完成后工件的左右端面回转中心作为编程原点，选择的刀具如下：T01 外圆车刀；T02 外车槽刀（刀宽 3mm）；T03 外螺纹车刀；T04 内孔车刀。编制程序如下：

```
O0001;                              //加工右端外轮廓程序
G99  G21  G40;
T0404;                              //程序开始部分换 4 号内孔车刀
M03  S600;
G00  X100.0  Z100.0  M08;
     X16.0  Z2.0;
G71  U1.0  R0.5;                    //毛坯切削循环加工右端内轮廓
G71  P100  Q200  U-0.3  W0  F0.1;
N100  G00  X26.0  S1200  F0.05;     //N100~N200 为右端内轮廓描述
     G01  Z0;
     X24.0  Z-1.0;
     Z-10.0;
     X20.0  Z-15.0;
     Z-25.0;
N200  X16.0;
G70  P100  Q200;                    //精加工右端内轮廓
G00  X100.0  Z100.0;
T0202  S600;                        //换外切槽车刀
G00  X42.0  Z-55.89;                //刀具定位
G75  R0.5;                          //加工外圆槽
G75  X24.0  Z-58.0  P2000  Q2000  F0.1;
G00  X100.0  Z100.0;
T0101  S800;                        //换 1 号外圆车刀
G00  X42.0  Z2.0;                   //刀具定位
G73  U8.0  W0  R6;                  //用固定循环加工右端外轮廓
G73  P300  Q400  U0.5  W0  F0.1;
N300  G00  X30.0  Z0.0  S1500  F0.05;  //N300~N400 为右端外轮廓描述
```

```
    G01  X32.0  Z-1.0;
         Z-20.34;
    G03  X24.0  Z-52.89  R24.0;
N400 G01  X42.0;
G70  P300  Q400;                      //精加工右端外轮廓
G00  X100.0  Z100.0;
M05  M09;
M30;                                   //程序结束


O00002;                                //加工左端外轮廓程序
G99  G21  G40;                         //程序开始部分
T0101;
M03  S800;
G00  X100.0  Z100.0  M08;
  X42.0  Z2.0;                         //刀具快速定位
G71  U1.0  R0.5;                       //毛坯切削循环粗加工左端外轮廓
G71  P300  Q400  U0.5  W0.0  F0.1;
N300 G00  X25.8  S1500  F0.05;         //N300~N400 为左端精加工外轮廓描述
  G01  Z0;
  X29.8  Z-2.0;
  Z-20.01;
N400 X42.0;
G70  P300  Q400;                       //精加工左端外轮廓
G00  X100.0  Z100.0;
T0303  S600;                           //换 3 号外螺纹车刀
G00  X32.0  Z2.0;                      //刀具定位
G76  P020560  Q50  R0.05;             //加工外螺纹
G76  X27.4  Z-20.0  P1300  Q400  F2.0;
G00  X100.0  Z100.0;
M05  M09;
M30;                                   //程序结束
```

（3）上机床调试程序并加工零件。

（4）修正尺寸并检测零件。

任务二　数控车床中级工技能综合训练二

零件如图 14-3 所示，毛坯尺寸为 $\phi40mm×220mm$，工件材料为 45 钢，编写其数控加工程序并进行加工。

（1）工艺分析与工艺设计。

1）图样分析。

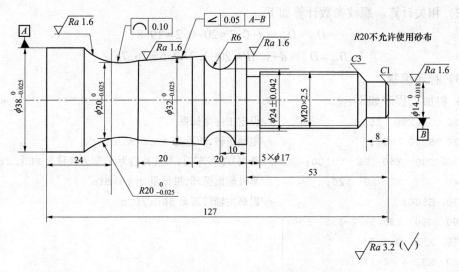

图 14-3 数控车床中级工技能综合训练二零件图

如图 14-3 所示的零件由圆弧面、圆柱面、外螺纹和槽组成，零件的尺寸精度要求和同轴度要求都较高。

2）加工工艺路线设计。

a）自右至左粗加工各面：

车端面

车外圆 ϕ38.5mm，长 135mm

车外圆 ϕ32.4mm，长－113mm

车外圆 ϕ20.4mm，长 52.7mm

车外圆 ϕ14.5mm，长 8mm

倒角 C3。

b）自右至左精加工各面。

c）车退刀槽。

d）车螺纹。

e）车圆弧（调用子程序）。

f）切断。

3）选择刀具及切削用量。

a）外圆刀 T1：粗、精加工。

b）切断刀 T2：刀宽 3mm。

c）螺纹刀 T3：车螺纹。

d）圆弧刀 T4：车圆弧。

e）切削用量（单位为转速 r/min、进给量 mm/min）：粗车外圆 S500、F50；精车外圆 S900、F15；车槽 S250、F8；车螺纹 S500；粗车圆弧 S500、F25；精车圆弧 S800、F15；切断 S200、F4。

（2）相关计算。螺纹参数计算如下。

$$D_{顶} = D_{大} \approx d - 0.2 = 20 - 0.2 = 19.8$$
$$D_{底} = D_{小} \approx d - 1.3P = 20 - 1.3 \times 2.5 = 16.75$$

（3）程序编制。

1）粗加工程序如下：

N010　G50 X80　Z50;	//设定工件坐标系
N020　S300　M03;	//主轴正转,转速为 300r/min
N030　G00　X50　Z8　T0100;	//选用 01 号车刀,刀具补偿为 0,车刀快移至 X50,Z8 定位
N040　G94　X2　Z0　F20;	//车外端面循环,进给量 20mm/min
N050　S500;	//提高主轴转速至 500r/min
N060　G90　X38.5　Z-135　F50;	
N070　X35　Z-115;	
N080　X32.4　Z-113;	
N090　X28.3　Z-52.8;	//粗车到各外圆轮廓尺寸,并保证 0.4~0.6mm 余量。
N100　X24.3;	进给量为 50mm/min
N110　X20.3;	
N120　X17　Z-8.5;	
N130　X14.5　Z-8;	
N140　G00　X14.5　Z2;	//车刀快速移至(X14.5,Z2)定位
N150　G01　Z-7.5;	//车刀走直线
N160　X20.5　Z-10.5;	//倒角 C3
N170　X24;	
N180　G00　X80　Z50;	//回坐标系设定点
N190　M05;	//主轴停转
N200　M30;	//程序结束

2）精加工程序如下：

N010　G50　X80　Z50;	//设定工件坐标系
N015　S900　M03;	//主轴正转,转速为 900r/min
N020　T0100;	//选用 01 号刀,刀具补偿为零
N030　X30　Z8;	//车刀快速移到(X30,Z8)定位
N040　G01　X8　Z2　F60;	
N050　G01　X14　Z-1　F15;	
N060　Z-8;	
N070　X19.8　Z-10.9;	
N080　Z-53;	
N090　X32;	//精车外形,保证各外圆精度,进给量为 15mm/min
N100　Z-110;	
N110　X38;	
N120　Z-130;	
N125　X45;	

```
N130  G00  X80  Z50;              //回坐标系设定点
N140  S250;                       //降低主轴转速为 250r/min
N144  T0202;                      //选用 02 号车刀,刀具补偿 02 号
N145  M08;                        //送切削液
N150  X34  Z-51;                  //快速移到(X34,Z-51)定位
N160  G01  X23  F40;      ⎫
N170  X17  F8;            ⎪
N180  X34  F40;          ⎬       //车退刀槽 5×φ17mm
N190  Z-53  F8;           ⎪
N200  X17;               ⎪
N210  X34  F40;          ⎭
N220  M09;                        //关切削液
N230  G00  X80  Z50  T0200;       //回坐标系设定点
N240  S700  T0303;                //升主轴转速为 700r/min,选用 03 号车刀,刀具补偿 03 号
N250  G00  X30  Z-5;              //快速移到(X30,Z-5)定位
N260  G92  X18.7  Z-49  F2.5;     //车螺纹循环,导程为 2.5mm
N270  X18.1;
N280  X17.7;
N290  X17.3;
N300  X16.75;
N310  G00  X80  Z50  T0300;       //回坐标系设定点,取消 3 号刀具补偿
N320  S500;                       //降低主轴转速为 500r/min
N325  T0404;                      //选用 04 号车刀,刀具补偿 04 号
N330  G00  X50  Z-57.343;         //快速移到(X50,Z-57.343)
N340  G01  X40  F25;
N350  M98  P1303;                 //粗加工,调用子程序,程序名为 O1303
N360  G01  X37;
N370  M98  P1303;
N380  G01  X34;
N390  M98  P1303;
N400  G01  X32  S800  F15;
N410  M98  P1303;                 //精加工
N420  G00  X80  Z50  T0400;       //回坐标系设定点
N430  S200;                       //降低主轴转速为 250r/min
N440  T0202;                      //选用 02 号车刀,刀具补偿 02 号
N450  M08;                        //打开切削液
N460  G00  X42  Z-130;            //快速移到(X42,Z-130)定位
N470  G01  X2  F15;               //切断
N480  X0  F4;
N490  X40  F20;
```

```
N500  G00  X80  Z50  M09  T0200;         //回坐标系设定点
N510  M05;                                //主转停止
N520  M30;                                //程序结束
```

子程序如下:

```
O1303;
N010  G02  W-11.314  R6;                  //车R6mm圆弧
N020  G01  W-4.343;                       //走直线
N030  U-6.64  W-20;                       //走锥度
N040  G02  U12.64  W-26.703  R20;         //走圆弧
N050  G01  U10;                           //退刀
N060  G00  W62.36;                        //回子程序进刀的Z轴坐标点
N070  M99;                                //子程序结束
```

(4) 上机床调试程序并加工零件。

(5) 修正尺寸并检测零件。

任务三 数控车床高级工技能综合训练一

零件如图 14-4 所示,毛坯为 ϕ50mm×150mm 的 45 钢,试编程并加工工件。

(1) 工艺分析与工艺设计。

1) 图样分析。如图 14-4 所示的工件是一个组合件,两件是分开加工的,加工好后要达到相应的配合要求。两个工件直径方向的尺寸公差都要求在 0.02mm 以内,要求较高。由于有配合的要求,因此,虽然图样没有标注同轴度要求,但两件配合面处的同轴度必须控制在 0.01mm 以内,外螺纹按图样公差要求加工,内螺纹加工是与外螺纹配作而成的,满足配合要求即可。内孔圆弧和锥度按图样要求加工,外圆圆弧和锥度是配作而成的,满足配合要求即可。凹件(件 1)的左端面必须保证与孔轴心线的垂直度控制在 0.02mm 以内,才能保证配合后相对于 A 基准 0.03mm 的平行度要求。整体表面粗糙度要求较高,为 $Ra1.6\mu m$。

2) 加工工艺路线设计。

毛坯是两工件合在一起的长棒料,凹件外圆表面先加工,然后利用已加工好凹件的外圆作为加工凸件(件 2)的夹持部分,等加工好凸件的右端所有外形表面后再进行切断,等切断凸件后可以直接进行凹件的内孔加工。

该组合件总的装夹次数为三次,第一次装夹加工凹件外圆;第二次装夹加工凸件除左端面的所有表面和凹件内型腔;第三次装夹加工凸件的左端面。夹持已加工表面时,要用铜皮或者 C 形套包裹已加工表面,防止卡爪夹伤表面。

确定加工工艺路线如下。

a) 粗、精加工凹件的右端面及外圆,保证 ϕ48mm 尺寸要求。

b) 调头装夹,找正并夹紧(此处要用铜皮包裹或用软爪夹紧已加工好的表面,以防损伤工件表面)。

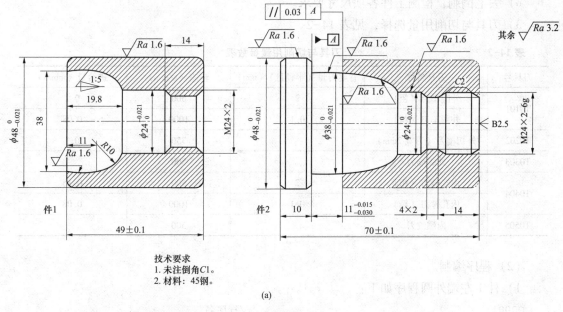

技术要求
1. 未注倒角C1。
2. 材料：45钢。

(a)

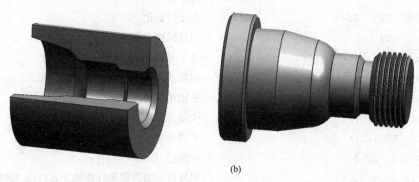

(b)

图 14-4　数控车床高级工技能综合训练一零件图

(a) 零件图；(b) 实体图

c）粗车凸件外圆各个表面，留精加工余量 0.2~0.5mm。

d）精车凸件外圆圆弧、锥度各表面达到图样要求，外螺纹大径车小 0.2mm。

e）加工螺纹退刀槽。

f）外螺纹加工，达到图样要求。

g）割断，保证凸件总长留有 1mm 的余量。

h）加工凹件的左端面，保证凹件总长要求。

i）粗镗内孔，留精加工余量 0.2~0.5mm。

j）精镗内孔，达到图样各项要求。

k）内螺纹加工，保证与外螺纹的配合要求。

l）试配两件，如有需要则进行修正。

m）装夹凸件，找正夹紧，准备加工凸件的左端面。

n）粗、精加工凸件的左端面，保证凸件总长要求。

o）去毛倒刺，检测工件各项尺寸要求。

3）刀具与切削用量选择，见表 14-2。

表 14-2　　　　　　　　　　　刀具与切削用量参数表

刀具号	刀具名称	背吃刀量（半径量）（mm）	转速（r/min）	进给量（mm/r）
T0101	外圆车刀（粗）	2	500	0.2
	外圆车刀（精）	0.1	1000	0.08
T0202	外切槽刀（刀宽 2mm）		350	0.1
T0303	外螺纹刀		800	
T0404	内孔镗刀（粗）	2	500	0.15
	内孔镗刀（精）	0.1	1000	0.08
T0505	内螺纹刀		500	

（2）程序编制。

1）件 1 左端外圆程序如下：

```
O0001;                              //程序名
N10  G99  G40  G21  G54;            //程序初始化
N20  G28  U0  W0;                   //刀具回换刀点
N30  T0101;                         //换 1 号外圆刀,导入该刀具补偿
N40  M08;                           //切削液开
N50  M03  S500;                     //主轴正转,转速 500r/min
N60  G00  X55.0  Z.0;               //快速进刀
N70  G01  X0  F0.1;                 //平端面
N80  G00  X55.0  Z2.0;              //快速退刀
N90  G90  X48.2  Z-50.0;            //用外径切削固定循环粗加工 φ48mm 外圆
N100  G01  X46.2  Z0.0;             //进刀
N110       X48.2  Z-1.0;            //倒角粗加工
N120  M03  S1000  F0.08;            //换精加工转速及进给量
N130  G00  Z2.0;                    //退刀
N140       X46.0;                   //X 方向进刀
N150  G01  Z0.0;                    //Z 方向进刀
N160       X48.0  Z-1.0;            //精加工倒角
N170       Z-50.0;                  //精加工 φ48mm 的外圆
N180       X51.0;                   //退刀
N190  G40  G28  U0  W0  T0100;      //回换刀点
N200  M09;                          //切削液关
N210  M30;                          //程序结束
```

2）件 1 左端内孔程序如下：

```
O0002 ;                             //程序名
N10  G99  G40  G21  G54;            //程序初始化
```

```
N20   G28  U0  W0;                              //刀具回换刀点
N30   T0101;                                     //换1号刀,导入刀具补偿
N40   M08;                                       //切削液开
N50   M03  S1000;                                //主轴正转,转速为1000r/min
N60   G00  X55.0  Z-1.0;                         //快速进刀
N70   G01  X48.0  F0.1;                          //工进至倒角起点
N80   X46.0  Z0.0;                               //倒角
N90   X36.0;                                     //精车端面,保证总长
N100  G00  Z5.0;                                 //退刀
N110  X55.0;
N120  G28  U0  W0  T0100;                        //回换刀点
N130  S500  T0404;                               //换4号内孔镗刀,转速改为500r/min
N140  G41  G00  X16.0  Z2.0  D04;                //快速定位;
N150  G01  X16.0  Z0;                            //移动刀具到循环起点
N160  G71  U2.0  R1.0;                           //粗加工内轮廓
N170  G71  P180  Q240  U-0.1  W0.1  F0.15;
N180  G01  X38.0  Z0;                            //N180~N240为精加工轮廓描述
N190  X35.8  Z-11.0;
N200  G03  X24.0  Z-19.8  R10.0;
N210  G01  Z-35.0;
N220  X21.6  Z-37.0;
N230  Z-50.0;
N240  X18.0;                                     //内轮廓终点
N250  M03  S1000  F0.08;                         //换精加工转速及进给量
N260  G70  P180  Q240;                           //精加工内轮廓
N270  G40  G28  U0  W0  T0400;                   //回换刀点
N280  M03  S500;                                 //换螺纹转速
N290  T0505;                                     //换内螺纹刀
N300  G00  X20.0;                                //X方向进刀
N310  Z-30.0;                                    //Z方向进刀
N320  G76  P010060  Q100  R0.1;                  //复合固定循环加工螺纹
N330  G76  X24.0  Z-50.0  R0  P1300  Q500  F2.0;
N340  G00  Z2.0                                  //Z方向退刀
N350  G28  U0  W0  T0500;                        //回换刀点
N360  M09;                                       //切削液关
N370  M30;                                       //程序结束
```

3) 件2左端程序如下：

```
O0003;                                           //程序名
N10   G99  G40  G21  G54;                        //程序初始化
N20   G28  U0  W0;                               //刀具回换刀点
```

```
N30  T0101;                              //换1号外圆刀,导入刀具补偿
N40  M08;                                //切削液开
N50  M03  S1000  F0.08;                  //换精加工转速及进给量
N60  G00  X55.0  Z-1.0;                  //快速进刀
N70  G01  X48.0;                         //工进至倒角起点
N80  X46.0  Z0.0;                        //倒角
N90  X-1.0;                              //精车端面
N100  G00  Z5.0;                         //退刀
N110  G28  U0  W0  T0100;                //回换刀点
N120  M09;                               //切削液关
N130  M30;                               //程序结束
```

4) 件2右端程序如下:

```
O0004;                                   //程序名
N10  G99  G40  G21  G54;                 //程序初始化
N20  G28  U0  W0;                        //刀具回换刀点
N30  T0101;                              //换1号外圆刀,导入刀具补偿
N40  M08;                                //切削液开
N50  M03  S500;                          //主轴正转,转速500r/min
N60  G42  G00  X55.0  Z0.0  D01;         //快速进刀
N70  G71  U2.0  R1.0;                    //粗加工右端外轮廓
N80  G71  P90  Q180  U0.1  W0.1  F0.2;
N90  G01  X20.0  Z0.0;                   //N90~N180为精加工轮廓描述
N100  X23.8  Z-2.0;
N110  Z-14.0;
N120  X24.0;
N130  Z-29.2;
N140  G03  X35.8  Z-38.  R11.0;
N150  G01  X38.0  Z-49.0;
N160  Z-60.0;
N170  X46.01;
N175  X48.0  Z-61.0;
N180  Z-74.0;
N190  M03  S1000  F0.08;                 //换精加工转速及进给量
N200  G70  P90  Q180;                    //精加工外轮廓
N210  G40  G28  U0  W0  T0100;           //回换刀点
N220  M03  S350;                         //换车槽转速
N230  T0202;                             //换车槽刀,刀宽2mm
N240  G00  X26.0  Z-18.0;                //快速定位
N250  G01  X20.1  F0.1;                  //车槽第一刀
N260  G00  X26.0;                        //退刀
```

N270 Z-20.;	//重定位
N280 G01 X24.0;	//进刀
N290 X20.0 Z-18.0;	//车槽刀左刀尖倒角
N300 G00 X26.0;	//退刀
N310 Z-16.0;	//重定位
N320 G01 X20.1;	//车槽第二刀
N330 G00 X26.0;	//退刀
N340 Z-14.0;	//重定位
N350 G01 X24.0;	//进刀
N360 X20.0 Z-16.0;	//车槽刀右刀尖倒角
N370 Z-18.0;	//平槽底
N380 G00 X26.0;	//退刀
N390 G28 U0 W0 T0200;	//回换刀点
N400 M03 S800;	//车螺纹转速
N410 T0303;	
N420 G00 X26.0 Z5.0;	//快速定位到螺纹循环起点
N430 G76 P010060 Q100 R0.1;	//复合固定循环加工螺纹
N440 G76 X21.4 Z-16.0 R0 P1300 Q500 F2.0;	
N450 G28 U0 W0 T0300;	//回换刀点
N460 T0202;	//换车槽刀
N470 M03 S350;	//车槽转速 350r/min
N480 G00 X55.0 Z-72.5;	//快进至切断起点
N490 G01 X0 F0.1;	//切断
N500 G00 X55.0;	//退刀
N510 G28 U0 W0 T0200;	//回换刀点
N520 M09;	//切削液关
N530 M30;	//程序结束

（3）上机床调试程序并加工零件。

（4）修正尺寸并检测零件。

任务四　数控车床高级工技能综合训练二

零件如图 14-5 所示，毛坯为 $\phi55\text{mm}\times115\text{mm}$ 棒料，材料为 45 钢，编程并加工该零件。

（1）工艺分析与工艺设计。

1）图样分析。本组合件由件 1 和件 2 组成，件 1 由内螺纹及外圆柱面组成，件 2 由外螺纹、圆锥和圆柱面组成。

零件的圆柱表面及圆锥表面尺寸精度较高，表面粗糙度值较低，几何公差方面有左端零件两端平面的平行度要求，最关键的是内外螺纹的配合，保证尺寸（83±0.03）mm 及

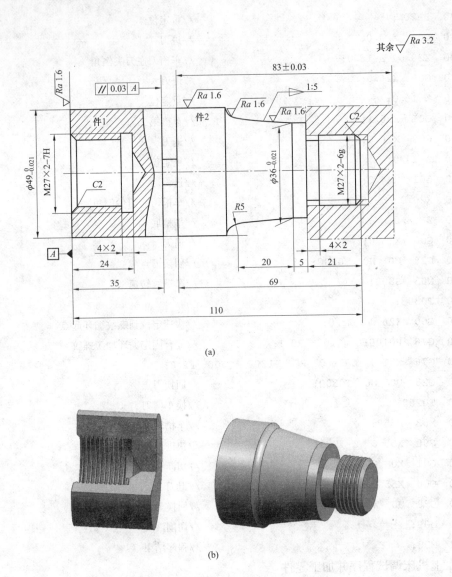

图 14-5　数控车床高级工技能综合训练二零件图

（a）零件图；（b）实体图

圆锥表面精（涂色检查）。

2）零件装夹定位分析。

由于毛坯尺寸为 $\phi55mm\times115mm$，而零件总长为 110mm，故需利用两端顶尖顶的方法，采用两次装夹，首先夹住零件右端外圆，毛坯伸出卡盘约 60mm，依次粗加工 $\phi50mm\times$ 50mm 外圆，钻内螺纹底孔、车底孔至 $\phi25mm$，同时加工孔口倒角 C2；加工内螺纹退刀槽，车内螺纹。注意钻底孔时孔深要超过 35mm，因为后面车削时要利用这个中心孔定位。调头夹住零件左端外圆，找正后夹紧，分别粗、精车右端面至尺寸 100mm，钻 B2.5mm 中心孔；卸下零件，两端用顶尖以中心孔定位，依次加工 $\phi49_{-0.021}^{0}mm$ 外圆、$\phi36_{-0.021}^{0}mm$ 外圆、圆锥面及 $R5$ mm 圆弧面，以及外螺纹 M27×2-6g 等各表面，检测尺寸合格后，加工中间宽 6mm 的槽，最后切断。

3）工艺路线设计。

a）工件毛坯伸出卡盘约 60mm，找正后夹紧零件右端外圆表面，用 90°外圆车刀车端面对刀，粗加工 $\phi50$ mm×50mm 外圆。

b）钻中心孔及 $\phi24$ mm 孔，换 4 号内孔车刀，车底孔至 $\phi25$ mm，同时加工出孔口倒角 $C1$。

c）换 5 号车刀，加工出内螺纹退刀槽。

d）换 4 号内螺纹车刀，加工 M27X2-7H 内螺纹。

e）零件调头，夹住零件左端外圆（已粗车的 $\phi50$ mm×50mm），找正后夹紧，用 1 号外圆车刀分别粗、精车右端面至尺寸 100mm，钻 $B2.5$ mm 中心孔。

f）卸下零件，两端用顶尖以中心孔定位，用 1 号车刀依次加工 $\phi49_{-0.021}^{0}$ mm 外圆、$\phi36_{-0.021}^{0}$ mm 外圆、圆锥面及 $R5$ mm 圆弧面，还有外螺纹 M27×2-6g 等各表面。

g）检测尺寸合格后，用 2 号车刀加工中间宽 6mm 的槽，最后切断。

4）刀具选择。

a）1 号车刀：93°外圆车刀，采用机夹刀片，较小副偏角，用于轮廓粗、精车。

b）2 号车刀：车槽切断刀，宽度 4mm，用来加工环形槽、螺纹退刀槽及用于最后的切断。

c）3 号车刀：60°三角形外螺纹车刀。

d）4 号车刀：内孔车刀，用于加工内螺纹底孔。

e）5 号车刀：内槽刀，用于加工内螺纹退刀槽。

f）6 号车刀：60°三角形内螺纹车刀。

（2）程序编制。

1）相关计算。

a）螺纹的有关计算。三角形外螺纹 M27×2-6g，大径 $d=d_{公称}-0.1P=27-0.1×2=26.8$（mm）；小径 $d_1=d_{公称}-1.3P=27-1.3×2=24.4$（mm）。螺纹牙型高度 $h_1=0.65P=1.3$ mm，总背吃刀量 2.6mm，按递减规律分配第一次进刀 0.8mm，第二次进刀 0.6mm，第三次进刀 0.5mm，第四次进刀 0.4mm，第五次（半精车）进刀 0.2mm，第六次（精车）进刀 0.1mm。

三角形内螺纹 M27×2-7H，车螺纹前的底孔直径为 $D_{孔}=D-P=27-2=25$（mm），其他同 M27×2-6g。

b）编程时对尺寸公差的处理。

● 图样上未注公差按"入体公差"原则并遵守 GB/T 1804—2000 标准中 m 等级的规定。

● 带公差的尺寸，编程尺寸=基本尺寸+（上偏差+下偏差）/2。

2）零件车削程序如下：

```
O0001;                              //车削件 1
N10  G50  X100  Z100;
N20  M03  M08  S600  T11;           //调用 1 号 93°外圆车刀
N30  G00  X56  Z2;
N40  G90  X53  Z-50  F0.25;         //粗车外圆 φ50mm×50mm
N50  X50;
N60  G00  X100  Z100;
N70  T10;
N80  M00;                           //程序暂停,车端面、钻中心孔及 φ22mm×28mm 孔
N90  T44;                           //换 4 号内孔车刀
N100  G00  X22  Z2;
N110  G90  X24  Z-24  F0.15;
N120  X24.5;                        //粗车螺纹底孔
N130  G01  X31  Z1  F0.2;
N140  X25  Z-2;                     //孔口倒角 C2
N150  Z-24;                         //精车底孔
N160  X20;
N170  Z5;
N180  G00  X100  Z100;
N190  T40;
N200  T55;                          //调用 5 号内槽切刀
N210  G00  X20  Z5;
N220  G01  Z-24  F0.2;
N230  X30  F0.12;                   //车内螺纹退刀槽 4mm×2mm
N240  X22;
N250  G01  Z5;
N260  G00  X100  Z100;
N270  T50;
N280  T66;                          //调用 6 号内螺纹车刀
N290  G00  X24  Z2;
N300  G92  X25.2  Z-26  F2;         //分 6 次加工出内螺纹
N310  X25.8;
N320  X26.3;
N330  X26.7;
N340  X26.9;
N350  X27;
N360  G00  X100  Z100;
N370  T60;
N380  M30;                          //程序结束,左端加工完成
O0002;                              //车削件 2
```

```
N10  G50  X100  Z100;
N20  M03  M08  S800  T11;              //调用1号93°外圆车刀
N30  G00  X56  Z2;
N40  G90  X52  Z-60  F0.25;           //粗车外圆φ50mm×60mm
N50  X50  Z-100  F0.15;
N60  G00  X50  Z2;
N70  G71  U1.5  R1;                   //用固定循环粗车件2外轮廓
N80  G71  P90  Q160  U0.5  W0.25  F0.2;
N90  G01  X18.8  F0.12;               //N90~N160为外轮廓描述
N100  M03  S1000  G01  X26.8  Z-2;
N110  Z-21;
N120  X35.99;
N130  Z-26;
N140  X40  Z-46;
N150  G02  X48.99  Z-51  R5;
N160  G01  Z-110;
N170  G70  P90  Q160;                 //精车件2外轮廓
N180  G00  X100  Z100;
N190  T10;
N200  T22;
N210  M03  S400;
N220  G00  X40  Z-21;
N230  G01  X23  F0.08;                //切槽4mm×2mm
N240  X40;
N250  G00  X100  Z100  T20;
N260  T33;                            //换外螺纹车刀
N270  G00  X28  Z2;
N280  G92  X26.2  Z-18.5  F2;         //分6次车螺纹
N290  X25.6;
N300  X25.1;
N310  X24.7;
N320  X24.5;
N330  X24.4;
N340  G00  X100  Z100;
N350  T30;
N360  M00;
N370  M03  S300  T22;                 //换车槽刀
N380  G00  X54  Z-73;
N390  M00;                            //检测后手动切断
N400  G00  X100  Z100;
```

N410　T20;

N420　M30;　　　　　　　　　　　　　　　　　　//程序结束,加工完成

（3）上机床调试程序并加工零件。

（4）修正尺寸并检测零件。

思 考 与 训 练

一、中级职业技能鉴定实操模拟题

1. 零件如图 14-6 所示，毛坯为 45 钢棒料，编程并加工零件。

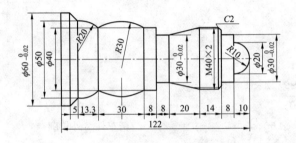

图 14-6　中级职业技能鉴定实操模拟题一

2. 零件如图 14-7 所示，毛坯为 45 钢棒料，编程并加工零件。

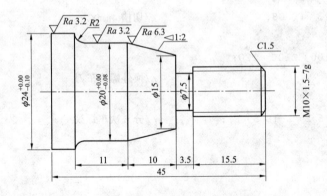

图 14-7　中级职业技能鉴定实操模拟题二

二、高级职业技能鉴定实操模拟题

1. 零件如图 14-8 所示，毛坯为 45 钢棒料，编程并加工零件。

2. 零件如图 14-9 所示，毛坯为 45 钢棒料，编程并加工零件。

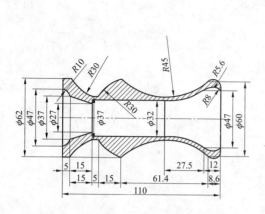

图 14-8 高级职业技能鉴定实操模拟题一

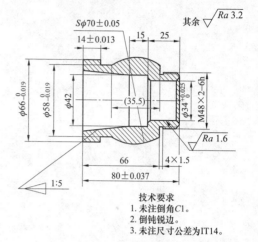

技术要求
1. 未注倒角C1。
2. 倒钝锐边。
3. 未注尺寸公差为IT14。

图 14-9 高级职业技能鉴定实操模拟题二

3. 零件如图 14-10 所示，毛坯为 45 钢棒料，编程并加工零件。

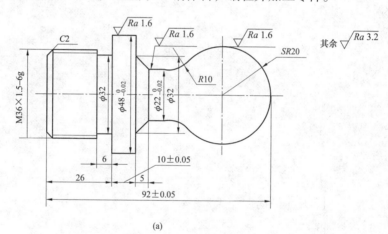

(a)

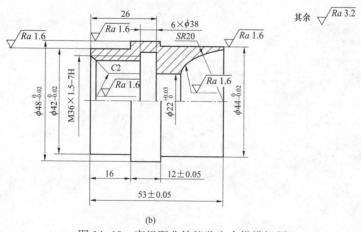

(b)

图 14-10 高级职业技能鉴定实操模拟题三

（a）件1；（b）件2

模块三
电火花加工模块

项目十五

认识电火花加工工艺系统

任务一　认识电火花加工机床

一、电火花加工的概念

电火花加工一般是指直接利用放电对金属材料进行的加工，由于加工过程中可看见火花，因此被称为电火花加工。电火花加工主要有电火花线切割加工、电火花成形加工等。

1. 电火花线切割加工的概念

电火花线切割加工（Wire Cut EDM）（以下简称线切割加工）是在电火花加工的基础上发展起来的一种新兴加工工艺，采用细金属丝（钼丝或黄铜丝）作为工具电极，使用电火花线切割机床根据数控编程指令进行切割，以加工出满足技术要求的工件。

2. 电火花成形加工的概念

电火花成形加工（Electrical Discharge Machining，EDM），也称为放电加工、电蚀加工或电脉冲加工，是一种靠工具电极（简称工具或电极）和工件电极（简称工件）之间的脉冲性火花放电来蚀除多余的金属，直接利用电能和热能进行加工的工艺方法。

电火花线切割加工和电火花成形加工是企业常用的加工方法。线切割加工主要用于冲模、挤压模、小孔、形状复杂的窄缝及各种形状复杂零件的加工，如图15-1所示。电火花成形加工主要用于形状复杂的型腔、凸模、凹模等的加工，如图15-2所示。

图15-1　线切割加工产品

图 15-2　电火花成形加工产品

二、电火花加工的原理

电火花加工是在工件和工具电极之间的极小间隙上施加脉冲电压，使这个区域的介质电离，引发火花放电，从而将该局部区域的金属工件熔融蚀除掉，反复不断地推进这个过程，逐步地按要求去除多余的金属材料而达到加工尺寸的目的，如图 15-3 所示。

电火花加工的过程大致分为以下几个阶段，如图 15-4 所示。

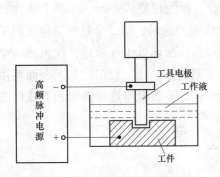

图 15-3　电火花加工原理示意图

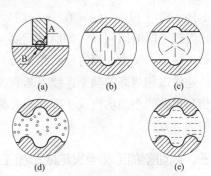

图 15-4　电火花加工的过程

（1）极间介质的电离、击穿，形成放电通道，如图 15-4（a）所示。工具电极与工件缓缓靠近，极间的电场强度增大，由于两电极的微观表面是凹凸不平的，因此在两极间距离最近的 A、B 处电场强度最大。

工具电极与工件电极之间充满着液体介质，液体介质中不可避免的含有杂质及自由电子，它们在强大的电场作用下，形成了带负电的粒子和带正电的粒子，电场强度越大，带电粒子就越多，最终导致液体介质电离、击穿，形成放电通道。放电通道是由大量高速运动的带正电和带负电的粒子以及中性粒子组成的。由于通道截面很小，通道内因高温热膨胀形成的压力高达几万帕，高温高压的放电通道急速扩展，产生一个强烈的冲击波向四周传播。在放电的同时还伴随着光效应和声效应，这就形成了肉眼所能看到的电火花。

（2）电极材料的熔化、汽化热膨胀，如图 15-4（b）和图 15-4（c）所示。液体介质被电离、击穿，形成放电通道后，通道间带负电的粒子奔向正极，带正电的粒子奔向负极，粒子间相互撞击，产生大量的热能，使通道瞬间达到很高的温度。通道高温首先使工

259

作液汽化，然后高温向四周扩散，使两电极表面的金属材料开始熔化直至沸腾汽化。汽化后的工作液和金属蒸气瞬间体积猛增，形成了爆炸的特性。所以在观察电火花加工时，可以看到工件与工具电极间有冒烟现象，并能听到轻微的爆炸声。

（3）电极材料的抛出，如图15-4（d）所示。正负电极间产生的电火花现象，使放电通道产生高温高压。通道中心的压力最高，工作液和金属汽化后不断向外膨胀，形成内外瞬间压力差，高压力处的熔融金属液体和蒸气被排挤，抛出放电通道，大部分被抛入到工作液中。仔细观察电火花加工，可以看到橘红色的火花四溅，这就是被抛出的高温金属熔滴和碎屑。

（4）极间介质的消电离，如图15-4（e）所示。加工液流入放电间隙，将电蚀产物及残余的热量带走，并恢复绝缘状态。若电火花放电过程中产生的电蚀产物来不及排除和扩散，产生的热量将不能及时传出，使该处介质局部过热，局部过热的工作液高温分解、积炭，使加工无法继续进行，并烧坏电极。因此，为了保证电火花加工过程的正常进行，在两次放电之间必须有足够的时间间隔让电蚀产物充分排出，恢复放电通道的绝缘性，使工作液介质消电离。

上述步骤（1）～（4）在1s内约数千次甚至数万次的往复式进行，即单个脉冲放电结束，经过一段时间间隔（即脉冲间隔）使工作液恢复绝缘后，第二个脉冲又作用到工具电极和工件上，又会在当时极间距离相对最近或绝缘强度最弱处击穿放电，蚀出另一个小凹坑。这样以相当高的频率连续不断的放电，工件不断的被蚀除，故工件加工表面将由无数个相互重叠的小凹坑组成。所以电火花加工是大量的微小放电痕迹逐渐累积而成的去除金属的加工方式。

三、线切割加工和电火花成形加工的不同特点

（1）从加工原理来看，线切割加工是利用移动的细金属导线（铜丝或钼丝）作电极，对工件进行脉冲火花放电、切割成形的一种工艺方法，如图15-5所示。而电火花成形加工是将电极形状复制到工件上的一种工艺方法，如图15-6（a）所示，在实际中可以加工通孔（穿孔加工）和盲孔（成形加工）［见图15-6（b）图15-6（c）］。

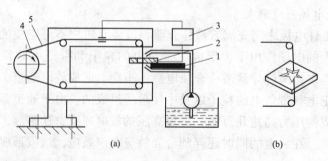

（a）　　　　　　　　　　　（b）

图15-5　线切割加工

（a）线切割加工原理；（b）线切割加工示意图

1—绝缘底板；2—工件；3—脉冲电源；4—滚丝筒；5—电极丝

（2）从产品形状角度看，线切割加工中产品的形状是通过工作台按给定的控制程序移动而合成的，只对工件进行轮廓图形加工，余料仍可利用；电火花成形加工必须先用数控加工等方法加工出与产品形状相似的电极。

（3）从电极角度看，线切割加工用移动的细金属导线（铜丝或钼丝）作电极；电火花成形加工必须制作成形用的电极（一般用铜、石墨等材料制作而成）。

（4）从电极损耗角度看，线切割加工中由于电极丝连续移动，使新的电极丝不断地补充和替换在电蚀加工区受到损耗的电极丝，避免了电极损耗对加工精度的影响；而电火花成形加工中电极相对静止，易损耗，故通常采用多个电极加工。

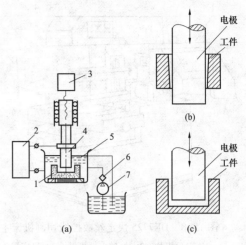

图 15-6　电火花成形加工
（a）电火花加工原理示意图；
（b）穿孔加工；（c）成形加工
1—工件；2—脉冲电源；3—自动进给调节系统；
4—工具电极；5—工作液；6—过滤器；
7—工作液泵

（5）从应用角度看，线切割加工只能加工通孔，能方便地加工出小孔、形状复杂的窄缝及各种形状复杂的零件；而电火花成形加工可以加工通孔、盲孔，特别适宜加工形状复杂的塑料模具等零件的型腔以及刻文字、花纹等。

四、线切割机床的组成

国产快走丝数控线切割机床一般分成机床主机、立式控制柜两大部分。DK7725 快走丝数控线切割机床外形如图 15-7 所示。DK7725 快走丝数控线切割机床主机结构如图 15-8 所示。

机床主机包含床身、工作台、线架、运丝机构、工作液循环系统等，控制系统包含 FST-X 控制器及脉冲电源。各部分结构及作用如下。

1. 床身

床身是支撑和固定工作台、运丝机构等的基体，采用箱形铸铁件以保证足够的刚度和强度。其上部支撑着上、下拖板及储丝筒、立柱、线架、机床电器控制箱等部件。床身下部安装有工作液循环系统。

2. 工作台

工作台主要由工作台面，上、下拖

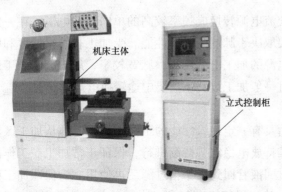

图 15-7　DK7725 快走丝数控线切割机床外形

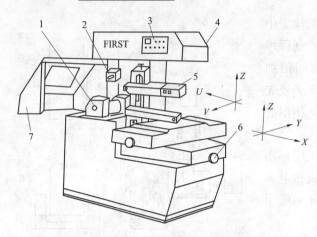

图 15-8　DK7725 快走丝数控线切割机床主机结构

1—运丝机构；2—上丝电动机轴；3—机床操作面板；
4—机床电器控制箱；5—丝架；6—工作台手轮；
7—运丝系统封闭门

板，滚珠丝杠副及齿轮箱等组成，拖板采用滚动导轨结构，分别由步进电动机经无侧隙齿轮带动滚珠丝杠来实现工作台上、下拖板 X、Y 方向线性运动，X、Y 轴的坐标方向如图 15-8 所示。

3. 线架

线架包括立柱、上线架和下线架等部分，其中上线架可上下升降，从而调节上、下线架间的距离，以适应加工不同厚度的工件。为保证加工精度，两线架间距离应尽可能小。一般上喷嘴至工作表面距离以 10～20mm 为佳。

调整上线架导轮轴承座的位置可调节钼丝位置，以保证钼丝垂直。

由步进电动机直接与滑动丝杠相连，可拖动上线架相对下线架运动，以实现 U、V 坐标的移动，利用这种功能可实现锥度切割加工和上下异型曲面加工。U、V 轴的坐标方向如图 15-8 所示。

4. 运丝机构

运丝机构的主要功能是带动电极丝按一定的速度往复运动，保持钼丝张力均匀一致，以完成工件切割。

直流电动机通过弹性联轴器带动卷绕着钼丝的储丝筒旋转，因电动机转速可调，卷绕在储丝筒表面的钼丝线速度（即走丝速度）可调，最低挡走丝速度用于绕丝，加工工件较厚时可选用较高的速度。储丝筒往复运动的换向及行程长短由无触点接近开关及其撞杠控制，调整撞杆的位置即可调节行程的长短。两个换向开关中间有一个总停保护开关，用于丝筒过冲后总停保护，压下后机床不能启动。

5. 脉冲电源

脉冲电源也称高频电源，可将工频交流电源转换成频率较高的单向脉冲电源。在一定条件下，线切割加工机床的加工效率主要取决于脉冲电源的性能。受加工表面粗糙度和电极丝允许承载的电压限制，线切割脉冲电源的加工电流较小，脉宽较窄，属中、精加工范畴，所以线切割加工多用于成形加工，且一般加工过程不需要中途转换电规准。

6. 工作液循环系统

工作液的作用是向放电部位稳定供给具有一定绝缘性能的工作液，及时地从加工区域中冲走电蚀产物及放电所产生的热量，维持放电稳定、持续进行，保证正常加工。工作液由水泵通过管道输送到加工区，然后经过回液管回到工作箱过滤后再使用。为保证加工稳定可靠，应及时更换已到寿命的工作液（建议累积加工 200h 更换一次）。更换时应把工作液箱、过滤器一并清洗干净。

工作液使用线切割机床专用工作液，可按加工需要及机床使用说明书配置。

7. 数控系统

本机采用立式柜，YH 控制系统应用先进的计算机图形和数控技术，集编程、控制为一体，不仅能精确地控制电极丝相对于工件的运动轨迹，获得精确的加工零件形状和尺寸，而且能控制加工过程中电参数保持正常稳定。

五、电火花成形机床的组成

1. 机床结构

电火花成形机床主要由机床主体、脉冲电源、自动进给调节系统、工作液系统和数控系统组成。DK7125NC 型电火花成形机床的结构如图 15-9 所示。

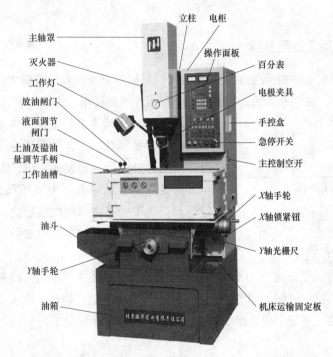

图 15-9 DK7125NC 型电火花成形机床结构

（1）机床主体：由床身、立柱、主轴及附件、工作台等组成电火花机床的骨架，是用于实现工件、工具电极的装夹、固定和运动的机械系统。

（2）脉冲电源：其作用与电火花线切割机床类似。脉冲电源的性能直接关系到加工时的加工速度、表面质量、加工精度、工具电极损耗等工艺指标。

（3）自动进给调节系统：电火花成形加工的自动进给调节系统主要包含伺服进给系统和参数控制系统。伺服进给系统主要用于控制放电间隙的大小，参数控制系统主要用于控制加工中的各种参数，以保证获得最佳的加工工艺指标。

（4）工作液系统：其作用与线切割机床类似，但电火花成形机床可采用冲油或浸油加工方式。

（5）数控系统：用于电参数及加工过程的控制。

2. 机床主要技术参数

（1）主机采用"C"型结构，X、Y、Z 行程为 250mm×150mm×200mm，工作台尺寸为 280mm×450mm，工作台到电极接板最大距离为 360~560mm，最大可加工工件质量 250kg，最大电极质量 25kg。

（2）工作液槽容积为 115L，工作液槽门数为 2。

（3）脉冲电源类型为 V-MOS 低损耗电源，加工电流为 30A，脉宽为 1~2000μs，停歇 1~999μs。

任务二　认识电火花加工的工艺参数和工艺指标

一、电火花加工的电参数

电火花加工中，脉冲电源的波形与参数对材料的电腐蚀过程影响极大，它们决定着放电痕（表面粗糙度）、蚀除率、切缝宽度的大小和钼丝的损耗率，进而影响加工的工艺指标。

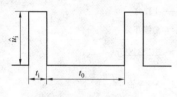

图 15-10　矩形波脉冲

实践证明，在其他工艺条件大体相同的情况下，脉冲电源的波形及参数对工艺效果影响是相当大的。目前广泛应用的脉冲电源波形是矩形波，其波形如图 15-10 所示，它是晶体管脉冲电源中使用最普遍的一种波形，也是电火花加工中行之有效的波形之一。

下面将介绍电火花加工的电参数。

1. 脉冲宽度 t_i（μs）

脉冲宽度简称脉宽（也常用 ON、T_{ON} 等符号表示），是加到工具电极和工件上放电间隙两端的电压脉冲的持续时间，如图 15-11 所示。为了防止电弧烧伤，电火花加工只能用断断续续的脉冲电压波。一般来说，粗加工时可用较大的脉宽，精加工时只能用较小的脉宽。

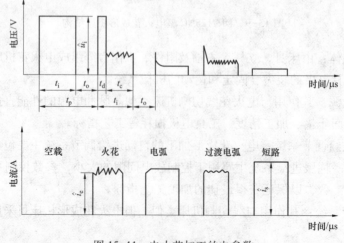

图 15-11　电火花加工的电参数

2. 脉冲间隔 t_o（μs）

脉冲间隔简称脉间或间隔（也常用 OFF、T_{OFF} 表示），它是两个电压脉冲之间的间隔时间（见图 15-11）。间隔时间过短，放电间隙来不及消电离和恢复绝缘，容易产生电弧放电，烧伤工具电极和工件；脉冲间隔选得过长，将降低加工生产率。加工面积、加工深度较大时，脉冲间隔也应稍大。

3. 脉冲频率 f_P（Hz）

脉冲频率是指单位时间内电源发出的脉冲个数。显然，它与脉冲周期 t_P 互为倒数。

4. 脉冲周期 t_P（μs）

一个电压脉冲开始到下一个电压脉冲开始之间的时间称为脉冲周期，显然 $t_P = t_i + t_o$（见图 15-11）。

5. 开路电压或峰值电压（V）

开路电压是间隙开路和间隙击穿之前 t_d 时间内电极间的最高电压（见图 15-11）。一般晶体管矩形波脉冲电源的峰值电压为 60~80V，高低压复合脉冲电源的高压峰值电压为 175~300V。峰值电压高时，放电间隙大，生产率高，但成形复制精度较差。

6. 加工电压或间隙平均电压 U（V）

加工电压或间隙平均电压是指加工时电压表上指示的放电间隙两端的平均电压，它是多个开路电压、火花放电维持电压、短路和脉冲间隔等电压的平均值。

7. 加工电流 I（A）

加工电流是加工时电流表上指示的流过放电间隙的平均电流。精加工时小，粗加工时大，间隙偏开路时小，间隙合理或偏短路时则大。

8. 短路电流 I_s（A）

短路电流是放电间隙短路时电流表上指示的平均电流。它比正常加工时的平均电流要大 20%~40%。

9. 峰值电流 i_e（A）

峰值电流是间隙火花放电时脉冲电流的最大值（瞬时），如图 15-11 所示。虽然峰值电流不易测量，但它是影响加工速度、表面质量等的重要参数。在设计制造脉冲电源时，每个功率放大管的峰值电流都是预先计算好的，选择峰值电流实际是选择几个功率放大管进行加工。

10. 短路峰值电流 i_s（A）

短路峰值电流是间隙短路时脉冲电流的最大值（见图 15-11），它比峰值电流要大 20%~40%。

11. 放电时间（电流脉宽）t_e（μs）

放电时间是工作液介质击穿后放电间隙中流过放电电流的时间，即电流脉宽，它比电压脉宽稍小，二者相差一个击穿延时 t_d。t_i 和 t_e 对电火花加工的生产率、表面粗糙度和电极损耗有很大影响，但实际起作用的是电流脉宽 t_e。

12. 击穿延时 t_d（μs）

从间隙两端加上脉冲电压后，一般均要经过一小段延续时间 t_d，工作液介质才能被击穿放电,这一小段时间 t_d 称为击穿延时(见图 15-11)。击穿延时 t_d 与平均放电间隙的大小有关,工具电极欠进给时,平均放电间隙变大,平均击穿延时 t_d 就大;反之,工具电极过进给时,放电间隙变小,t_d 也就小。

13. 放电间隙

放电间隙是放电时工具电极和工件间的距离,它的大小一般为 0.01~0.5mm,粗加工时放电间隙较大,精加工时则较小。

二、线切割加工的主要工艺指标

1. 切割速度 v_{wi}

切割速度是指在保证一定的表面粗糙度的切割过程中,单位时间内电极丝中心线在工件上切过的面积的总和,单位为 mm^2/min。最高切割速度 v_{wimax} 是指在不计切割方向和表面粗糙度等的条件下,所能达到的最大切割速度。通常快走丝线切割加工的切割速度为 40~80mm^2/min,它与加工电流大小有关。为了在不同脉冲电源、不同加工电流下比较切割效果,将每安培电流的切割速度称为切割效率,一般切割效率为 $20mm^2/(min \cdot A)$。

2. 表面粗糙度

在我国和欧洲各国表面粗糙度常用轮廓算术平均偏差 Ra(μm)来表示,快走丝线切割的表面粗糙度一般为 $Ra1.25~2.5\mu m$,慢走丝线切割的表面粗糙度可达 $Ra1.25\mu m$。

3. 加工精度

加工精度是指所加工工件的尺寸精度、形状精度(如直线度、平面度、圆度等)和位置精度(如平行度、垂直度、倾斜度等)的总称。快走丝线切割的可控加工精度为 0.01~0.02mm,慢走丝线切割的可控加工精度为 0.002~0.005mm。

4. 电极丝损耗量

对快走丝机床,电极丝损耗量用电极丝在切割 10 000mm^2 面积后电极丝直径的减少量来表示,一般减少量不应大于 0.01mm。对慢走丝线切割机床,由于电极丝是一次性的,故电极丝损耗量可忽略不计。

三、电火花成形加工的工艺指标

电火花成形加工的工艺指标主要有加工精度、表面粗糙度、加工速度、电极损耗等。

1. 加工精度

电加工精度包括尺寸精度和仿型精度(或形状精度)。

2. 表面粗糙度

表面粗糙度是指加工表面上的微观几何形状误差。电火花成形加工表面粗糙度的形成与切削加工不同,它是由若干电蚀小凹坑组成的,能存润滑油,其耐磨性比同样粗糙度的机加工表面要好。在相同表面粗糙度的情况下,电加工表面比机加工表面亮度低。

3. 加工速度

电火花成形加工的加工速度,是指在一定电规准下,单位时间内工件被蚀除的体积 V 或质量 m。一般常用体积加工速度 $v_w = V/t$(单位为 mm^3/min)来表示,有时为了测量方便，也用质量加工速度 $v_m = m/t$ （单位为 g/min）表示。

在规定的表面粗糙度和规定的相对电极损耗下的最大加工速度是电火花成形机床的重要工艺性能指标。一般电火花成形机床说明书上所指的最高加工速度是该机床在最佳状态下所能达到的，实际生产中的正常加工速度大大低于机床的最大加工速度。

4. 电极损耗

电极损耗是电火花成形加工中的重要工艺指标。在生产中，衡量某种工具电极是否耐损耗，不只是看工具电极损耗速度 v_E 的绝对值大小，还要看同时达到的加工速度 v_w，即每蚀除单位质量金属工件时，工具电极相对损耗量。因此，常用相对损耗或损耗比作为衡量工具电极耐损耗的指标。

电火花成形加工中，电极的相对损耗小于 1%，称为低损耗电火花成形加工。低损耗电火花成形加工能最大限度地保持加工精度，所需电极的数目也可减至最少，因而简化了电极的制造，加工工件的表面粗糙度 Ra 可达 $3.2\mu m$ 以下。除了充分利用电火花成形加工的极性效应、覆盖效应及选择合适的工具电极材料外，还可从改善工作液方面着手，实现电火花的低损耗加工。若采用加入各种添加剂的水基工作液，还可实现对紫铜或铸铁进行电极相对损耗小于 1% 的低损耗电火花成形加工。

任务三　掌握线切割加工的工艺规律

一、电参数对线切割加工工艺指标的影响

1. 脉冲宽度对工艺指标的影响

如图 15-12 所示是在一定工艺条件下，脉冲宽度 t_i 对切割速度 v_{wi} 和表面粗糙度 Ra 的影响曲线。由图可知，增加脉冲宽度，使切割速度提高，但表面粗糙度会变差。这是因为脉冲宽度增加，使单个脉冲放电能量增大，则放电痕也大。同时，随着脉冲宽度的增加，电极丝损耗变大。

通常，线切割加工用于精加工和半精加工时，单个脉冲放电能量应限制在一定范围内。当短路峰值电流选定后，脉冲宽度要根据具体的加工要求来选定，精加工时，脉冲宽度可在 $20\mu s$ 内选择，半精加工时，可在 $20\sim60\mu s$ 内选择。

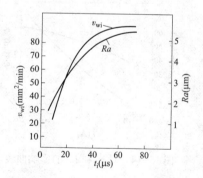

图 15-12　t_i 对 v_{wi} 和 Ra 的影响曲线

2. 脉冲间隔对工艺指标的影响

如图 15-13 所示是在一定的工艺条件下，脉冲间隔 t_o 对切割速度 v_{wi} 和表面粗糙度 Ra 的影响曲线。

由图 15-13 可知，减小脉冲间隔，切割速度提高，表面粗糙度 Ra 稍有增大，这表明脉冲间隔对切割速度影响较大，对表面粗糙度影响较小。因为在单个脉冲放电能量确定的情况下，脉冲间隔较小，致使脉冲频率提高，即单位时间内放电加工的次数增多，平均加

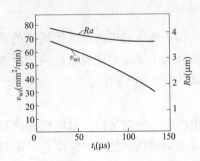

图 15-13　t_o 对 v_{wi} 和 Ra 的影响曲线

工电流增大，故切割速度提高。

　　实际上，脉冲间隔不能太小，它受间隙绝缘状态恢复速度限制。如果脉冲间隔太小，放电产物来不及排除，放电间隙来不及充分消电离，将使加工变得不稳定，易造成烧伤工件或断丝。但是脉冲间隔也不能太大，因为这会使切割速度明显降低，严重时不能连续进给，使加工变得不够稳定。

　　一般脉冲间隔在 $10 \sim 250 \mu s$ 范围内，基本上能适应各种加工条件，可进行稳定加工。

　　选择脉冲间隔和脉冲宽度与工件厚度有很大关系。一般来说若工件越厚，则脉冲间隔也要越大，以保持加工的稳定性。

　　3. 短路峰值电流对工艺指标的影响

　　如图 15-14 所示是在一定的工艺条件下，短路峰值电流 i_s 对切割速度 v_{wi} 和表面粗糙度 Ra 的影响曲线。由图 5-14 可知，当其他工艺条件不变时，增加短路峰值电流，切割速度提高，表面粗糙度变差。这是因为短路峰值电流大，表明相应的加工电流峰值就大，单个脉冲能量亦大，所以放电痕大，故切割速度高，表面粗糙度差。

　　增大短路峰值电流，不但使工件放电痕变大，而且使电极丝损耗变大，这两者均使加工精度稍有降低。

　　4. 开路电压对工艺指标的影响

　　如图 15-15 所示是在一定的工艺条件下，开路电压 u_i 对加工速度 v_{wi} 和表面粗糙度 Ra 的影响曲线。

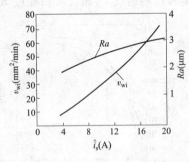

图 15-14　对 v_{wi} 和 Ra 的影响曲线

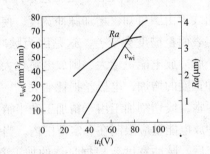

图 15-15　u_i 对 v_{wi} 和 Ra 的影响曲线

　　由图 15-15 可知，随着开路电压峰值提高，加工电流增大，切割速度提高，表面粗糙度增大。因电压高使加工间隙变大，所以加工精度略有降低。但间隙大，有利于放电产物的排除和消电离，提高了加工稳定性和脉冲利用率。

　　采用乳化液介质和快走丝方式，开路电压峰值一般在 $60 \sim 150V$ 范围内，个别的用到 $300V$ 左右。

　　综上所述，在工艺条件大体相同的情况下，利用矩形波脉冲电源进行加工时，电参数对工艺指标的影响下有如下规律。

（1）切割速度随着加工电流峰值、脉冲宽度、脉冲频率和开路电压的增大而提高，即切割速度随着加工平均电流的增加而提高。

（2）加工表面粗糙度 Ra 值随着加工电流峰值、脉冲宽度及开路电压的减小而减小。

（3）加工间隙随着开路电压的提高而增大。

（4）在电流峰值一定的情况下，开路电压的增大，有利于提高加工稳定性和脉冲利用率。

（5）表面粗糙度的改善，有利于提高加工精度。

实践表明，改变矩形波脉冲电源的一项或几项电参数，对工艺指标的影响很大，须根据具体的加工对象和要求，全面考虑诸因素及其相互影响关系。选取合适的电参数，既要满足主要加工要求，又要注意提高各项加工指标。例如，加工精小模具或零件时，选择电参数要满足尺寸精度高、表面粗糙度好的要求，选取较小的加工电流的峰值和较窄的脉冲宽度，必然带来加工速度的降低。又如，加工中、大型模具和零件时，对尺寸精度和表面粗糙度要求低一些，故可选用加工电流峰值大、脉冲宽度宽些的电参数值，尽量获得较高的切割速度。此外，不管加工对象和要求如何，还须选择适当的脉冲间隔，以保证加工稳定进行，提高脉冲利用率。因此选择电参数值相当重要，只要能客观地运用它们的最佳组合，就能够获得良好的加工效果。

二、根据加工对象合理选择加工参数

1. 合理选择电参数

（1）要求切割速度高时。当脉冲电源的空载电压高、短路电流大、脉冲宽度大时，则切割速度高。但是切割速度和表面粗糙度的要求是互相矛盾的两个工艺指标，所以，必须在满足表面粗糙度的前提下再追求高的切割速度。而且切割速度还受到间隙消电离的限制，也就是说，脉冲间隔也要适宜。

（2）要求表面粗糙度好时。若切割的工件厚度在 80mm 以内，则选用分组波的脉冲电源为好，它与同样能量的矩形波脉冲电源相比，在相同的切割速度条件下，可以获得较好的表面粗糙度。

无论是矩形波还是分组波，其单个脉冲能量小，则 Ra 值小。也就是说，脉冲宽度小、脉冲间隔适当、峰值电压低、峰值电流小时，表面粗糙度较好。

（3）要求电极丝损耗小时。多选用前阶梯脉冲波形或脉冲前沿上升缓慢的波形，由于这种波形电流的上升率低（即 di/dt 小），故可以减小丝损。

（4）要求切割厚工件时。选用矩形波、高电压、大电流、大脉冲宽度和大的脉冲间隔可充分消电离，从而保证加工的稳定性。

若加工模具厚度为 20~60mm，表面粗糙度 Ra 值为 1.6~3.2μm，脉冲电源的电参数可在如下范围内选取。

脉冲宽度：4~20μs。

脉冲幅值：60~80V。

功率放大管数：3~6个。

加工电流：0.8~2A。

切割速度：15~40mm²/min。

选择上述的下限参数，表面粗糙度为 $Ra1.6\mu m$，随着参数的增大，表面粗糙度值增至 $Ra3.2\mu m$。

加工薄工件和试切样板时，电参数应取小些，否则会使放电间隙增大。

加工厚工件（如凸模）时，电参数应适当取大些，否则会使加工不稳定，模具质量下降。

2. 合理调整变频进给的方法

整个变频进给控制电路有多个调整环节，其中大都安装在机床控制柜内部，出厂时已调整好，一般不应再变动；另有一个调节旋钮安装在控制台操作面板上，操作工人可以根据工件材料、厚度及加工要求等来调节此旋钮，以改变进给速度。

不要认为变频进给的电路能自动跟踪工件的蚀除速度并始终维持某一放电间隙（即不会开路不走或短路闷死），便错误地认为加工时可不必或可随便调节变频进给量。实际上某一具体加工条件下只存在一个相应的最佳进给量，此时钼丝的进给速度恰好等于工件实际可能的最大蚀除速度。如果设置的进给速度小于工件实际可能的蚀除速度（称欠跟踪或欠进给），则加工状态偏开路，无形中降低了生产率；如果设置好的进给速度大于工件实际可能的蚀除速度（过跟踪或过进给），则加工状态偏短路，实际进给和切割速度反而下降，而且增加了断丝和"短路闷死"的危险。实际上，由于进给系统中步进电动机、传动部件等有机械惯性及滞后现象，不论是欠进给还是过进给，自动调节系统都将使进给速度忽快忽慢，加工过程变得不稳定。因此，合理调节变频进给，使其达到较好的加工状态是很重要的，主要有以下两种方法。

（1）用示波器观察和分析加工状态。如果条件允许，最好用示波器来观察加工状态，这样不仅直观，而且还可以测量脉冲电源的各种参数。如图15-16所示为加工时可能出现的几种典型波形。

将示波器输入线的正极接工件，负极接电极丝，调整好示波器，则观察到的较好波形应如图15-17所示。若变频进给调整得合适，则加工波最浓，空载波和短路波很淡，此时为最佳加工状态。

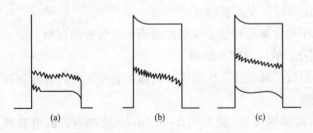

图 15-16　加工时的几种典型波形

（a）过跟踪；（b）欠跟踪；（c）最佳跟踪

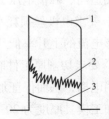

图 15-17　最佳加工波形

1—空载波；2—加工波；3—短路波

数控线切割机床加工效果的好坏，在很大程度上还取决于操作者调整的进给速度是否适宜，为此可将示波器接到放电间隙，根据加工波形来直观的判断与调整（见图15-16）。

1）进给速度过高（过跟踪），如图15-16（a）所示。此时间隙中空载电压波形消失，加工电压波形变弱，短路电压波形较浓。这时工件蚀除的线速度低于进给速度，间隙接近于短路，加工表面发焦呈褐色，工件的上下端面均有过烧现象。

2）进给速度过低（欠跟踪），如图15-16（b）所示。此时间隙中的空载电压波形较浓，时而出现加工波形，短路波形出现较少。这时工件蚀除的线速度大于进给速度，间隙近于开路，加工表面亦发焦呈淡褐色，工件的上下端面也有过烧现象。

3）进给速度稍低（欠佳跟踪）。此时间隙中空载、加工、短路三种波形均较明显，波形比较稳定。这时工件蚀除的线速度略高于进给速度，加工表面较粗、较白，两端面有黑白交错相间的条纹。

4）进给速度适宜（最佳跟踪），如图15-16（c）所示。此时间隙中空载及短路波形弱，加工波形浓而稳定。这时工件蚀除的速度与进给速度相当，加工表面细而亮，丝纹均匀。因此在这种情况下，能得到表面粗糙度好、精度高的加工效果。

表15-1中给出了根据进给状态调整变频的方法。

表 15-1　　　　　　　　　　　　　根据进给状态调整变频的方法

实频状态	进给状态	加工面状况	切割速度	电极丝	变频调整
过跟踪	慢而稳	焦褐色	低	略焦，老化快	应减慢进给速度
欠跟踪	忽慢忽快不均匀	不光洁易出深痕	较快	易烧丝，丝上有白斑伤痕	应加快进给速度
欠佳跟踪	慢而稳	略焦褐，有条纹	低	焦色	应稍增加进给速度
最佳跟踪	很稳	发白，光洁	快	发白，老化慢	不需再调整

（2）用电流表观察分析加工状态。利用电压表和电流表以及示波器等来观察加工状态，使之处于较好的加工状态，实质上也是一种调节合理的变频进给速度的方法。现在介绍一种用电流表根据工作电流和短路电流的比值来更快速、有效地调节最佳变频进给速度的方法。

根据工人长期操作实践，并经理论推导证明，用矩形波脉冲电源进行线切割加工时，无论工件材料、厚度、规准大小，只要调节变频进给旋钮，把加工电流（即电流表上指示的平均电流）调节到大小等于短路电流（即脉冲电源短路时表上指示的电流）的70%～80%，就可保证为最佳工作状态，即此时变频进给速度合理、加工最稳定、切割速度最高。

更严格、准确地说，加工电流与短路电流的最佳比值 β 与脉冲电源的空载电压（峰值电压 $\hat{u}_i$）和火花放电的维持电压 u_e 的关系为

$$\beta = 1 - \frac{u_e}{\hat{u}_i}$$

当火花放电维持电压 u_e 为 20V 时，用不同空载电压的脉冲电源加工时，加工电流与短路电流的最佳比值见表 15-2。

表 15-2 加工电流与短路电流的最佳比值

脉冲电源空载电压 $\hat{u}_i$（V）	40	50	60	70	80	90	100	110	120
加工电流与短路电流最佳比值β	0.5	0.6	0.66	0.71	0.75	0.78	0.8	0.82	0.83

短路电流的获取，可以用计算法，也可用实测法。例如，某种电源的空载电压为 100V，共用 6 个功率放大管，每管的限流电阻为 25Ω，则每管导通时的最大电流为 100÷25＝4A，6 个功率放大管全用时，导通时的短路峰值电流为 6×4＝24A。设选用的脉冲宽度和脉冲间隔的比值为 1∶5，则短路时的短路电流（平均值）为

$$24 \times \frac{1}{5+1} = 4 \text{（A）}$$

由此，在线切割加工中，调节加工电流为 4×0.8＝3.2A 时，进给速度和切割速度可认为达到最佳。

实测短路电流的方法是用一根较粗的导线或螺钉旋具，人为地将脉冲电源输出端搭接短路，此时由电表上读得的数值即为短路电流值。按此法可对上述电源将不同电压、不同脉宽间隔比时的短路电流列成一表，以备随时查用。

本方法可使操作人员在调节和寻找最佳变频进给速度时有一个明确的目标值，可很快地调节到较好的进给和加工状态的大致范围，必要时再根据前述电压表和电流表指针的摆动方向，补偿调节到表针稳定不动的状态。

必须指出，所有上述调节方法，都必须在工作液供给充足、导轮精度良好、钼丝松紧合适等正常切割条件下才能取得较好的效果。

3. 进给速度对切割速度和表面质量的影响

（1）进给速度调得过快，超过工件的蚀除速度，会频繁地出现短路，造成加工不稳定，反而使实际切割速度降低，加工表面发焦呈褐色，工件上下端面处有过烧现象。

（2）进给速度调得太慢，大大落后于可能的蚀除速度，极间将偏开路，使脉冲利用率过低，切割速度大大降低，加工表面发焦呈淡褐色，工件上下端面处有过烧现象。

上述两种情况，都可能引起进给速度忽快忽慢，加工不稳定，且易断丝。加工表面出现不稳定条纹，或出现烧蚀现象。

（3）进给速度调得稍慢，加工表面较粗、较白，两端有黑白交错的条纹。

（4）进给速度调得适宜，加工稳定，切割速度高，加工表面细而亮，丝纹均匀，可获得较好的表面粗糙度和较高的精度。

三、改善线切割加工表面粗糙度的措施

表面粗糙度是模具精度的一个主要方面。数控线切割加工表面粗糙度超值的主要原因是加工过程不稳定及工作液不干净，现提出以下改善措施，供在实践中参考。

（1）保证储丝筒和导轮的制造和安装精度，控制储丝筒和导轮的轴向及径向跳动，导轮转动要灵活，防止导轮跳动和摆动，有利于减少钼丝的振动，保证加工过程的稳定。

（2）必要时可适当降低钼丝的走丝速度，增加钼丝正反换向及走丝时的平稳性。

（3）根据线切割工作的特点，钼丝的高速运动需要频繁的换向来进行加工，钼丝在换向的瞬间会造成其松紧不一，钼丝张力不均匀，从而引起钼丝振动，直接影响加工表面粗糙度，所以应尽量减少钼丝运动的换向次数。试验证明，在加工条件不变的情况下，加大钼丝的有效工作长度，可减少钼丝换向次数及钼丝抖动，促进加工过程的稳定，提高加工表面质量。

（4）采用专用机构张紧的方式将钼丝缠绕在储丝筒上，可确保钼丝排列松紧均匀。尽量不采用手工张紧方式缠绕，因为手工缠绕很难保证钼丝在储丝筒上排列均匀及松紧一致。松紧不均匀会造成钼丝各处张力不一样，就会引起钼丝在工作中抖动，从而增大加工表面粗糙度。

（5）X 方向、Y 方向工作台运动的平稳性和进给均匀性也会影响到加工表面粗糙度。保证 X 方向、Y 方向工作台运动平稳的方法为先试切，在钼丝换向及走丝过程中变频均匀，且单独走 X 方向、Y 方向直线，步进电动机在钼丝正反向所走的步数应大致相等，说明变频调整合适，钼丝松紧程度一致，可确保工作台运动的平稳。

（6）对于有可调线架的机床，应把线架跨距尽可能调小。跨距过大，钼丝会振动；跨距过小，不利于冷却液进入加工区。例如，切割 40mm 的工件，线架跨距为 50~60mm，上下线架的冷却液喷嘴离工件表面 6~10mm，这样可提高钼丝在加工区的刚性，避免钼丝振动，有利于加工稳定。

（7）工件的进给速度要适当。因为在线切割过程中，如工件的进给速度过大，则被腐蚀的金属微粒不易全部排出，易引起钼丝短路，加剧加工过程的不稳定。如工件的进给速度过小，则生产效率低。

（8）脉冲电源同样是影响加工表面粗糙度的重要因素。脉冲电源采用矩形波脉冲，因为它的脉冲宽度和脉冲间隔均连续可调，所以不易受各种因素干扰。减少单个脉冲能量，可改善表面粗糙度。影响单个脉冲能量的因素有脉冲宽度、功率放大管个数、功率放大管峰值电流，所以减小脉冲宽度和峰值电流，可改善加工表面粗糙度。然而，减小脉冲宽度，生产效率将大幅度下降，不可用；减小功率放大管峰值电流，生产效率也会下降，但影响程度比减小脉冲宽度小。因此，减小功率放大管峰值电流，适当增大脉冲宽度，调节合适的脉冲间隔，既可提高生产效率，又可获得较好的加工表面粗糙度。

（9）保持稳定的电源电压。因为电源电压不稳定，会造成钼丝与工件两端的电压不稳定，从而引起击穿放电过程不稳定，使表面粗糙度增大。

（10）线切割工作液要保持清洁。工作液使用时间过长，会使其中的金属微粒逐渐变大，使工作液的性质发生变化，降低工作液的作用，还会堵塞冷却系统，所以必须对工作液进行过滤，使用时间过长，要更换工作液。最简单的过滤方法是，在冷却泵抽水孔处放一块海绵。工作液最好是按螺旋状形式包裹住钼丝，以提高工作液对钼丝振动的吸收作用，减少钼丝的振动，减小表面粗糙度。

总之，只要消除了加工过程中的不稳定性及保持工作液清洁，就能在较高的生产效率下，获得较好的加工表面粗糙度。

任务四　掌握电火花成形加工的工艺规律

一、影响电火花成形加工精度的主要因素

影响电火花成形加工精度的因素很多，这里重点探讨与电火花成形加工工艺有关的因素。

1. 放电间隙

电火花加工中，工具电极与工件间存在着放电间隙，因此工件的尺寸、形状与工具电极并不一致。如果加工过程中放电间隙是常数，根据工件加工表面的尺寸、形状可以预先对工具电极尺寸、形状进行修正。但放电间隙是随电参数、电极材料、工作液的绝缘性能等因素的变化而变化的，从而影响了加工精度。

间隙大小对形状精度也有影响，间隙越大，则复制精度越差，特别是对复杂形状的加工表面。若电极为尖角，由于放电间隙的等距离，工件则为圆角。因此，为了减少加工尺寸误差，应该采用较弱的加工规准，缩小放电间隙，另外还必须尽可能使加工过程稳定。放电间隙在精加工时一般为 0.01~0.1mm，粗加工时可达 0.5mm 以上（单边）。

2. 加工斜度

电火花成形加工时，产生斜度的情况如图 15-18 所示。由于工具电极下面部分加工时间长，损耗大，因此电极变小，而入口处由于电蚀产物的存在，易发生因电蚀产物的介入而再次进行的非正常放电（即二次放电），因而产生加工斜度。

3. 工具电极的损耗

在电火花加工中，随着加工深度的不断增加，工具电极进入放电区域的时间是从端部向上逐渐减少的。实际上，工件侧壁主要是靠工具电极底部端面的周边加工出来的。因此，电极的损耗也必然从端面底部向上逐渐减少，从而形成了损耗锥度（见图 15-19），工具电极的损耗锥度反映到工件上是加工斜度。

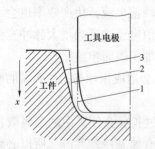

图 15-18　加工斜度对加工精度的影响

1—电极无损耗时的工具轮廓线；

2—电极有损耗而不考虑二次放电时的工具轮廓线；

3—实际工件轮廓线

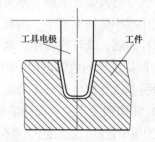

图 15-19　工具锥度对加工精度的影响

二、影响表面粗糙度的主要因素

电火花成形加工工件表面的凹坑大小与单个脉冲放电能量有关，单个脉冲能量越大，则凹坑越大。若把表面粗糙度值大小简单地看成与电蚀凹坑的深度成正比，则电火花成形加工表面粗糙度随单个脉冲能量的增加而增大。

在一定的脉冲能量下，不同的工件电极材料表面粗糙度值大小不同，熔点高的材料表面粗糙度值要比熔点低的材料小。

在脉冲宽度一定的条件下，随着峰值电流的增加，单个脉冲能量也增加，表面粗糙度变差。

当峰值电流一定时，脉冲宽度越大，单个脉冲的能量就大，放电腐蚀的凹坑也越大、越深，所以表面粗糙度就越差。

工具电极表面的粗糙度值大小也影响工件的加工表面粗糙度值。例如，石墨电极表面比较粗糙，因此它加工出的工件表面粗糙度值也大。

由于电极的相对运动，工件侧边的表面粗糙度值比端面小。

干净的工作液有利于得到理想的表面粗糙度。因为工作液中含蚀除产物等杂质越多，越容易发生积炭等不利状况，从而影响表面粗糙度。

三、影响加工速度的主要因素

影响加工速度的因素分电参数和非电参数两大类。电参数主要是脉冲电源输出波形与参数；非电参数包括加工面积、深度、工作液种类、冲油方式、排屑条件及电极对的材料、形状等。

1. 电规准的影响

所谓电规准，是指电火花成形加工时选用的电加工参数，主要有脉冲宽度 t_i（μs）、脉冲间隙 t_o（μs）及峰值电流 I_p 等参数。

（1）脉冲宽度对加工速度的影响。单个脉冲能量的大小是影响加工速度的重要因素。对于矩形波脉冲电源，当峰值电流一定时，脉冲能量与脉冲宽度成正比。脉冲宽度增加，加工速度随之增加，因为随着脉冲宽度的增加，单个脉冲能量增大，使加工速度提高。但若脉冲宽度过大，加工速度反而下降，如图 15-20 所示。这是因为单个脉冲能量虽然增大，但转换的热能有较大部分散失在电极与工件之中，不起蚀除作用。同时，在其他加工条件相同时，随着脉冲能量过分增大，蚀除产物增多，排气排屑条件恶化，间隙消电离时间不足，将会导致拉弧、加工稳定性变差等，加工速度反而降低。

（2）脉冲间隔对加工速度的影响。在脉冲宽度一定的条件下，若脉冲间隔减小，则加工速度提高，如图 15-21 所示。这是因为脉冲间隔减小导致单位时间内工作脉冲数目增多、加工电流增大，故加工速度提高；但若脉冲间隔过小，会因放电间隙来不及消电离引起加工稳定性变差，导致加工速度降低。

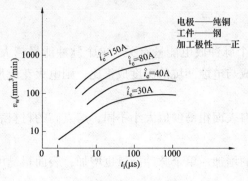

图 15-20　脉冲宽度与加工速度的关系

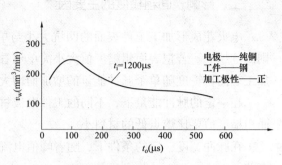

图 15-21　脉冲间隔与加工速度的关系

在脉冲宽度一定的条件下，为了最大限度地提高加工速度，应在保证稳定加工的同时，尽量缩短脉冲间隔时间。带有脉冲间隔自适应控制的脉冲电源，能够根据放电间隙的状态，在一定范围内调节脉冲间隔的大小，这样既能保证稳定加工，又可以获得较大的加工速度。

（3）峰值电流的影响。当脉冲宽度和脉冲间隔一定时，随着峰值电流的增加，加工速度也增加，如图 15-22 所示。因为加大峰值电流，等于加大单个脉冲能量，所以加工速度也就提高了。但若峰值电流过大（即单个脉冲放电能量很大），加工速度反而下降。

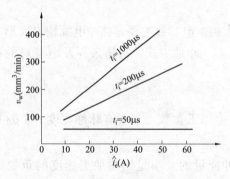

图 15-22　峰值电流与加工速度的关系

此外，峰值电流增大将降低工件表面粗糙度和增加电极损耗。在生产中，应根据不同的要求，选择合适的峰值电流。

2. 非电参数的影响

（1）排屑条件的影响。在电火花成形加工过程中会不断产生气体、金属屑末和碳黑等，如不及时排除，则加工很难稳定的进行。加工稳定性不好，会使脉冲利用率降低，加工速度降低。为便于排屑，一般采用冲油（或抽油）和电极抬起的办法。

1）冲（抽）油压力和加工速度的关系曲线。在加工中对于工件型腔较浅或易于排屑的型腔，可以不采取任何辅助排屑措施。但对于较难排屑的加工，不冲（抽）油或冲（抽）油压力过小，则因排屑不良产生的二次放电的机会明显增多，从而导致加工速度下降；但若冲油压力过大，加工速度同样会降低。

这是因为冲油压力过大，产生干扰，使加工稳定性变差，故加工速度反而会降低。如图 15-23 所示是冲油压力和加工速度的关系曲线。

冲（抽）油的方式与冲油压力大小应根据实际加工情况来定。若型腔较深或加工面积较大，冲（抽）油压力要相应增大。

2）"抬刀"对加工速度的影响。为使放电间隙中的电蚀产物迅速排除，除采用冲（抽）油外，还需经常抬起电极以利于排屑。在定时"抬刀"状态，会发生放电间隙状况良好无需"抬刀";而电极却照样抬起的情况;也会出现当放电间隙的电蚀产物积聚较多急需"抬刀",而"抬刀"时间未到却不"抬刀"的情况。这种多余的"抬刀"运动和未及时"抬刀"都直接降低了加工速度。为克服定时"抬刀"的缺点,目前较先进的电火花成形机床都采用了自适应"抬刀"功能。自适应"抬刀"是根据放电间隙的状态,决定是

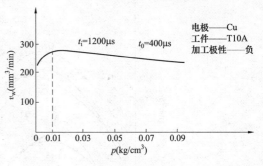

图 15-23　冲油压力和加工速度的关系曲线

否"抬刀"。放电间隙状态不好,电蚀产物堆积多,"抬刀"频率自动加快;放电间隙状态好,电极就少抬起或不抬。这时电蚀产物的产生与排除基本保持平衡,避免了不必要的电极抬起运动,提高了加工速度。

　　如图 15-24 所示为抬刀方式对加工速度的影响。由图可知,加工深度相同时,采用自适应"抬刀"比定时"抬刀"需要的加工时间短,即加工速度快。同时,采用自适应"抬刀",加工工件质量好,不易出现拉弧烧伤。

　　(2) 加工面积的影响。如图 15-25 所示是加工面积和加工速度的关系曲线。由图可知,加工面积较大时,它对加工速度没有多大影响。但若加工面积小到某一临界面积,加工速度会显著降低,这种现象称为"面积效应"。因为加工面积小,在单位面积上脉冲放电过分集中,致使放电间隙的电蚀产物排除不畅,同时会产生气体排除液体的现象,造成放电加工在气体介质中进行,因而大大降低加工速度。

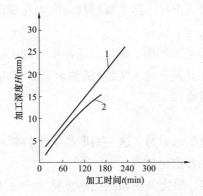

图 15-24　抬刀方式对加工速度的影响
1—自适应时间;2—定时抬刀

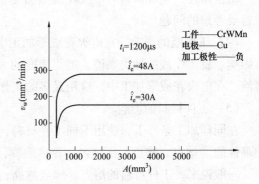

图 15-25　加工面积和加工速度的关系曲线

　　从图 15-25 中可看出,峰值电流不同,最小临界加工面积也不同。因此,确定一个具体加工对象的电参数时,首先必须根据加工面积确定工作电流,并估算所需的峰值电流。

　　(3) 电极材料和加工极性的影响。如图 15-26 所示为电极材料和加工极性对加工速度的影响,在电参数选定的条件下,采用不同的电极材料与加工极性,加工速度也大不相同。由图 15-26 可知,采用石墨电极,在加工电流相同时,正极性比负极性加工速度高。

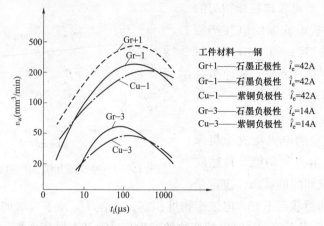

图 15-26　电极材料和加工极性对加工速度的影响

在加工中选择极性，不能只考虑加工速度，还必须考虑电极损耗。如用石墨作电极时，正极性加工比负极性加工速度高，但在粗加工中，电极损耗会很大。故在不计电极损耗的通孔加工、取折断工具等情况下，用正极性加工；而在用石墨电极加工型腔的过程中，常采用负极性加工。

从图 15-26 中还可看出，在同样的加工条件和加工极性情况下，采用不同的电极材料，加工速度也不相同。例如，中等脉冲宽度、负极性加工时，石墨电极的加工速度高于铜电极的加工速度。在脉冲宽度较窄或很宽时，铜电极加工速度高于石墨电极。此外，采用石墨电极加工的最大加工速度，比用铜电极加工的最大加工速度的脉冲宽度要窄。

由上所述，电极材料对电火花成形加工非常重要，正确选择电极材料是电火花成形加工首要考虑的问题。

（4）工作液的影响。在电火花成形加工中，工作液的种类、黏度、清洁度对加工速度有影响。就工作液的种类来说，加工速度的大致顺序是高压水>煤油+机油>煤油>酒精水溶液。在电火花成形加工中，应用最多的工作液是煤油。

（5）工件材料的影响。

在同样加工条件下，选用不同工件材料，加工速度也不同。这主要取决于工件材料的物理性能（熔点、沸点、比热容、导热系数、熔化热和汽化热等）。

一般说来，工件材料的熔点、沸点越高，比热容、熔化潜热和汽化潜热越大，加工速度越低，即越难加工。例如，加工硬质合金钢比加工碳素钢的速度要低 40%～60%。对于导热系数很高的工件，虽然熔点、沸点、熔化热和汽化热不高，但因热传导性好，热量散失快，加工速度也会降低。

四、影响电极损耗的主要因素

1. 电参数对电极损耗的影响

（1）脉冲宽度的影响。在峰值电流一定的情况下，随着脉冲宽度的减小，电极损耗增大。脉冲宽度越窄，电极损耗 θ 上升的趋势越明显，如图 15-27 所示。所以精加工时的电极损耗比粗加工时的电极损耗大。

（2）脉冲间隔的影响。在脉冲宽度不变时，随着脉冲间隔的增加，电极损耗增大，如图 15-28 所示。因为脉冲间隔加大，引起放电间隙中介质消电离状态的变化，使电极上的"覆盖效应"减少。

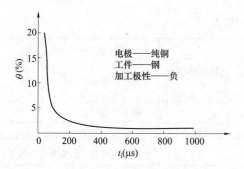

图 15-27　脉冲宽度与电极相对损耗的关系曲线

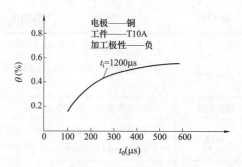

图 15-28　脉冲间隔对电极相对损耗的影响

随着脉冲间隔的减小，电极损耗也随之减少，但超过一定限度，放电间隙将来不及消电离而造成拉弧烧伤，反而影响正常加工的进行。尤其是粗规准、大电流加工时，更应注意。

（3）峰值电流的影响。对于一定的脉冲宽度，加工时的峰值电流不同，电极损耗也不同。

用纯铜电极加工钢时，随着峰值电流的增加，电极损耗也增加。如图 15-29 所示是峰值电流对电极相对损耗的影响。由图可知，要降低电极损耗，应减小峰值电流。因此，对一些不适宜用长脉冲宽度粗加工而又要求损耗小的工件，应使用窄脉冲宽度、低峰值电流的方法。

由上可见，脉冲宽度和峰值电流对电极损耗的影响效果是综合性的。只有脉冲宽度和峰值电流保持一定关系，才能实现低损耗加工。

（4）加工极性的影响。在其他加工条件相同的情况下，加工极性不同对电极损耗影响很大，如图 15-30 所示。当脉冲宽度 t_i 小于某一数值时，正极性损耗小于负极性损耗；反之，当脉冲宽度 t_i 大于某一数值时，负极性损耗小于正极性损耗。一般情况下，采用石墨电极和铜电极加工钢时，粗加工用负极性，精加工用正极性。但在钢电极加工钢时，无论粗加工还是精加工都要用负极性，否则电极损耗将大大增加。

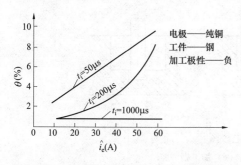

图 15-29　峰值电流对电极相对损耗的影响

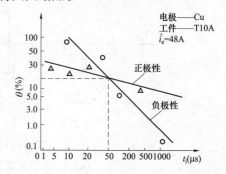

图 15-30　加工极性对电极相对损耗的影响

2. 非电参数对电极损耗的影响

（1）工具电极材料的影响。工具电极损耗与其材料有关，损耗的大致顺序如下：银钨合金＜铜钨合金＜石墨（粗规准）＜纯铜＜钢＜铸铁＜黄铜＜铝。

影响电极损耗的因素较多，如表 15-3 所示。

表 15-3 影响电极损耗的因素

因　素	说　明	减少损耗条件
脉冲宽度	脉冲宽度越大，损耗越小，至一定数值后，损耗可降低至小于 1%	脉冲宽度足够大
峰值电流	峰值电流增大，电极损耗增加	减小峰值电流
极性	影响很大。应根据不同电源、电规准、工作液、电极材料、工件材料，选择合适的极性	一般脉冲宽度大时用正极性，小时用负极性，钢电极用负极性
电极材料	常用电极材料中黄铜的损耗最大，紫铜、铸铁、钢次之，石墨和铜钨、银钨合金较小。纯铜在一定的电规准和工艺条件下，也可以得到低损耗加工	石墨作粗加工电极，纯铜作精加工电极
工件材料	加工硬质合金工件时电极损耗比钢工件大	用高压脉冲加工或用水作工作液，在一定条件下可降低损耗
加工面积	影响不大	大于最小加工面积
排屑条件和二次放电	在损耗较小的加工时，排屑条件越好则损耗越大，如纯铜；有些电极材料则对此不敏感，如石墨。损耗较大的规准加工时，二次放电会使损耗增加	在许可条件下，最好不采用强迫冲（抽）油
工作液	常用的煤油、机油获得低损耗加工需具备一定的工艺条件；水和水溶液比煤油容易实现低损耗加工（在一定条件下），如硬质合金工件的低损耗加工，黄铜和钢电极的低损耗加工	

（2）电极的形状和尺寸的影响。在电极材料、电参数和其他工艺条件完全相同的情况下，电极的形状和尺寸对电极损耗影响也很大（如电极的尖角、棱边、薄片等）。如图 15-31（a）所示的型腔，用整体电极加工较困难。在实际中首先加工主型腔，如图 15-31（b）所示，再用小电极加工副型腔，如图 15-31（c）所示。

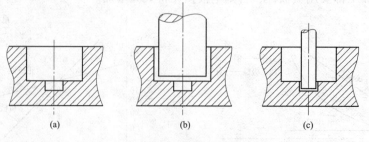

图 15-31　分解电极图

（a）型腔；（b）加工主型腔；（c）加工副型腔

（3）冲油或抽油的影响（见图 15-32）。对形状复杂、深度较大的型孔或型腔进行加工时，若采用适当的冲油或抽油的方法进行排屑，有助于提高加工速度。但另一方面，冲油或抽油压力过大反而会加大电极的损耗。因为强迫冲油或抽油会使加工间隙的排屑和消电离速度加快，这样减弱了电极上的"覆盖效应"。当然，不同的工具电极材料对冲油、抽油的敏感性不同。例如，用石墨电极加工时，电极损耗受冲油压力的影响较小，而纯铜电极损耗受冲油压力的影响较大。

由上可知，在电火花成形加工中，应谨慎使用冲、抽油。加工本身较易进行且稳定的电火花加工，不宜采用冲、抽油；若必须采用冲、抽油的电火花成形加工，也应注意冲、抽油压力维持在较小的范围内。

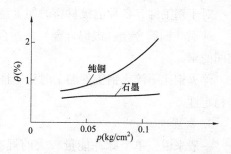

图 15-32　冲油压力对电极相对损耗的影响

冲、抽油方式对电极损耗无明显影响，但对电极端面损耗的均匀性的影响有较大区别。冲油时电极损耗呈凹形端面，抽油时则形成凸形端面，如图 15-33 所示。这主要是因为冲油进口处所含各种杂质较少，温度比较低，流速较快，使进口处"覆盖效应"减弱。

实践证明，当油孔的位置与电极的形状对称时用交替冲油和抽油的方法，可使冲油或抽油所造成的电极端面形状的缺陷互相抵消，得到较平整的端面。另外，采用脉动冲油（冲油不连续）或抽油比连续的冲油或抽油的效果好。

（4）加工面积的影响。在脉冲宽度和峰值电流一定的条件下，加工面积对电极损耗影响不大，是非线性的，如图 15-34 所示。当电极相对损耗小于 1% 时，随着加工面积的继续增大，电极损耗减小的趋势越来越慢。当加工面积过小时，则随着加工面积的减小电极损耗急剧增加。

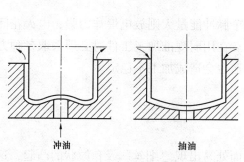

图 15-33　冲油方式对电极端部损耗的影响

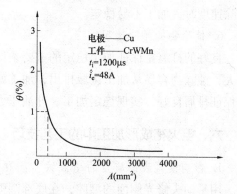

图 15-34　加工面积对电极相对损耗的影响

五、电火花成形加工的稳定性

在电火花成形加工中，加工稳定性是一个很重要的概念。加工的稳定性不仅关系到加工速度，而且关系到加工质量。影响电火花成形加工稳定性的因素有以下几点。

1. 加工形状

形状复杂（具有内外尖角、窄缝、深孔等）的工件加工不易稳定，其他如电极或工件松动、烧弧痕迹未清除、工件或电极带磁性等均会引起加工不稳定。

另外，随着加工深度的增加，加工变得不稳定。工作液中混入易燃微粒也会使加工难以进行。

2. 电极材料及工件材料

对于钢工件，各种电极材料的加工稳定性次序如下。

纯铜（铜钨合金、银钨合金）＞铜合金（包括黄铜）＞石墨＞铸铁＞不相同的钢＞相同的钢。

淬火钢比不淬火钢工件加工时稳定性好；硬质合金、铸铁、铁合金、磁钢等工件的加工稳定性差。

3. 电规准

一般来说，单个脉冲能量较大的规准，容易达到稳定加工。但是，当加工面积很小时，不能用很强的规准加工。另外，加工硬质合金不能用太强的规准加工。

脉冲间隔太小常易引起加工不稳。在微细加工、排屑条件很差、电极与工件材料不太合适时，可增加间隔来改善加工的不稳定性，但这样会引起生产率下降。t_i/I_p很大的规准比t_i/I_p较小的规准加工稳定性差。当t_i/I_p大到一定数值后，加工很难进行。

对每种电极材料对，必须有合适的加工波形和适当的击穿电压，才能实现稳定加工。

当平均加工电流超过最大允许加工电流时，将出现不稳定现象。

4. 极性

不合适的极性可能会导致加工极不稳定。

5. 电极进给速度

电极进给速度与工件的蚀除速度应相适应，这样才能使加工稳定进行。进给速度大于蚀除速度时，加工不易稳定。

6. 蚀除物的排除情况

良好的排屑是保证加工稳定的重要条件。单个脉冲能量大则放电爆炸力强，电火花间隙大，蚀除物容易从加工区域排出，加工就稳定。在用弱规准加工工件时必须采取各种方法保证排屑良好，实现稳定加工。冲油压力不合适也会造成加工不稳定。

六、电火花成形加工中的工艺技巧

1. 影响模具表面质量的"波纹"问题

用平动头修光侧面的型腔，在底部圆弧或斜面处易出现"细丝"及鱼鳞状的凸起，这就是"波纹"。"波纹"问题将严重影响模具加工的表面质量。一般"波纹"产生的原因如下。

（1）电极材料的影响。如在用石墨作电极时，由于石墨材料颗粒粗、组织疏松、强度差，会引起粗加工后电极表面产生严重剥落现象（包括疏松性剥落、压层不均匀性剥落、热疲劳破坏剥落、机械性破坏剥落），因为电火花成形加工是精确"仿形"加工，故在电火花成形加工中石墨电极表面剥落现象经过平动修整后会反映到工件上，即产生了"波纹"。

（2）中、粗加工电极损耗大。由于粗加工后电极表面粗糙度值很大，中、精加工时电极损耗较大，故在加工过程中工件上粗加工的表面不平度会反映到电极上，电极表面产生的高低不平又反映到工件上，最终就产生了所谓的"波纹"。

（3）冲油、排屑的影响。电加工时，若冲油孔开设得不合理，排屑情况不良，则蚀除物会堆积在底部转角处，这样也会助长"波纹"的产生。

（4）电极运动方式的影响。"波纹"的产生并不是平动加工引起的，相反，平动运动有利于底面"波纹"的消除，但它对不同角度的斜度或曲面"波纹"仅有不同程度的减少，而无法消除。这是因为平动加工时，电极与工件有一个相对错开位置，加工底面错位量大，加工斜面或圆弧错位量小，因而导致两种不同的加工效果。

"波纹"的产生既影响了工件表面粗糙度，又降低了加工精度，为此，在实际加工中应尽量设法减小或消除"波纹"。

2. 加工精度问题

加工精度主要包括"仿形"精度和尺寸精度两个方面。所谓"仿形"精度，是指电加工后的型腔与加工前工具电极几何形状的相似程度。

影响"仿形"精度的因素有如下几点。

（1）使用平动头造成的几何形状失真，如很难加工出清角、尖角变圆等。

（2）工具电极损耗及"反粘"现象的影响。

（3）电极安装找正装置的精度和平动头、主轴头的精度以及刚性影响。

（4）规准选择转换不当，造成电极损耗增大。

影响尺寸精度的因素有如下几点。

（1）操作者选用的电规准与电极缩小量不匹配，以致加工完成以后，尺寸精度超差。

（2）在加工深型腔时，二次放电机会较多，使加工间隙增大，以致侧面不能修光，或者即使能修光，也超出了图样尺寸要求。

（3）冲油管的放置和导线的架设存在问题，导线与油管产生阻力，使平动头不能正常进行平面圆周运动。

（4）电极制造误差。

（5）主轴头、平动头、深度测量装置等存在机械误差。

3. 表面粗糙度问题

电火花成形加工型腔模，有时型腔表面会出现尺寸到位，但修不光的现象。造成这种现象的原因有以下几方面。

（1）电极对工作台的垂直度没找正好，使电极的一个侧面成了倒斜度，这样相对应模具侧面的上部分就会修不光。

（2）主轴进给时，出现扭曲现象，影响了模具侧表面的修光。

（3）在加工开始前，平动头没有调到零位，以致到了预定的偏心量时，有一面无法修出。

（4）各挡规准转换过快，或者跳规准进行修整，使端面或侧面留下粗加工的麻点痕迹，无法再修光。

（5）电极或工件没有装夹牢固，在加工过程中出现错位移动，影响模具侧面表面粗糙度的修整。

（6）平动量调节过大，加工过程出现大量碰撞短路，使主轴不断上下往返，造成有的面能修出，有的面修不出。

七、电火花成形加工工艺的制定

前面我们详细阐述了电火花成形加工的工艺规律，不难看到，加工精度、表面粗糙度、加工速度和电极损耗往往相互矛盾。表 15-4 中简单列举了一些常用参数对工艺的影响。

表 15-4 常用参数对工艺的影响

	加工速度	电极损耗	表面粗糙度值	备 注
峰值电流↑	↑	↑	↑	加工间隙↑，型腔加工锥度↑
脉冲宽度↑	↑	↓	↑	加工间隙↑，加工稳定性↑
脉冲间歇↑	↓	↑	○	加工稳定性↑
介质清洁度↑	中、粗加工↓ 精加工↑	○	○	加工稳定性↑

注 ○表示影响较小，↓表示降低或减小，↑表示增大。

在电火花成形加工中，如何合理地制定电火花成形加工工艺呢？如何用最快的速度加工出最佳质量的产品呢？一般来说，主要采用两种方法来处理：第一，先主后次，如在用电火花成形加工去除断在工件中的钻头、丝锥时，应优先保证速度，因为此时工件的表面粗糙度、电极损耗已经不重要了；第二，采用各种手段，兼顾各方面。其中常见的方法有如下几种。

（1）先用机械加工去除大量的材料，再用电火花成形加工保证加工精度和加工质量。电火花成形加工的材料去除率还不能与机械加工相比。因此，在工件型腔电火花加工中，有必要先用机械加工方法去除大部分加工量，使各部分余量均匀，从而大幅度提高工件的加工效率。

（2）粗、半精、精逐挡过渡式加工方法。粗加工用于蚀除大部分加工余量，使型腔按预留量接近尺寸要求；半精加工用于提高工件表面粗糙度等级，并使型腔基本达到要求，一般加工量不大；精加工主要保证最后加工出的工件达到要求的尺寸与表面粗糙度。

在加工时，首先通过粗加工，高速去除大量金属，这是通过大功率、低损耗的粗加工规准解决的；其次，通过半精、精加工保证加工的精度和表面质量。半精、精加工虽然工具电极相对损耗大，但在一般情况下，半精、精加工余量仅占全部加工量的极小部分，故工具电极的绝对损耗极小。

在粗、半精、精加工中，注意转换加工规准。

（3）采用多电极。在加工中及时更换电极，当电极绝对损耗量达到一定程度时，及时更换，以保证良好的加工质量。

思 考 与 训 练

一、单项选择题

1. 快走丝线切割机床通常采用的电极丝是（　　）。

  A. 铜丝   B. 钼丝   C. 钢丝   D. 镍丝

2. 用线切割机床加工下列材料时，加工速度最低的是（　　）。

  A. 钢   B. 铜   C. 铝   D. 钼

3. 电火花成形加工机床的主要加工对象为（　　）。

  A. 木材   B. 陶瓷

  C. 金属等导电材料   D. PVC 橡胶等

4. 电火花成形加工中，放电电源是（　　）形式的电源。

  A. 直流电源 B. 交流电源 C. 脉冲电源 D. 低压电源

5. 线切割加工厚工件时，为了改善排屑条件，应选择（　　）的脉冲电压，较大的脉冲峰电流和脉宽。

  A. 高   B. 低   C. 中   D. 极低

6. 脉冲间隔减小时，切割速度将（　　）。

  A. 加快   B. 减慢

  C. 不变   D. 可能加快，也可能减慢

7. 峰值电流增大时，切割速度将（　　）。

  A. 提高   B. 降低   C. 不变   D. 提高或降低

8. 峰值电流增大时，线切割加工的表面粗糙度值将（　　）。

  A. 增大   B. 减小   C. 不变   D. 增大或减小

9. 目前我国主要生产的线切割机床是（　　）。

  A. 普通的快走丝电火花线切割机床 B. 普通的慢走丝电火花线切割机床

  C. 高档的快走丝电火花线切割机床 D. 高档的慢走丝电火花线切割机床

10. 有关线切割加工对材料可加工性和结构工艺性的影响，下列说法中正确的是（　　）。

  A. 线切割加工提高了材料的可加工性，不管材料硬度、强度、韧性、脆性及其是否导电都可以加工

  B. 线切割加工影响了零件的结构设计，不管什么形状的孔，如方孔、小孔、阶梯孔、窄缝等，都可以加工

  C. 线切割加工速度的提高为一些零件小批量加工提供了方法

  D. 线切割加工改变了零件的典型加工工艺路线，工件必须先淬火然后才能进行线切割加工

二、判断题（正确的打"√"，错误的打"×"）

1. 线切割机床允许超重或超行程工作。 （　　）

2. 增大峰值电流将使切割速度降低 （　　）

3. 减小脉冲宽度能改善线切割加工工件的表面质量。 （　　）

4. 被加工金属材料的厚度会影响线切割加工速度。 （　　）

5. 在线切割机床上不可加工盲孔。 （　　）

6. 在电火花加工中的电压、电流、脉冲宽度、脉冲间隙、功率和能量等参数称为电参数。 （　　）

7. 电火花加工中加工液主要用于排出铁屑。 （　　）

8. 线切割机床不能加工类似于硬质合金这类极硬的材料。 （　　）

9. 线切割加工时，材料越薄效率越高。 （　　）

10. 电火花加工时，峰值电压高，放电间隙大，生产效率高，但精度差。 （　　）

项目十六

线切割加工样板零件

📖 **学习目标**

（1）掌握 3B 代码编程的相关知识。

（2）会应用 3B 代码编制线切割加工程序。

本项目要求运用线切割机床加工如图 16-1 所示的样板零件，工件厚度为 2mm，加工表面粗糙度为 $Ra3.2\mu m$，电极丝为 $\phi0.18mm$ 的钼丝，单边放电间隙为 0.01mm，采用 3B 代码编程。

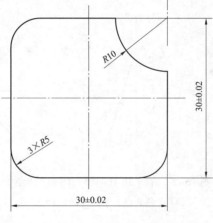

图 16-1　样板零件

任务一　学习 3B 代码编程知识

一、直线的 3B 代码编程

1. 编程规则

3B 代码编程格式是数控线切割机床上最常用的程序格式，具体格式见表 16-1。

表 16-1　　　　　　　　　　　　　　3B 程 序 格 式

B	X	B	Y	B	J	G	Z
分隔符	X 坐标值	分隔符	Y 坐标值	分隔符	计数长度	计数方向	加工指令

注　B—分隔符，它的作用是将 X、Y、J 数码区分开来；X、Y—增量（相对）坐标值；J—加工线段的计数长度；
　　G—加工线段计数方向；Z—加工指令。

（1）平面坐标系的规定。面对机床操作台，工作平台面为坐标系平面，左右方向为 X 轴，且右方向为正；前后方向为 Y 轴，前方为正，具体参见图 15-8。编程时，采用相对坐标系，即坐标系的原点随程序段的不同而变化。

（2）X 和 Y 值的确定。

1）以直线的起点为原点，建立正常的直角坐标系，X 和 Y 表示直线终点的坐标绝对值，单位为 μm。

2）在直线 3B 代码中，X 和 Y 值主要是确定该直线的斜率，所以可将直线终点坐标的绝对值除以它们的最大公约数作为 X 和 Y 的值，以简化数值。

3）若直线与 X 或 Y 轴重合，为区别一般直线，X 和 Y 均可写作 0，也可以不写。

（3）G 的确定。G 用来确定加工时的计数方向，分 GX 和 GY。直线编程的计数方向的选取方法是：以要加工的直线的起点为原点，建立直角坐标系，取该直线终点坐标绝对值大的坐标轴为计数方向。具体确定方法如下：若终点坐标为 (x_e, y_e)，令 $X = |x_e|$，$Y = |y_e|$，若 Y<X，则 G=GX，如图 16-2（a）所示；若 Y>X，则 G=GY，如图 16-2（b）所示；若 Y=X，则在一、三象限取 G=GY，在二、四象限取 G=GX。

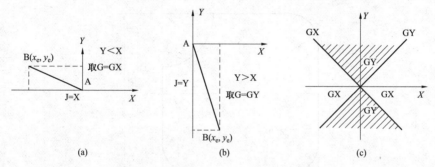

图 16-2　直线 3B 代码编程时 G 的确定
（a）Y<X；（b）Y>X；（c）Y=X

由上可见，计数方向的确定以 45°线为界，取与终点处走向较平行的轴作为计数方向，具体如图 16-2（c）所示。

（4）J 的确定。J 为计数长度，以 μm 为单位。以前编程应写满六位数，不足六位前面补零，现在的机床基本上可以不用补零。

J 的取值方法如下：由计数方向 G 确定投影方向，若 G=GX，则将直线向 X 轴投影得到长度的绝对值即为 J 的值；若 G=GY，则将直线向 Y 轴投影得到长度的绝对值即为 J 的值。

（5）Z 的确定。加工指令 Z 按照直线走向和终点的坐标不同可分为 L1、L2、L3、L4，其中与+X 轴重合的直线记作 L1，与-X 轴重合的直线记作 L3，与+Y 轴重合的直线记作 L2，与-Y 轴重合的直线记作 L4，具体可参考图 16-3。

2. 直线 3B 代码编程举例

应用 3B 代码编制如图 16-4 所示图形的线切割程序（不考虑间隙补偿）。

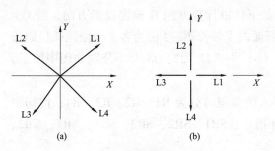

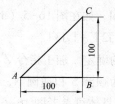

图 16-3　直线 3B 代码编程时 Z 的确定　　　　图 16-4　直线 3B 代码编程举例

设定加工路线为 $A \rightarrow B \rightarrow C \rightarrow A$，程序如下：

```
B0   B0   B100000   Gx   L1        //A→B
B0   B0   B100000   G_Y  L2        //B→C
B1   B1   B100000   G_Y  L3        //C→A
```

二、圆弧的 3B 代码编程

1. 编程规则

圆弧的 3B 代码编程格式和直线相同，见表 16-1。

（1）X 和 Y 值的确定。以圆弧的圆心为原点，建立正常的直角坐标系，X 和 Y 表示圆弧起点坐标的绝对值，单位为 μm。如在图 16-5（a）中，X = 30 000，Y = 40 000；在图 16-5（b）中，X = 40 000，Y = 30 000。

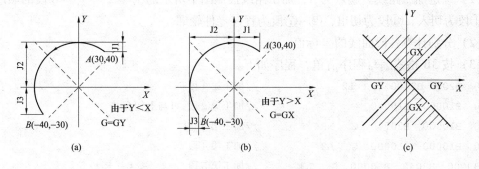

图 16-5　圆弧轨迹及其编程参数的确定

（a）Y<X；（b）Y>X；（c）圆弧计数方向确定方法

（2）G 的确定。G 用来确定加工时的计数方向，分 GX 和 GY。圆弧编程的计数方向的选取方法如下：以某圆心为原点建立直角坐标系，取终点坐标绝对值小的轴为计数方向。具体确定方法如下：若圆弧终点坐标为 (x_e, y_e)，令 X = | x_e |，Y = | y_e |，若 Y<X，则 G=GY，如图 16-5（a）所示；若 Y>X，则 G=GX，如图 16-5（b）所示；若 Y=X，则 GX、GY 均可。

由上可见，圆弧计数方向由圆弧终点的坐标绝对值大小决定，其确定方法与直线刚好相反，即取与圆弧终点处走向较平行的轴作为计数方向，具体可参见图 16-5（c）。

（3）J 的确定。圆弧编程中 J 的取值方法如下：由计数方向 G 确定投影方向，若 G＝GX，则将圆弧向 X 轴投影；若 G＝GY，则将圆弧向 Y 轴投影。J 值为各个象限圆弧投影长度绝对值的和。如在图 16-5（a）和图 16-5（b）中，J1、J2、J3 大小分别如图中所示，J＝｜J1｜＋｜J2｜＋｜J3｜。

（4）Z 的确定。加工指令 Z 按照第一步进入的象限可分为 R1、R2、R3、R4；按切割的走向可分为顺圆 S 和逆圆 N，于是共有 8 种指令：SR1、SR2、SR3、SR4、NR1、NR2、NR3、NR4，具体可参考图 16-6。

2. 圆弧 3B 代码编程举例

应用 3B 代码编制如图 16-7 所示图形的线切割程序（不考虑间隙补偿）。

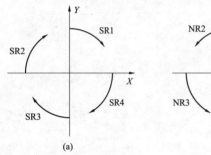
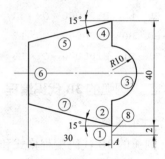

图 16-6　圆弧 3B 代码编程时 Z 的确定
（a）顺圆；（b）逆圆

图 16-7　圆弧 3B 代码编程举例

（1）确定加工路线。起点为 A，加工路线按照图中所示的①→②→…→⑧段的顺序进行。①段为切入，⑧段为切出，②~⑦段为程序零件轮廓。

（2）分别计算各段曲线的坐标值。

（3）按 3B 格式编写程序清单，程序如下。

```
B0      B200    B2000    G_Y   L2          //加工第①段
B0      B10000  B10000   G_Y   L2          //加工第②段,可与上句合并
B0      B10000  B20000   G_X   NR4         //加工第③ 段
B0      B10000  B10000   G_Y   L2          //加工第④段
B30000  B8040   B30000   G_X   L3          //加工第⑤段
B0      B23920  B23920   G_Y   L4          //加工第⑥段
B30000  B8040   B30000   G_X   L4          //加工第⑦段
B0      B2000   B2000    G_Y   L4          //加工第⑧段
```

三、间隙补偿问题

在实际加工中，线切割机床是通过控制电极丝的中心轨迹来加工的，图 16-8 中电极丝中心轨迹用虚线表示。在线切割机床上，电极丝的中心轨迹和图样上工件轮廓之间差别的补偿称为间隙补偿，间隙补偿分编程补偿和自动补偿两种形式。

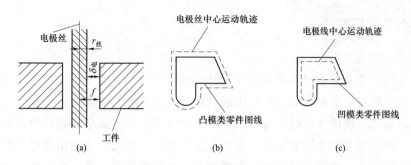

图 16-8　电极丝中心轨迹
（a）电极丝直径与放电间隙；（b）加工凸模类零件时；（c）加工凹模类零件时

1. 编程补偿法

加工凸模时，电极丝中心轨迹应在所加工图形的外面；加工凹模时，电极丝中心轨迹应在所加工图形的里面。所加工工件图形与电极丝中心轨迹间的距离，在圆弧的半径方向和线段垂直方向都等于间隙补偿量 f。

确定间隙补偿量正负的方法如图 16-9 所示。间隙补偿量的正负，可根据在电极丝中心轨迹图形中圆弧半径及直线段法线长度的变化情况来确定，对圆弧是用于修正圆弧半径 r，对直线段是用于修正其法线长度 P。对于圆弧，当考虑电极丝中心轨迹后，其圆弧半径比原图形半径增大时取 $+f$，减小时则取 $-f$。

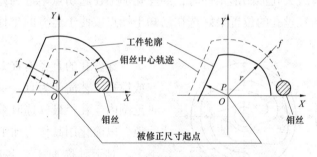

图 16-9　间隙补偿量的符号判别

间隙补偿量的算法：加工冲模的凸、凹模形时，应考虑电极丝半径 $r_{丝}$、电极丝和工件之间的单边放电间隙 $\delta_{电}$ 及凸模和凹模间的单边配合间隙 $\delta_{配}$，当加工冲孔模具时（即冲模后要求工件保证孔的尺寸），凸模尺寸由孔的尺寸确定，因 $\delta_{配}$ 在凹模上扣除，故凸模的间隙补偿量 $f_{凸} = r_{丝} + \delta_{电}$，凹模的间隙补偿量 $f_{凹} = r_{丝} + \delta_{电} - \delta_{配}$；当加工落料模时（即冲模后要求保证冲下的工件尺寸），凹模尺寸由工件的尺寸确定，因 $\delta_{配}$ 在凸模上扣除，故凸模的间隙补偿量 $f_{凸} = r_{丝} + \delta_{电} - \delta_{配}$，凹模的间隙补偿量 $f_{凹} = r_{丝} + \delta_{电}$。

2. 自动补偿法

加工前，将间隙补偿量 f 输入到机床的数控装置。编程时，按图样的名义尺寸编制线切割程序，间隙补偿量 f 不在程序段尺寸中，图形上所有非光滑连接处应加过渡圆弧修饰，使图形中不出现尖角，过渡圆弧的半径必须大于补偿量。这样在加工时，数控装置能自动将过渡圆弧处增大或减小一个 f 的距离实行补偿，而直线段保持不变。

四、穿丝孔的加工

1. 穿丝孔的作用

穿丝孔（即工艺孔）在线切割加工工艺中是不可缺少的。它有 3 个作用：①用于加工凹模；②减小凸模加工中的变形量和防止因材料变形而发生夹丝现象；③保证被加工部分跟其他有关部位的位置精度。对于前两个作用，穿丝孔的加工要求不需过高，但对于第三个作用来说，就需要考虑其加工精度。显然，如果所加工的工艺孔的精度差，那么工件在加工前的定位也不准，被加工部分的位置精度自然也就不符合要求。在这里，穿丝孔的精度是位置精度的基础。通常影响穿丝孔精度的主要因素有两个，即圆度和垂直度。如果利用精度较高的镗床、钻床或铣床加工穿丝孔，圆度就能基本上得到保证，而垂直度的控制一般是比较困难的。在实际加工中，孔越深，垂直度越不好保证。尤其是在孔径较小、深度较大时，要满足较高垂直度的要求非常困难。因此，在较厚工件上加工工艺孔，其垂直度如何就成为工件加工前定位准确与否的重要因素。

2. 穿丝孔的位置和直径

在切割凹模类工件时，穿丝孔位于凹形的中心位置，操作最为方便。因为这既能准确定位穿丝孔的加工位置，又便于控制坐标轨迹的计算。但是这种方法切割的无用行程较长，因此不适合大孔形凹形工件的加工。

在切割凸形工件或大孔形凹形工件时，穿丝孔加工在起切点附近为好，这样可以大大缩短无用切割行程。穿丝孔的位置最好选在已知坐标点或便于运算的坐标点上，以简化有关轨迹控制的运算。

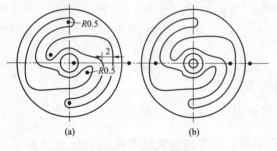

图 16-10 多孔穿丝
（a）不正确；（b）正确

穿丝孔的直径不宜太小或太大，以钻或镗孔工艺简便为宜，一般选在 3～10mm 范围内。孔径最好选取整数值或较完整数值，以简化用其作为加工基准的运算。

对于对称加工，多次穿丝切割的工件，穿丝孔的位置选择如图 16-10 所示。

3. 穿丝孔的加工

由于许多穿丝孔都要作为加工基准，因此，在加工时必须确保其位置精度和尺寸精度。这就要求穿丝孔要在具有较精密坐标工作台的机床上进行加工。为了保证孔径尺寸精度，穿丝孔可采用钻绞、钻镗或钻车等较精密的机械加工方法。

任务二 项 目 实 施

一、工艺分析

加工任务如图 16-11 所示。由于坯件材料被割离，会在很大程度上破坏材料内应力平衡状态，使材料变形，而夹断钼丝。从加工工艺上考虑，应制作合理的穿丝孔以便于应力对称、均匀、分散的释放。

如图 16-11 所示，O 点为穿丝点，钼丝偏置为 0.1mm，加工轨迹为 $O \rightarrow A \rightarrow B \rightarrow C \rightarrow D \rightarrow E \rightarrow F \rightarrow G \rightarrow H \rightarrow A \rightarrow O$。

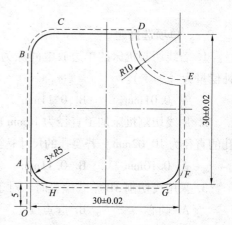

图 16-11 样板的加工轨迹

二、工艺实施

工艺实施过程如下。

（1）加工穿丝孔。

（2）装夹，穿丝，电极丝矫直，定位。装夹后可用基准面或拉表找正。穿丝后应检查电极丝是否在导轮内并测试张力。电极丝矫直后可用机床的自动找中功能定位。

（3）开控制箱电源、开计算机，机床功能检查。

（4）编程。程序如下：

```
B0      B10000  B10000  Gʏ  L2      //O →A
B0      B20000  B20000  Gʏ  L2      //A →B
B5100   B0      B5100   Gₓ  SR2     //B →C
B15100  B0      B15100  Gₓ  L1      //C →D
B9900   B100    B10000  Gₓ  NR2     //D →E
B0      B15100  B15100  Gʏ  L4      //E →F
B5100   B0      B5100   Gₓ  SR4     //F →G
B20000  B0      B20000  Gₓ  L3      //G →H
B0      B5100   B5100   Gʏ  SR3     //H →A
B0      B10000  B10000  Gʏ  L4      //A →O
```

（5）模拟加工校验代码。编程完成后送控制台，将控制界面转到加工窗，模拟加工校验代码的正确性。

（6）加工。工件准备、编程完毕后，按加工厚度、精度要求，在控制台面板上选择加工参数，按下加工按钮进行加工。加工过程中注意观察间隙电压波形和加工电流表，利用跟踪调节器，保持加工过程的稳定。

（7）关机。加工完成后，应首先关掉加工电源，之后关掉工作液，让丝运转一段时间后再停机。若先关工作液，会造成空气中放电，形成烧丝；若先关走丝，因丝速太慢甚至停止运行，丝冷却不良，间歇中缺少工作液，也会造成烧丝。

电动机运行一段时间并等储丝筒反向后，再停走丝，工作结束后必须关掉总电源，擦拭工作台面及夹具，并润滑机床。

思 考 与 训 练

一、单项选择题

1. 若线切割机床的单边放电间隙为 0.02mm，钼丝直径为 0.18mm，则加工圆孔时的补偿量为（　　）。

    A. 0.01mm　　　B. 0.11mm　　　　C. 0.02mm　　　　D. 0.21mm

2. 用线切割机床加工直径为 10mm 的圆孔，当采用的补偿量为 0.12mm 时，实际测量孔的直径为 10.02mm。若要孔的尺寸达到 10mm，则采用的补偿量为（　　）。

    A. 0.10mm　　　B. 0.11mm　　　　C. 0.12mm　　　　D. 0.13mm

3. 采用线切割 3B 格式编程时，对于圆弧以（　　）为原点建立坐标系。

    A. 圆心　　　　B. 起点　　　　　C. 终点　　　　　D. 由编程者选定的点

4. 用 3B 格式编程时，加工圆弧时计算长度应等于圆弧在计算方向上的（　　）。

    A. 投影总长度　B. 投影长度　　　C. 圆弧长度　　　D. 半径

5. 线切割加工速度的单位是（　　）。

    A. mm/min　　　B. mm^2/min　　　C. mm^3/min　　　D. mm/s

6. 穿丝孔的直径一般选在（　　）范围内。

    A. 0.5~1mm　　　B. 1~3mm　　　　C. 3~10mm　　　　D. 10~15mm

7. 线切割加工中工件单端固定，另一端悬梁状的装夹方法称为（　　）。

    A. 悬臂支撑　　B. 双端支撑　　　C. 桥式支撑　　　D. 板式支撑

8. 在 3B 代码格式中第三个 B 代表（　　）。

    A. X 轴上的投影　　　　　　　　　B. Y 轴上的投影

    C. 加工方向　　　　　　　　　　　D. 加工计数长度

9. 与 X 正轴平行的直线，其计数方向是（　　）。

    A. G_X L1　　　B. G_Y L1　　　C. G_X L3　　　D. G_Y L3

10. 从 A（2，3）点切割到 B（5，7）点，其 3B 代码格式为（　　）。

    A. B3000 B4000 B3000 G_X L1　　　　B. B3000 B4000 B4000 G_X L1

    C. B3000 B4000 B4000 G_Y L1　　　　D. B3000 B4000 B3000 G_Y L1

二、判断题（正确的打"√"，错误的打"×"）

1. 线切割加工由于刀具简单，因此大大降低了生产准备时间。　　　　　　　　（　　）

2. 穿丝孔的位置精度和尺寸精度一般要低于工件要求的精度。　　　　　　　　（　　）

3. 线切割加工中，当零件无法从周边切入时，工件上需钻穿丝孔。　　　　　　（　　）

4. 线切割加工中，粗加工电极损耗小，精加工电极损耗大。　　　　　　　　　（　　）

5. 与 X 轴成 45°角的直线，其计数轴方向为 G_X 或 G_Y 均可。　　　　　　（　　）

6. 补偿量有正负之分，同时切割方向也有顺逆之分，这二者之间是有关联的。

                                                                    （　　）

7. 线切割加工中投入的功率放大管管数越多，切割速度（在相同参数下）越快，两

者呈正比关系。 （　　）

8. 线切割机床断电后，需重新找正、定位，才可正常使用。 （　　）

9. 断丝后不必回到起始点重新加工。 （　　）

10. 每次加工前，应进行钼丝垂直度的找正。 （　　）

三、实训题

1. 用 3B 代码编程并在线切割机床上加工如图 16-12 所示的零件，工件厚度为 2mm，材料为 45 钢，钼丝直径为 ϕ 0.18mm。

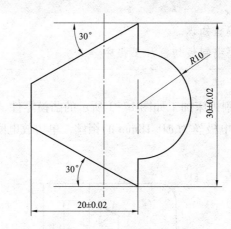

图 16-12　实训零件一

2. 用 3B 代码编程并在线切割机床上加工如图 16-13 所示的零件，工件厚度为 2mm，材料为 45 钢，钼丝直径为 ϕ 0.18mm。

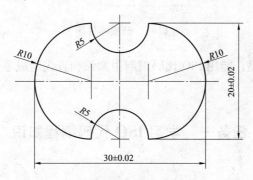

图 16-13　实训零件二

项目十七

线切割加工凸模零件

📖 **学习目标**

（1）掌握 ISO 代码编程知识。

（2）会应用 ISO 代码编制线切割加工程序。

本项目要求运用线切割机床加工如图 17-1 所示的凸模零件，工件厚度为 20mm，加工表面粗糙度为 $Ra3.2\mu m$，电极丝为 $\phi 0.18mm$ 的钼丝，单边放电间隙为 0.01mm。采用 ISO 代码编程。

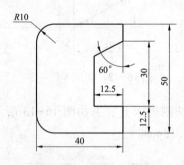

图 17-1　凸模零件图

本项目的学习目标是：能用 ISO 代码编制由圆弧和直线组成零件的加工程序，能加工凸模零件。

任务一　学习 ISO 代码编程知识

一、ISO 代码编程方法

1. 程序段格式和程序格式

（1）程序段格式。程序段是由若干个程序字组成的，其格式如下。

N＿ G＿ X＿ Y；

字是组成程序段的基本单元，一般由一个英文字母加若干位十进制数字组成（如 X8000），这个英文字母为地址字符。不同的地址字符表示的功能不一样。

1）顺序号。位于程序段之首，表示程序的序号，后续数字 2~4 位，如 N03、N0010。

2）准备功能 G。准备功能 G（以下称 G 功能）是建立机床或控制系统工作方式的一种指令，其后续有两位正整数，即 G00～G99。

3）尺寸字。尺寸字在程序段中主要用来指定电极丝运动到达的坐标位置。线切割加工常用的尺寸字有 X、Y、U、V、A、I、J 等。尺寸字的后续数字在要求代数符号时应加正负号，单位为 μm。

4）辅助功能 M。由 M 功能指令及后续的两位数字组成，即 M00～M99，用来指令机床辅助装置的接通或断开。

（2）程序格式。一个完整的加工程序是由程序名、程序主体（若干程序段）、程序结束指令组成。例如：

```
P10；
N01  G92  X0  Y0；
N02  G01  X8000  Y8000；
N03  G01  X3000  Y6000；
N01  G01  X2500  Y3500；
N05  G01  X0  Y0；
N06  M02；
```

1）程序名。由文件名和扩展名组成。程序的文件名可以用字母和数字表示，最多可用 8 个字符，如 P10，但文件名不能重复。扩展名最多用 3 个字母表示，如 P10. CUT。

2）程序主体。程序主体由若干程序段组成，如上面加工程序中的 N01～N05 段。在程序主体中又分为主程序和子程序。一段重复出现的、单独组成的程序，称为子程序。子程序取出命名后单独储存，即可重复调用。子程序常应用在某个工件上有几个相同型面的加工中。调用子程序所用的程序，称为主程序。

3）程序结束指令 M02。M02 指令安排在程序的最后，单列一段。当数控系统执行到 M02 程序段时，就会自动停止进给并使数控系统复位。

2. ISO 代码及其编程

表 17-1 中列出了线切割机床常用的 ISO 代码。

表 17-1　　　　　　　　　　　　　线切割机床常用 ISO 代码

代　码	功　能	代　码	功　能
G00	快速定位	G09	X 轴镜像，X、Y 轴交换
G01	直线插补	G10	Y 轴镜像，X、Y 轴交换
G02	顺圆插补	G11	Y 轴镜像，X 轴镜像，X、Y 轴交换
G03	逆圆插补	G12	消除镜像
G05	X 轴镜像	G40	取消间隙补偿
G06	Y 轴镜像	G41	左偏间隙补偿
G07	X、Y 轴交换	G42	右偏间隙补偿
G08	X 轴镜像，Y 轴镜像	G50	消除锥度

代　码	功　　能	代　码	功　　能
G51	锥度左偏	M02	程序结束
G52	锥度右偏	M05	接触感知解除
G54	加工坐标系 1	M98	子程序调用
G55	加工坐标系 2	M99	子程序结束
G56	加工坐标系 3	T82	加工液保持 OFF
G57	加工坐标系 4	T83	加工液保持 ON
G58	加工坐标系 5	T84	打开喷液
G59	加工坐标系	T85	关闭喷液
G80	接触感知	T86	送丝（阿奇公司）
G82	半程移动	T87	停止送丝（阿奇公司）
G84	微弱放电找正	T80	送丝（沙迪克公司）
G90	绝对尺寸	T81	停止送丝（沙迪克公司）
G91	增量尺寸	W	下导轮到工作台面高度
G92	确定起点坐标值	H	工件厚度
M00	程序暂停	S	工作台面上导轮高度

（1）快速定位指令 G00。在机床不加工情况下，G00 指令可使指定的某轴以最快速度移动到指定位置。其程序段格式如下：

G00　X__Y__;

（2）直线插补指令 G01。该指令可使机床在各个坐标平面内加工任意斜率直线轮廓和用直线段逼近曲线轮廓，其程序段格式如下：

G01　X__Y__;

目前，可加工锥度的线切割机床具有 X、Y 轴及 U、V 轴工作台，其程序段格式如下：

G01　X__Y__U__V__;

■ 注意

（1）线切割加工中的直线插补和圆弧插补程序中不要写进给速度指令。

（2）U、V 轴使电极丝工作部分与工作台平面保持一定的几何角度，由丝架拖板移动来实现，用于切割锥度。

（3）程序中尺寸字单位为 μm，不用小数点。

（3）圆弧插补指令 G02/G03。G02 为顺时针圆弧插补指令，G03 为逆时针圆弧插补指令。

用圆弧插补指令编写的程序段格式如下：

G02　X__Y__I__J__;

G03　X__Y__I__J__;

其中，X、Y 分别表示圆弧终点坐标；I、J 分别表示圆心相对圆弧起点在 X、Y 方向的增量尺寸。

（4）指令 G90、G91、G92。G90 为绝对尺寸指令，表示该程序中的编程尺寸是按绝对尺寸给定的，即移动指令终点坐标值 X、Y 都是以工件坐标系原点（程序的零点）为基准来计算的。

G91 为增量尺寸指令，表示程序段中编程尺寸是按增量尺寸给定的，即坐标值均以前一个坐标位置作为起点来计算下一点位置值。3B、4B 程序格式均按此方法计算坐标点。

G92 为定起点坐标指令，该指令中的坐标值为加工程序的起点坐标值，其程序段格式如下：

```
G92 X__ Y__;
```

（5）丝半径补偿指令 G40、G41、G42。

G41 为左偏补偿指令，其程序段格式如下：

```
G41 D__;
```

G42 为右偏补偿指令，其程序段格式如下：

```
G42 D__;
```

程序段中的 D 表示半径补偿量，其计算方法与前面的方法相同。

■ 注意

左偏、右偏是沿加工方向看，电极丝在加工图形左边为左偏；电极丝在右边为右偏，如图 17-2 所示。

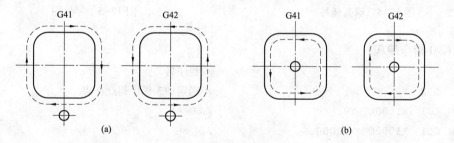

图 17-2　丝半径补偿指令

（a）凸模加工；（b）凹模加工

丝半径补偿的建立和取消过程与数控铣削加工中的刀具半径补偿的建立和取消过程完全相同。丝半径补偿的建立和取消必须用 G01 直线插补指令，而且必须在切入过程（进刀线）和切出过程（退刀线）中完成，如图 17-3 所示。

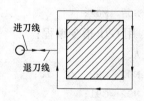

图 17-3　丝半径补偿（G41）的建立和取消

例如：

```
G92 X0 Y0;

G41 D100;
```

//丝半径左补偿,D100 为补偿值,表示 100μm,此程序段须放在进刀线之前

```
G01 X5000 Y0;        //进刀线,建立丝半径补偿
```

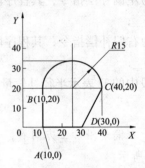

......

```
G40;                    //G40须放在退刀线之前
G01  X0  Y0;            //退刀线,退出丝半径补偿
```

二、ISO 代码编程举例

【例 17-1】编制如图 17-4 所示中圆弧插补的程序段。

程序段如下：

```
G92  X10000  Y10000;                        //起切点A
G02  X30000  Y30000  I20000  J0;            //AB段圆弧
G03  X45000  Y15000  I15000  J0;            //BC段圆弧
```

【例 17-2】加工如图 17-5 所示的零件，按图样尺寸编程。

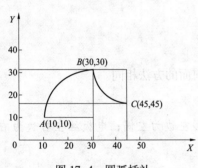

图 17-4　圆弧插补

图 17-5　零件图

用 G90 指令编程：

```
A1;                                         //程序名
N01  G92  X0  Y0;                           //确定加工程序起点O点
N02  G01  X10000  Y0;                       //O→A
N03  G01  X10000  Y20000;                   //A→B
N04  G02  X40000  Y20000  I15000  J0;       //B→C
N05  G01  X30000  Y0;                        //C→D
N06  G01  X0  Y0;                           //D→O
N07  M02;                                   //程序结束
```

用 G91 指令编程：

```
A2;                                         //程序名
N01  G92  X0  Y0;
N02  G91;                                   //以下为增量尺寸编程
N03  G01  X10000  Y0;                       //O→A
N04  G01  X0  Y20000;                       //A→B
N05  G02  X30000  Y0  I15000  J0;           //B→C
N06  G01  X-10000  Y-20000;                 //C→D
N07  G01  X-30000  Y0;                      //D→O
N08  M02;
```

任务二 项目实施

一、工艺分析

加工任务如图 17-1 所示。由于坯件材料被割离，会在很大程度上破坏材料内应力平衡状态，使材料变形而夹断钼丝。从加工工艺上考虑，应制作合理的穿丝孔以便于应力对称、均匀、分散的释放。

穿丝孔打在图 17-6 中的 O 点。建立如图 17-6 所示的坐标系，用 CAD 查询（或计算）求出节点坐标值。加工顺序为 $O{\rightarrow}A{\rightarrow}B{\rightarrow}C{\rightarrow}D{\rightarrow}E{\rightarrow}F{\rightarrow}G{\rightarrow}H{\rightarrow}I{\rightarrow}J{\rightarrow}A{\rightarrow}O$；计算凸模间隙补偿 $f=0.18/2\text{mm}+0.01\text{mm}=0.1\text{mm}$。

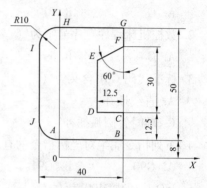

图 17-6 凸模零件编程示意图

二、工艺实施

工艺实施过程如下。

（1）加工穿丝孔。

（2）装夹，穿丝，电极丝矫直，定位。装夹后可用基准面或拉表找正。穿丝后应检查电极丝是否在导轮内并测试张力。电极丝矫直后可用机床的自动找中功能定位。

（3）乳化液的配制及流量的确定。

（4）开控制箱电源，打开计算机，机床功能检查。

（5）编程。加工程序如下：

```
TM;
T84  T86  G90  G92  X0  Y0;        //确定丝起点坐标值为(0,0),打开喷液,送电极丝,
                                     绝对编程
G42  D100;                         //丝半径右补偿,补偿值为100μm
G01  X0  Y8000;                    //O→A
G01  X30000  Y8000;                //A→B
G01  X30000  Y20500;               //B→C
G01  X17500  Y20500;               //C→D
G01  X17500  Y43283;               //D→E
G01  X30000  Y50500;               //E→F
G01  X30000  Y58000;               //F→G
G01  X0  Y58000;                   //G→H
G03  X-10000  Y48000  I0  J-10000; //H→I
G01  X-10000  Y18000;              //I→J
G03  X0  Y8000  I10000  J0;        //J→A
```

```
G40;                          //取消丝半径补偿
G01  X0  Y0;                  //A→O
T85  T87  M02;                //关闭喷液,停止送丝,程序结束
```

思 考 与 训 练

一、单项选择题

1. 数控机床中准备功能的地址符是（   ）。

    A. G   B. M   C. H   D. T

2. 数控机床程序顺序号字为（   ）。

    A. G   B. F   C. S   D. N

3. 标准代码 G01 含义为（   ）。

    A. 直线插补   B. 点定位

    C. 顺时针圆弧插补   D. 逆时针圆弧插补

4. 下列指令属绝对坐标指令的有（   ）。

    A. G90   B. G91   C. G92   D. G94

5. ISO 代码中 M00 表示（   ）。

    A. 程序暂停   B. 程序结束

    C. 接触感知解除   D. 子程序调用

6. 数控机床标准代码中用于工作坐标系的是（   ）。

    A. G90, G91   B. G92, G97   C. G54~G59   D. G17~G19

7. ISO 代码中 G51 表示（   ）。

    A. 锥度左偏   B. 锥度右偏   C. 消除锥度   D. 左偏间隙补偿

8. ISO 代码中 G52 表示（   ）。

    A. 锥度左偏   B. 锥度右偏   C. 消除锥度   D. 左偏间隙补偿

9. 电极丝的张力提高（   ）。

    A. 会减小丝的振动   B. 可以提高切割速度

    C. 防止断丝   D. 使丝变细

10. 当冲裁件断面质量要求很高时,在间隙允许范围内应采用（   ）的间隙。

    A. 较大   B. 较小   C. 不大不小   D. 不均匀

二、判断题（正确的打"√",错误的打"×"）

1. 用钼丝切割纯铜时,钼丝表面的颜色会慢慢转变成纯铜色,这种现象称为金属转移。

               （   ）

2. 快走丝线切割的加工精度比慢走丝线切割的加工精度要高,表面粗糙度值要小。

               （   ）

3. 数控线切割的加工精度主要取决于机床工作台的机械运动精度。   （   ）

4. G02 为逆时针加工圆弧插补。   （   ）

5. 在编写图形程序时，必须考虑电极丝的补偿量。　　　　　　　　　（　）

6. G 代码即 ISO 代码是指绝对坐标这一种方式。　　　　　　　　　（　）

7. 线切割工件表面出现黑白交叉条纹不影响工件表面粗糙度。　　　（　）

8. 在 G 代码编程中，G04 属于延时指令。　　　　　　　　　　　　（　）

9. 在线切割加工中，电极丝与工件间不会发生电弧放电。　　　　　（　）

10. 在线切割加工中，M02 的功能是关闭丝筒电动机。　　　　　　　（　）

三、实训题

1. 用 ISO 代码编程并在线切割机床上加工如图 17-7 所示的零件，工件厚度为 2mm，材料为 45 钢，钼丝直径为 ϕ0.18mm。

2. 用 ISO 代码编程并在线切割机床上加工如图 17-8 所示的零件，工件厚度为 2mm，材料为 45 钢，钼丝直径为 ϕ0.18mm。

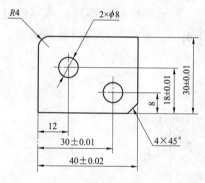

图 17-7　实训零件一

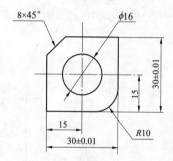

图 17-8　实训零件二

303

电火花成形加工注塑模镶块

本项目要求运用电火花成形机床加工如图 18-1 所示的注射模镶块，该零件材料为 40Cr，硬度为 38~40HRC，加工表面粗糙度 Ra 为 0.8μm，要求型腔侧面棱角清晰，圆角半径 $R<0.25$mm。

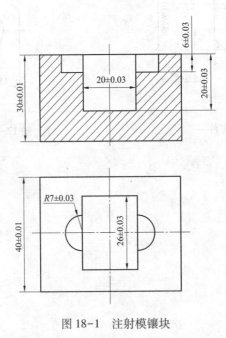

图 18-1 注射模镶块

任务一 学习电规准和电极设计知识

一、电规准的选择

电火花成形加工中所选用的一组电脉冲参数称为电规准，主要包括脉冲宽度、脉冲间隔和峰值电流。电规准应根据工件的加工要求、电极和工件材料、加工的工艺指标等因素来选择。选择的电规准是否恰当，不仅影响模具的加工精度，还直接影响加工的生产率和经济性。电规准在生产中主要通过工艺试验确定（这一试验一般由机床厂家在电火花成形机床的调试过程中进行，并将加工数据提供给机床的使用者）。通常要用几个（一组）电规准才能完成凹模型孔加工的全过程。电规准分为粗、中、精三种。

粗规准主要用于粗加工。对它的要求是生产效率高，工具电极损耗小。被加工表面的表面粗糙度 $Ra<10\mu m$。所以粗规准一般采用较大的脉冲宽度（$20\sim60\mu s$）和较大的电流峰值。采用钢电极时，电极的相对损耗应低于 10%。

中规准是粗、精加工之间过渡性加工所采用的电规准，用于减少精加工余量，促使加工的稳定性和加工速度提高。中规准一般采用的脉冲宽度为 $6\sim20\mu s$，被加工表面粗糙度 Ra 为 $10\sim2.5\mu m$。

精规准用来进行精加工，要求在保证冲模各项技术条件（如冲裁间隙、表面粗糙度、刃口斜度等）的前提下尽可能提高生产率。加工中一般采用小的电流峰值、高的脉冲频率和小的脉冲宽度（$2\sim6\mu s$）。

二、电规准的转换与平动量的分配

从一个规准加工调整到另一个规准加工称为电规准的转换。

粗、精规准的正确配合，可以较好地解决电火花成形加工的质量和生产效率之间的矛盾。冲模加工时电规准转换的一般顺序如下：先按选定的粗规准加工，当加工结束时，转换为中规准，加工 $1\sim2mm$ 后转入精规准加工。用阶梯电极时，当阶梯电极工作端的台阶进给到凹模刃口处时，转换成中规准过渡，加工 $1\sim2mm$（取决于刃口高度和精规准的稳定程度）后，再转入精规准加工。若精规准有两挡，还应依次进行转换。在规准转换时，其他工艺条件也要适当配合调整。粗加工时，排屑容易，冲油压力应小些；转入精规准后加工深度增加，放电间隙减小，使排屑困难，冲油压力应逐渐增大；当电极穿透工件时，冲油压力要适当降低。对加工斜度、表面粗糙度要求较小和加工精度要求较高的冲模加工，可将绝缘介质的循环方式由上部入口处的冲油改成孔下端抽油，以减小二次放电的影响。

电规准转换的挡数，应根据加工对象确定。加工尺寸小、形状简单的浅型腔，电规准转换挡数可少些；加工尺寸大、深度大、形状复杂的型腔，电规准转换的挡数应多些。粗规准一般选择1挡，中规准和精规准选择 $2\sim4$ 挡。

■ 注意

电规准转换的挡数，应根据加工对象确定。

平动量的分配主要取决于被加工表面修光余量的大小、电极损耗、主轴进给运动的精度等因素。加工形状复杂、棱（槽）细小、深度较浅、尺寸较小的型腔，平动量应选小些；反之，应选大些。

因用粗、中、精各挡电规准进行加工所产生的放电凹坑深浅不同，为了保证表面粗糙度和生产率的要求，希望精加工所产生的电蚀凹坑底部和粗加工的电蚀凹坑底部齐平，所以，电极的平动量不能按电规准的挡数平均分配。一般地，中规准加工的平动量为总平动量的 75%～80%，端面进给量为端面余量的 75%～80%。中规准加工后，留很小的余量用于精规准修光。考虑到中规准加工时电极的损耗，主轴头进给和平动头运动的误差，电极制造精度和安装精度等对型腔加工精度的影响，中规准最后一挡加工完毕后，必须测量型腔的尺寸，并按测量结果调整平动头偏心量的大小，以补偿电极损耗和保证型腔的加工精度。

　　每挡的平动量宜采用微量调整，多次调整的办法工艺效果很好。每增加一次平动量，必须使电极在型腔内上下往返多次进行修整。平动速度不宜太快，要使型腔表面与电极没有碰撞、短路，待充分蚀除后再继续加大平动量，直到加工至所用规准应达到的表面粗糙度后，再换到下一规准加工。

　　由于平动头做平面圆周运动的结果，型腔底面上的圆弧凹坑的最低处会形成一个小平面，因此在加工过程中，当侧面修光后，随着加工深度的增加应逐渐减小平动量，以减小圆弧凹坑底部的平面。

　　用晶体管脉冲电源、石墨电极加工型腔时，电规准的转换与平动量的分配实例见表 18-1。

表 18-1　　　　　　　　　　　电规准的转换与平动量的分配实例

加工类别	加工规准				平动量	进给量	备注
	$t_i/\mu s$	$t_0/\mu s$	U/V	I_e/A	e/mm	S/mm	
粗加工	600	350	80	35	0	0.6	
中加工	400	250	60	15	0.2	0.3	腔型加工深度为 101mm，电极双面收缩量为 1.2mm，工件材料为 CrWMn
	250	200	60	10	0.35	0.2	
	50	50	100	7	0.45	0.12	
精加工	15	35	100	4	0.52	0.06	
	10	23	100	1	0.57	0.02	
	6	19	80	0.5	0.6		

三、电极设计

　　电极设计是电火花成形加工中的关键点之一。在设计中，首先是详细分析产品图样，确定电火花加工位置；第二是根据现有设备、材料、拟采用的加工工艺等具体情况确定电极的结构形式；第三是根据不同的电极损耗、放电间隙等工艺要求对照型腔尺寸进行缩放，同时要考虑工具电极各部位投入放电加工的先后顺序不同，工具电极上各点的总加工时间和损耗不同，同一电极上端角、边和面上的损耗值不同等因素来适当补偿电极。

　　1. 电极结构

　　电极的结构形式应根据其外形尺寸的大小与复杂程度、电极的结构工艺性等因素综合考虑。

　　（1）整体式电极。整体式电极是用一块整体材料加工而成的。对于横截面积及质量较大的电极，可在电极上开孔以减轻电极质量，但孔不能开通，孔口朝上，如图 18-2 所示。

（2）组合式电极。当同一凹模上有多个型孔时，在某些情况下可以把多个电极组合在一起，如图 18-3 所示，一次穿孔可完成各型孔的加工。这种电极称为组合式电极。用组合式电极加工，生产效率高，各型孔间的位置精度取决于各电极的位置精度。

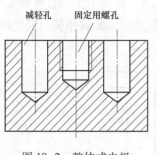

图 18-2　整体式电极

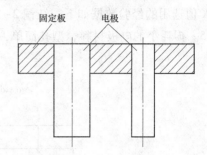

图 18-3　组合式电极

（3）镶拼式电极。有些电极采用整体结构时造成机械加工困难，因此常将电极分成几块，分别加工后再镶拼成为整体，如图 18-4 所示。这样既节省材料又便于机械加工。

电极无论采用哪种结构，都应有足够的刚度，以利于提高机械加工过程的稳定性。对于体积小、易变形的电极，可增大电极工作部分以外的截面尺寸以提高刚度。对于体积较大的电极要尽可能减轻电极的质量，以减小电火花成形机床的变形。电极与主轴连接后，其重心应位于主轴中心线上，这对于较重的电极尤为重要，否则会产生附加的偏心力矩，使电极轴线偏斜，影响模具的加工精度。

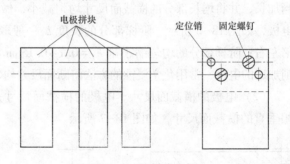

图 18-4　镶拼式电极

2. 电极的尺寸

电极的尺寸包括长度尺寸和横截面尺寸。电极横截面的尺寸公差取型腔相应部分公差的 1/2~2/3，电极的表面粗糙度不大于型腔的表面粗糙度，侧面的平行度误差在 100mm 的长度上不超过 0.01mm。

（1）电极的长度。电极的长度取决于凹模的结构形式、型孔的复杂程度、加工深度、电极材料、电极使用次数、装夹形式及电极制造工艺等一系列因素，可按下式进行计算：

$$L=Kt+h+l+(0.4~0.8)(n-1)Kt$$

式中　t——凹模有效厚度（电火花加工深度）；

　　　h——当凹模下部挖空时，电极需要加长的长度；

l——夹持电极而增加的长度（为 10~20mm）；

n——电极的使用次数；

K——与电极材料、型孔复杂程度等有关的系数。

K 值选用的经验数据如下：纯铜 2~2.5，黄铜 3~3.5，石墨 1.7~2，铸铁 2.5~3，钢 3~3.5。损耗小的电极材料，型孔简单，电极轮廓尖角较小时，K 取小值；反之取大值。

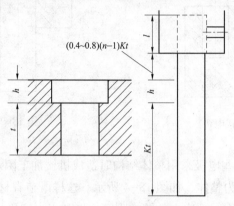

图 18-5　电极长度计算

在加工硬质合金时，由于电极损耗较大，因而电极长度应适当加长些。但其总长度不宜过长，太长会带来制造上的困难。

在生产中，为了减少脉冲参数的转换次数，使操作简化，将电极适当加长，并将增长部分的横截面尺寸均匀减小，做成阶梯状，称为阶梯电极，如图 18-6 所示。阶梯部分的长度 L_1 一般取凹模加工厚度的 1.5 倍左右；阶梯部分的均匀缩小量 $h_1 = 0.1 \sim 0.15$mm。对阶梯部分不便切削加工的电极，常用化学浸蚀的方法将断面尺寸均匀缩小。

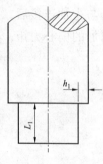

图 18-6　阶梯电极

（2）电极的横截面尺寸。电极的横截面尺寸是指与机床主轴轴线相垂直的横截面尺寸，如图 18-7 所示。

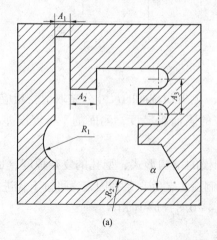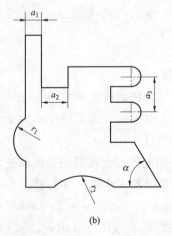

(a)　　　　　　　　　(b)

图 18-7　电极横截面尺寸缩放示意图

(a) 型腔；(b) 电极

电极的横截面尺寸可用下式确定：

$$a = A \pm Kb$$

式中　a——电极水平方向的尺寸；

A——型腔水平方向的尺寸；

K——与型腔尺寸标注法有关的系数；

b——电极单边缩放量，粗加工时，$b = \delta_1 + \delta_2 + \delta_0$（注：$\delta_1$、$\delta_2$、$\delta_0$的意义如图 18-8 所示）。

式中的 ± 号和 K 值的具体含义如下。

1）凡图样上型腔凸出部分，其相对应的电极凹入部分的尺寸应放大，即用"+"号；反之，凡图样上型腔凹入部分，其相对应的电极凸出部分的尺寸应缩小，即用"-"号。

2）K 值的选择原则。当图中型腔尺寸完全标注在边界上（即相当于直径方向尺寸或两边界都为定形边界）时，K 取 2；一端以中心线或非边界线为基准（即相当于半径方向尺寸或一端边界定形，另一端边界定位）时，K 取 1；对于图中型腔中心线之间的位置尺寸（即两边界为定位尺寸）以及角度值和某些特殊尺寸（如图 18-9 中的 a_1），电极上相对应的尺寸不增不减，K 取 0。对于圆弧半径，亦按上述原则确定。

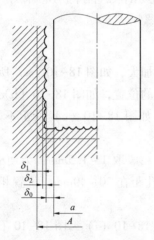

图 18-8　电极单边缩放量原理

δ_1—安全余量；δ_2—表面微观不平度的最大值；

δ_0—侧面单边放电间隙

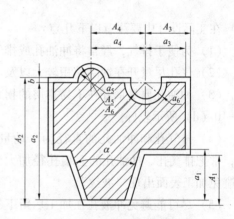

图 18-9　电极型腔水平尺寸对比

根据以上叙述，在图 18-9 中，电极尺寸 a 与型腔尺寸 A 有如下关系：

$$a_1 = A_1, \quad a_2 = A_2 - 2b, \quad a_3 = A_3 - b,$$

$$a_4 = A_4, \quad a_5 = A_5 - b, \quad a_6 = A_6 + b$$

当精加工且精加工的平动量为 c 时，$b = \delta_0 + c$。

3. 电极的排气孔和冲油孔

电火花成形加工时，型腔一般为盲孔，排气、排屑条件较为困难，这直接影响加工效率与稳定性，精加工时还会影响加工表面粗糙度。为改善排气、排屑条件，大、中型腔加工电极都设计有排气、冲油孔。一般情况下，开孔的位置应尽量保证冲液均匀和气体易于排出。电极开孔示意图如图 18-10 所示。

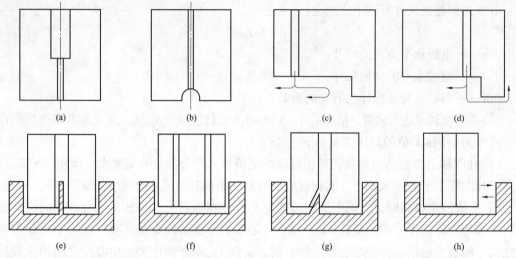

图 18-10 电极开孔示意图

（a）将冲油孔或排气孔上端直径加大；（b）排气孔开在电极端部凹入的位置；（c）冲液困难；

（d）冲液较好；（e）冲液孔过大，出现铁屑；（f）小冲液孔（直径<2 倍的单边放电间隙）；

（g）倾斜冲液孔；（h）平动（电极必须小一点）

在实际设计中要注意以下几点。

（1）为便于排气，经常将冲油孔或排气孔上端直径加大，如图 18-10（a）所示。

（2）气孔尽量开在蚀除面积较大以及电极端部凹入的位置，如图 18-10（b）所示。

（3）冲油孔要尽量开在不易排屑的拐角、窄缝处，如图 18-10（c）所示不好，如图 18-10（d）所示较好。

（4）排气孔和冲油孔的直径为平动量的 1~2 倍，一般取 1~1.5mm；为便于排气排屑，常把排气孔、冲油孔的上端孔径加大到 5~8mm；孔距在 20~40mm，位置相对错开，以避免加工表面出现"波纹"。

（5）尽可能避免冲液孔在加工后留下的柱心，如图 18-10（f）~图 18-10（h）所示较好，如图 18-10（e）所示不好。

■ **注意**

冲油孔的布置需注意冲油要流畅，不可出现无工作液流经的"死区"。

四、电极设计实例

有一孔，形状及尺寸如图 18-11 所示，设计电火花成形加工此孔的粗、精电极尺寸。已知电火花成形机床粗加工的单边安全间隙为 0.07mm，精加工的单边放电间隙为 $\delta = 0.03$mm。

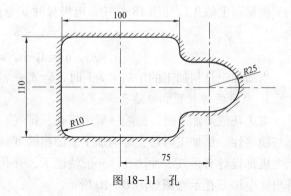

图 18-11 孔

1. 粗加工电极设计

粗加工电极如图 18-12 所示，b 为

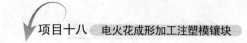

安全间隙，$b=0.07\text{mm}$，粗加工电极尺寸如下：

$A1=100-2b=99.86\text{mm}$，$A2=110-2b=109.86\text{mm}$，$A3=75\text{mm}$，$A4=25-b=24.93\text{mm}$，$A5=10+b=10.07\text{mm}$，$A6=10-b=9.93\text{mm}$

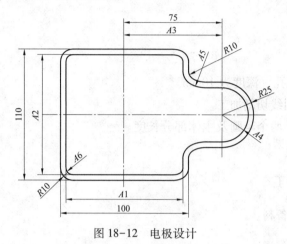

图 18-12 电极设计

2. 精加工电极设计

略。

任务二　项目实施

一、工艺分析

选用单电极平动法进行电火花成形加工，为保证侧面棱角清晰（$R<0.3\text{mm}$），其平动量应小，取 $\delta \leqslant 0.25\text{mm}$。

二、工具电极的设计及制造

（1）电极材料选用锻造过的纯铜，以保证电极加工质量以及加工表面粗糙度。

（2）电极结构与尺寸如图 18-13 所示。

1）电极水平尺寸单边缩放量取 $b=0.25\text{mm}$，根据相关计算式可知，平动量 $\delta_0=0.25-\delta_\text{精}<0.25\text{mm}$。

2）由于电极尺寸缩放量较小，用于基本成形的粗加工电规准参数不宜太大。根据工艺数据库所存资料（或经验）可知，实际使用的粗加工参数会产生 1% 的电极损耗。因此，对应的型腔主体 20mm 深度与 $R7\text{mm}$ 搭子的型腔 6mm 深度的电极长度之差不是 14mm，而是（20-6）× （1+1%）= 14.14 （mm）。尽管精修时也有损耗，但由于两部分精修量一样，故不会影响二者深度之差。如图 18-13 所示的电极结构，其总长度无严格要求。

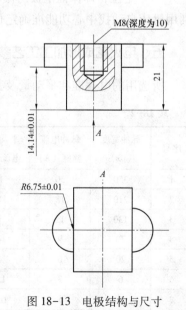

图 18-13　电极结构与尺寸

311

（3）电极制造

电极可以用机械加工的方法制造，但因有两个半圆的搭子，一般都用线切割加工，主要工序如下。

1）备料。

2）刨削上下面。

3）画线。

4）加工 M8 螺纹孔，深度为 10mm。

5）按水平尺寸用线切割加工。

6）用线切割加工两个半圆及主体部分长度。

7）钳工修整。

三、镶块坯料加工

（1）按尺寸需要备料。

（2）刨削六面体。

（3）热处理（调质）达 38~40HRC。

（4）磨削镶块 6 个面。

四、电极与镶块的安装与定位

（1）用 M8 的螺钉固定电极，并安装在主轴头的夹具上。然后用千分表（或百分表）以电极上端面和侧面为基准，找正电极与工件表面的垂直度，并使其 X、Y 轴与工作台 X、Y 移动方向一致。

（2）镶块一般用机虎钳夹紧，并找正其 X、Y 轴，使其与工作台 X、Y 移动方向一致。

（3）定位，即保证电极与镶块的中心线完全重合。用数控电火花成形机床加工时，可利用机床自动找中心功能准确定位。

五、电火花成形加工工艺参数确定

所选用的电规准和平动量及其转换过程见表 18-2。

表 18-2　　　　　　　　　　　　电规准转换与平动量分配

序号	脉冲宽度（μs）	脉冲电流幅值（A）	平均加工电流（A）	表面粗糙度 Ra（μm）	单边平动量（mm）	端面进给量（mm）	备　注
1	350	30	14	10	0	19.90	1. 型腔深度为 20mm，考虑 1% 损耗，端面总进给量为 20.2mm
2	210	18	8	7	0.1	0.12	
3	130	12	6	5	0.17	0.07	
4	70	9	4	3	0.21	0.05	2. 型腔加工表面粗糙度 Ra 为 0.6μm
5	20	6	2	2	0.23	0.03	
6	6	3	1.5	1.3	0.245	0.02	3. 用 Z 轴数控电火花成形机床加工
7	2	1	0.5	0.6	0.25	0.01	

思 考 与 训 练

一、单项选择题

1. 下列有关单工具电极直接成形法的叙述中，正确的是（　　）。
　　A. 需要重复装夹　　　　　　　　　B. 不需要平动头
　　C. 加工精度不高　　　　　　　　　D. 表面质量很好

2. 下列各项中对电火花加工精度影响最小的是（　　）。
　　A. 放电间隙　　　　　　　　　　　B. 加工斜度
　　C. 工具电极损耗　　　　　　　　　D. 工具电极直径

3. 下列材料中不能用作工具电极的是（　　）。
　　A. 黄铜　　　　B. 石墨　　　　C. 钢　　　　D. 铝

4. 下列选项中（　　）一般不能作为制造工具电极的方法。
　　A. 切削加工　　　B. 冲压　　　C. 电铸　　　D. 线切割加工

5. 下列选项中不属于电规准内容的是（　　）。
　　A. 脉冲宽度　　　B. 脉冲间隔　　　C. 加工时间　　　D. 峰值电流

二、判断题（正确的打"√"，错误的打"×"）

1. 电切削加工中蚀除量大的是工件而不是电极材料。　　　　　　　　（　　）

2. 根据极性效应一定要把工件作为正极，而不能作为负极。　　　　　（　　）

3. 电规准是指电切削加工中所选用的一组电脉冲参数。　　　　　　　（　　）

4. 电火花加工中切削液仅仅是用于冷却和排屑的。　　　　　　　　　（　　）

5. 电火花加工主要有电火花穿孔加工和电火花成形加工两种形式。　　（　　）

6. 合理利用极性效应，可使工具电极的损耗降低。　　　　　　　　　（　　）

7. 电火花加工中粗加工常用较大的脉冲宽度，精加工常用较小的脉冲宽度。（　　）

8. 电火花加工中粗加工和精加工的电极损耗相同。　　　　　　　　　（　　）

9. 电极的制造有时可用线切割加工方法。　　　　　　　　　（　　）

10. 进行电火花加工时不需要进行电极的找正。　　　　　　　（　　）

三、设计题

有一孔的形状及尺寸如图 18-14 所示，请设计电火花精加工此孔的电极尺寸。已知电火花成形机床精加工的单边放电间隙 δ 为 0.02mm。

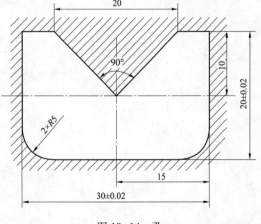

图 18-14　孔

参 考 文 献

[1] 罗学科，张超英 . 数控机床编程与操作实训 [M] . 北京：化学工业出版社，2008.

[2] 蒋建强 . 数控加工技术与实训 [M] . 北京：电子工业出版社，2008.

[3] 劳动和社会保障部教材办公室 . 数控铣床操作与编程培训教程 [M] . 北京：中国劳动和社会保障出版社，2009.

[4] 高凤英 . 数控机床编程与操作 [M] . 南京：东南大学出版社，2008.

[5] 徐衡 . FANUC 系统数控铣床和加工中心培训教程 [M] . 北京：化学工业出版社，2007.

[6] 沈建峰 . 数控车床编程与操作实训 [M] . 北京：国防工业出版社，2009.

[7] 劳动和社会保障部教材办公室 . 数控机床工（高级）[M] . 北京：中国劳动社会保障出版社，2007.

[8] 高恒星 . FANUC 系统数控铣/加工中心加工工艺与技能训练 [M] . 北京：人民邮电出版社，2009.

[9] 马名峻 . 电火花加工技术在模具制造中的应用 [M] . 北京：化学工业出版社，2004.

[10] 董丽华 . 数控电火花加工实用技术 [M] . 北京：电子工业出版社，2006.

[11] 罗学科 . 数控电加工机床 [M] . 北京：化学工业出版社，2003.

[12] 徐峰 . 数控线切割加工技能实训教程 [M] . 北京：国防工业出版社，2006.

[13] 曹凤国 . 电火花加工技术 [M] . 北京：化学工业出版社，2004.

[14] 周旭光 . 特种加工技术 [M] . 西安：西安电子科技大学出版社，2004.

[15] 赵万生 . 电火花加工技术 [M] . 哈尔滨：哈尔滨工业大学出版社，2000.